油田管路安装
与数字化应用技术

姜　平　任传柱　张士勇　刘可夫　主编

中国石化出版社

内 容 提 要

　　本书共两部分,上篇从管路工艺安装基础知识入手,通过大量的图例由浅入深地讲解了如何识读管路工艺安装图,并配合实物和现场操作照片,详细地讲解了管路工艺安装操作涉及的各种管阀组件和工具的使用,以及整个管路工艺安装操作过程;下篇讲述了常用新型仪器仪表使用、油井生产参数采集与传输、典型电力拖动控制电路,以及油田井站常用电路的特点、电路组成、工作原理、常见故障及其处理、数字化技术应用等方面的内容。

　　本书可供油田企业采油工、集输工、电工等学习参考使用。

图书在版编目(CIP)数据

　　油田管路安装与数字化应用技术／姜平等主编．
—北京：中国石化出版社,2022.5
　　ISBN 978-7-5114-6690-7

　　Ⅰ.①油… Ⅱ.①姜… Ⅲ.①数字化-应用-油田工程-管道工程-设备安装 Ⅳ.①TE42-39

　　中国版本图书馆 CIP 数据核字(2022)第 076399 号

中国石化出版社出版发行
地址：北京市东城区安定门外大街 58 号
邮编：100011　电话：(010)57512500
发行部电话：(010)57512575
http://www.sinopec-press.com
E-mail：press@ sinopec.com
北京力信诚印刷有限公司印刷
全国各地新华书店经销
*
787×1092 毫米 16 开本 23 印张 579 千字
2022 年 6 月第 1 版　2022 年 6 月第 1 次印刷
定价：78.00 元

上篇编写人员

主　　编：姜　平　任传柱　张士勇　刘可夫

副 主 编：刘翠霞　王立臣　马　庆　钟彬伟　李石磊　罗庆忠

参编人员(以姓氏笔画为序)：

于守清　王　宇　王　勋　王庆波　王金成　王建国

王洪雨　王勇涛　王清伟　王晶洁　尹承龙　叶　欣

付艳萍　吕晓霞　吕雪峰　任显波　华　野　庄立君

刘红群　刘英春　刘澜超　闫晓成　孙长海　杜　蕾

杜泓霏　李　丹　李海森　杨　君　杨　斌　连玉秋

吴海峰　张有兴　张朋娟　张积英　张喜民　罗贤银

金火庆　金慕庆　周　惠　周敏杰　郑洪斌　郑晓蕾

赵艳敏　赵海涛　胡延军　聂　岩　徐红梅　徐桂云

审核人员：刘　丽　王　江　汲红军　赵向忠　李魁芳

下篇编写人员

主　　编：姜　平　任传柱　张士勇　刘可夫

副 主 编：孙雨飞　王　健　林树国　何显斌　刘洪俊　曹　刚

参编人员(以姓氏笔画为序)：

丁战军	于占勇	于立军	王险峰	王普军	史阳春
冯　艳	邢　颖	朱子杰	华玉林	刘　茜	汤　凯
纪永峰	李　欢	李　洋	李　爽	李永鹏	李伟泉
李守祥	李国民	李昌红	李金艳	李树龙	李眉博
李雪莲	杨庆成	杨海波	宋　佳	宋庆龙	张　明
张　娜	张旭焱	张德龙	张德新	陈　娜	邵　彬
郑　杰	郑双庆	胡晓庆	柏云龙	秦明月	卿美华
高伟生	郭　华	曹　辉	董　鑫	韩文国	程伟光
焦振洋	鲁大勇	潘春清	薛　燕	缴殿龙	戴海辉

审核人员：马喜林　周林海　姜　军　张春超　程　亮

前　言

随着油田企业创新发展、产业转型不断升级，油田开采技术更新换代步伐不断加快，对从业人员的素质和技能水平提出了更高要求。为适应企业经济发展方式转变，满足员工培训、鉴定及生产的需求，更好地指导相关从业人员岗位实际操作，实现岗位操作标准化、智能化和数字化，我们本着从生产实际出发的原则，编写了《油田管路安装与数字化应用技术》这本书。

本书共分为十一章，前五章为上篇，详细地介绍了管路工艺安装的基础知识、油气集输工艺和管路安装图、安装常用工具与材料、完全图解实战操作及管路安装精选练习图集。通过单个组件识别到整个管路安装图，循序渐进地把管路的形成及安装操作进行完整介绍。后六章为下篇，主要论述井、站设备在维修中使用的常用新型仪器仪表、自动化仪表、典型电力拖动控制电路、油田电力系统常用电路、模拟量控制输入、输出模块应用电路及变频器通信控制故障的维修等几方面内容。对检修设备使用的不同功能的仪表从结构到使用进行详细讲述，对数字化设备存在的故障进行细化分析，使员工技能水平得到提高。

本书在编写过程中，注重内容的实用性和规范性，内容完全符合国家和石油天然气行业标准的规定，标准中未明确规定之处也均采用行业内约定成俗的做法。制图标准遵照 SY/T 0003—2012《石油天然气工程制图标准》。

本书图文并茂，内容精炼，语言通俗易懂，作为一本培训和指导操作类的书，具有很强的实用性。书中很多实用的方法技巧都是编写人员从多年实践中总结出的经验方法，参考性极高。

由于编者的能力水平有限，书中难免有不妥之处，敬请广大读者批评指正。

目 录

上 篇

下 篇

上 篇

第一章 管路工艺安装入门基础

第一节 管路基本知识

一、管道的公称压力

公称压力制品：在基准温度下的耐压强度称为公称压力，用符号 PN 表示，PN 与管道系统元件的力学性能和尺寸特性相关。它由字母 PN 和后跟无因次的数字组成，如公称压力为 1.0MPa，记为 $PN10$。由于制品的材料不同，其基准温度也不同，铸铁和铜的基准温度为 120℃，钢的基准温度为 200℃，合金钢的基准温度为 250℃。塑料制品的基准温度为 20℃，制品在基准温度下的耐压强度接近常温时的耐压强度，故公称压力也接近常温下材料的耐压强度。

例如：阀门上标示 $PN25$ 字样表示该阀门的公称压力为 2.5MPa，表示该阀门属于中压阀门，如果标示 $PN160$ 字样表示该阀门的公称压力为 16MPa，属于高压阀门。阀门按照公称压力的分类见表 1-1。

表 1-1 阀门按公称压力分类表

类　别	公称压力/MPa	类　别	公称压力/MPa
真空阀	$PN<0.1$	高压阀	$10 \leqslant PN < 80$
低压阀	$PN \leqslant 1.6$	超高压阀	$PN \geqslant 100$
中压阀	$2.5 \leqslant PN \leqslant 6.4$		

二、管道的工作压力

管道和管路附件在正常运行条件下所承受的压力用符号 p 表示，这个运行条件必须是指某一操作温度，因而说明某制品的工作压力应注明其工作温度，通常是在 p 的下角附加数字，该数字是最高工作温度除 10 所得的整数值，如介质的最高工作温度为 300℃，工作压力为 10MPa，则记为 $p_{30}10MPa$。

三、试验压力

管道与管路附件在出厂前，必须进行压力试验，检查其强度和密封性，对制品进行强度试验的压力称为强度试验压力，用符号 p_s 表示，如试验压力为 4MPa，记为 p_s4MPa。从安全角度考虑，试验压力必须大于公称压力。

制品的公称压力按照它的定义是指基准温度下制品的耐压强度，但在很多情况下，制品并非在基准温度下工作，随着温度的变化，制品的耐压强度也跟着发生变化，所以隶属于某一公称压力的制品，究竟能承受多大的工作压力，要由介质的工作温度决定，因此就需要知道制品在不同的工作温度下公称压力和工作压力的关系。例如，用优质碳素钢制造的制品，工作温度分为 11 个等级，在每一个工作温度等级下，列出在该温度等级下的工作压力。

四、公称直径

公称直径是为了设计、制造、安装和修理方便而规定的一种标准直径。一般情况下，公称直径的数值既不是管子的内径，也不是管子的外径，而是与管子的内径相接近的整数。如水煤气钢管和无缝钢管，其外径为固定的系列数值，其内径随着壁厚的增加而减小。

公称直径用符号 DN 表示，其后附加公称直径的数值，例如：公称直径为 100mm，用 DN100 表示。

对于无缝钢管和直缝卷制焊接钢管，管子的规格也可以用外径×壁厚表示。例如：外径为 108mm，壁厚为 4mm 的无缝钢管表示为 φ108×4；外径为 377mm，壁厚为 9mm 直缝卷制焊接钢管表示为 φ377×9。对于低压流体输送钢管（俗称水煤气管），一般用它们的公称直径来表示，例如：对于公称直径为 50mm 的水煤气管表示为 DN50。对于铸铁管一般也用它们的公称直径来表示，铸铁管公称直径与内径数值相等，例如：对于公称直径为 100mm 的铸铁管表示为 DN100。

目前，管路工艺安装操作项目考核使用的操作工艺，以 DN20 规格的管线流程为主，也就是使用公称直径为 DN20 的管阀组件等。少数也会使用 DN15 管阀组件，如压力表控制阀的规格就是 DN15。

第二节　常用管阀组件

一、管路管阀配件

1. 短接

管路工艺安装操作项目考核时，经常会给出不同长度的管子短接（见图 1-1）用以连接管路。

常用单位换算

管工习惯上用英寸（in）和英分来表示管子公称直径的大小，如管路工艺安装常用的 DN15 管和 DN20 管就是我们常说的四分管和六分管。

图 1-1　短接

英制单位和国际标准单位的换算关系如下：

$$1in \approx 25.4mm \qquad 1mm \approx 0.0394in$$

在料单或书面上经常用英寸来表示英分，例如 1/2in 和 3/4in，分别表示 4 英分和 6 英分的意思。

英制不是十进制的，1 英尺（ft）= 12 英寸、1 英寸 = 8 英分。那么英分和英寸是如何换算呢？以 6 英分为例，因为英分到英寸是八进制，所以应该用 6 除以 8，即 3/4，3/4in 就是 6 英分。

2. 内螺纹接箍

内螺纹接箍的作用是把两个外螺纹短节连接在一起以达到延长管路尺寸的目的，如图 1-2 所示。

3. 内接头

内接头也叫对丝，中间为正六边形，两端为外螺纹，且两端螺纹大小和密封形式完全相同。对丝的作用与外螺纹短节一样都是连接管件的，同一种规格的对丝在长度方向上的尺寸是固定的，如图1-3所示。

图1-2　内螺纹接箍

图1-3　内接头

4. 三通

三通是用于管路分支处的管件，主要用于改变流体方向。三通有等径和异径之分，等径三通的三个接口均为相同的尺寸；异径三通的两个主要接口为相同尺寸，而分支接口尺寸与主要接口尺寸不同，如主要接口可接DN20短节而分支接口可接DN15短节。异径三通在管路中的作用是改变分支管路的直径，如图1-4所示。

5. 四通

四通用来连接四个方向的管子，并形成垂直交叉状，可分为等径四通和异径四通，如图1-5所示。

(a)等径三通　　　　　(b)异径三通

图1-4　三通

(a)等径四通　　　　　(b)异径四通

图1-5　四通

6. 弯头

弯头是改变管路方向的管件，有45°弯头、90°弯头和180°弯头等，45°弯头和180°弯头，如图1-6所示。

管路工艺安装操作常用的弯头为90°弯头，分为90°等径弯头和90°异径弯头两种。利用90°等径弯头可以使管路转向任意90°方向，90°异径弯头则是用来改变转向后管路的直径，如图1-7所示。

7. 活接头

活接头又叫由壬，管件的一种，是一个固定接头和一个活母接头配套使用，两端与相应管螺纹相接，中间用PVC或胶圈密封，具有安装、拆卸方便的特点，如图1-8所示。

(a)45°弯头   (b)180°弯头

图1-6 弯头

(a)90°等径弯头

(b)90°异径弯头

图1-7 弯头

图1-8 活接头

8. 法兰

主要用在管道与阀门之间，管道与管道之间，以及管道与设备之间等。法兰种类繁多，按连接方式分为整体法兰、平焊法兰、对焊法兰、松套法兰、螺纹法兰等，如图1-9所示。

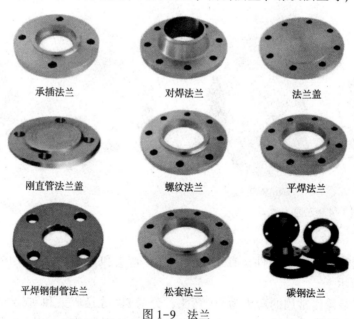

承插法兰   对焊法兰   法兰盖

刚直管法兰盖   螺纹法兰   平焊法兰

平焊钢制管法兰   松套法兰   碳钢法兰

图1-9 法兰

9. 异径外接头

异径外接头俗称大小头、异径内螺丝、异径管子箍，用于连接两根公称通径不同的管子，使管路通径变小。如压力表接头的规格是 $DN15$，在 $DN20$ 的管路工艺流程里安装压力表，需要安装大小头，如图1-10所示。

图 1-10　异径外接头

二、管路工艺安装常用阀门

1. 闸阀

又称为闸板阀，启闭件为闸板，是由阀杆带动闸板沿阀座密封面做升降运动的阀门。闸阀应用广泛，如图 1-11 所示。

（1）闸阀的结构

闸阀主要由阀体、阀盖、阀杆、闸板、密封填料及驱动装置等组成，如图 1-12 所示。

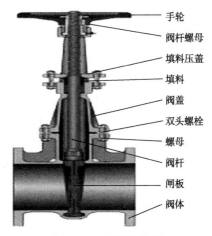

图 1-11　闸阀　　　　　　　图 1-12　闸阀结构图

（2）闸阀的优点

1）流动阻力小，密封性比截止阀好，应用比较广泛。

2）结构长度(与管道相连接的两端面间的距离)较小，适用范围大。

3）启闭较省力。

4）全开时密封面受介质的冲蚀小，介质流动方向不受限制，具有双流向。

5）可以从阀杆的升降高度看出阀的开度大小。

（3）闸阀的缺点

1）外形尺寸大，开启需要一定的空间，启闭时间长。

2）在启闭时密封面易产生擦伤。

3）零件较多，结构较复杂，制造与维修较困难，比截止阀成本高。

2. 截止阀

截止阀是利用装在阀杆下面的阀瓣在阀杆的带动下沿阀座密封面的轴线作升降运动，从而启闭阀门的一种常用截断阀，如图 1-13 所示。

（1）截止阀的结构

截止阀主要由阀体、阀盖、阀杆、阀瓣及手轮等组成，如图 1-14 所示。

图 1-13　截止阀

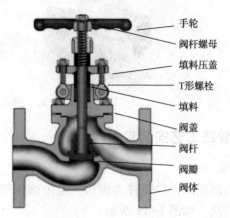

手轮
阀杆螺母
填料压盖
T形螺栓
填料
阀盖
阀杆
阀瓣
阀体

图 1-14　截止阀结构图

（2）截止阀的优点

1）与闸阀相比，截止阀结构简单，制造与维修较方便。

2）截止阀启闭时阀瓣与阀体密封面之间无相对滑动（锥形密封面除外），因而磨损与擦伤均不严重，密封性能好，使用寿命长。

3）启闭时，阀瓣行程小，因而截止阀高度较小，但结构长度较大。关闭时，因为阀瓣运动方向与介质压力作用方向相反，必须克服介质的作用力，所以关闭力矩大，因此，截止阀通径受到限制，一般公称直径不大于 200mm。

（3）截止阀的缺点

1）流动阻力大。阀体内介质通道比较曲折，流动阻力大，动力消耗大。在各类截断阀中，截止阀的流动阻力最大。

2）介质流动方向受限制。介质流经截止阀时，在阀座通道处应保证从下向上流动，所以介质只能单方向流动。

3. 球阀

球阀启闭件为球体，绕垂直于通路的轴线转动的阀门称为球阀。球阀是由旋塞阀演变而来的。在管道中旋转 90°即全开或全关，可安装在管道的任何位置，靠旋转手柄来开启、关闭，如图 1-15 所示。

（1）球阀的结构

球阀主要由阀体、球体、密封圈、阀杆及驱动装置等组成，如图 1-16 所示。

（2）球阀的优点

1）中、小口径球阀结构相对简单，体积小，重量轻，特别是它的高度远小于闸阀和截止阀。

2）流动阻力小。全开时球体通道、阀体通道和连接管道的截面积相等，并且成直线相通；介质流过球阀相当于流过一段直通的管子，所以，在各类阀门中球阀的流动阻力最小。

3）启闭迅速，介质流向不受限制。球阀与旋塞阀一样，启闭时只需把球体转动 90°，比较方便而且迅速。直通球阀应用最广泛，可作为截断阀用。

图 1-15 球阀

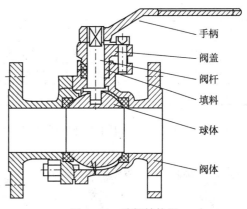

图 1-16 球阀结构图

手柄
阀盖
阀杆
填料
球体
阀体

4）球阀具有维修方便、密封性能好等优点。

（3）球阀的缺点

高温时启闭困难、水击困难、易磨损。

4. 蝶阀

启闭件为蝶板，绕固定轴转动的阀门。碟阀具有多种蝶板结构形式。其蝶板结构是直接随阀杆旋转做启闭运动的，也可以通过杠杆机构使蝶板做启闭运动。

（1）碟阀的结构

碟阀主要由阀体、碟板、密封圈、阀杆等组成。

（2）蝶阀的特点

结构简单，体积小，质量小，节省材料，安装空间小，而且驱动力矩小，操作简便、迅速。

5. 旋塞阀

利用阀件内所插的中央穿孔的锥形栓塞来控制启闭的阀件。旋塞阀不适用输送高温、高压介质(如蒸汽)，只适用于一般低温、低压流体，不宜作调节流量用。

6. 止回阀

用于阻止介质倒流的阀门，又称止逆阀、单向阀。升降式止回阀比旋启式止回阀的密封性好，流体阻力大。卧式的宜装在水平管线上，立式的应装在垂直管线上。

7. 管路工艺安装常用的阀门型号

竞赛考核管路工艺安装操作中，常用的阀门有 DN15 或 DN20 低压截止阀，DN15 或 DN20 高压截止阀，还可能用到 DN50 法兰闸阀。在选择阀门时要看清楚阀门的型号。型号为 J 打头的表示截止阀，Z 打头的表示闸阀。短横线后面的数字表示公称压力，数字 16 表示阀门公称压力为 1.6MPa，属于低压阀门，数字 160 表示阀门公称压力为 16MPa，属于高压阀门。DN 后面的数字表示公称直径，DN15 表示阀门公称直径为 15mm，DN20 表示阀门公称直径为 20mm。管路工艺安装常用阀门型号见表 1-2。

表 1-2 管路工艺安装常用阀门型号

序号	规格型号	阀门类型	连接方式	公称压力/MPa	公称直径/mm	备 注
1	J11T-16DN15	截止阀	螺纹连接	1.6	15	DN15 低压截止阀
2	J12W-160DN15	截止阀	螺纹连接	16	15	DN15 高压针型截止阀

序号	规格型号	阀门类型	连接方式	公称压力/MPa	公称直径/mm	备 注
3	J11T-16DN20	截止阀	螺纹连接	1.6	20	DN20 低压截止阀
4	J12W-160DN20	截止阀	螺纹连接	16	20	DN20 高压针型截止阀
5	Z41H-16DN50	闸阀	法兰连接	1.6	50	DN50 法兰闸阀

管路工艺安装常用阀门实物如图 1-17 所示。

 (a)DN20低压截止阀 (b)DN20高压截止阀 (c)DN15高压针型截止阀 (d)DN20高压针型截止阀 (e)DN50法兰闸阀

图 1-17 管路工艺安装常用阀门

第三节　认识测量仪表

一、测量基本知识

1. 测量

测量是为确定被测对象的量值而进行的一组操作。由于测量器具的示值误差、被测量的变化、测量环境条件的变化等原因的影响，不可避免地存在误差。

1）被测量：受到测量的量称为被测量。由测量所得到的赋予被测量值的是测量结果。

2）真值：是指与给定的特定量的定义一致的值。实际上被测量的真值是无法得到的。测量结果也只能是更接近客观存在的真值。

3）约定真值：是对于给定的具有适当不确定度的、赋予特定量的值，有时该值是约定采用的。

4）修正值：是指用代数方法与未修正测量结果相加，以补偿其系统误差的值。

2. 测量误差

测量误差是指测量结果与被测量的真值之差。误差就是指测量误差。误差是客观存在的，也是无法消除的。误差按照表现形式可分为绝对误差、相对误差、引用误差。

1）绝对误差：测量误差有时称为测量的绝对误差，就是测量结果与被测量的真值之差。

2）相对误差：是绝对误差除以被测量的真值。

3）引用误差：是测量仪器示值的绝对误差与仪器的特定值之比。

4）最大允许测量误差：简称最大允许误差。对给定的测量、测量仪器或测量系统，由规范或规程所允许的，相对于已知参考量值的测量误差的极限值。仪表量程的最小分度应不小于最大允许误差。精确度是允许误差去掉百分量以后的绝对值。指的是每一次独立的测量之间，其平均值与已知的数据真值之间的差距。实用精确度的等级一般有：0.1、0.2、0.5、1.0、1.5、2.5、4.0等。

弹簧管式压力表允许误差计算方法：

① 0.4级6MPa的精密压力表：$\pm(6 \times 0.4\%) = \pm 0.024$ MPa。

② 1.6级0~10MPa的一般压力表：$\pm(10 \times 0.016) = \pm 0.16$ MPa。

③ 4级-0.1~0.15MPa的压力真空表：$\pm[(0.1+0.15) \times 0.04] = \pm 0.01$ MPa。

④ 1.0级0~60MPa的耐震压力表：$\pm(60 \times 0.01) = \pm 0.6$ MPa。

二、压力测量仪表

压力是指垂直作用在单位面积上的力。该"压力"在物理概念上应称为压强，压力与作用力及其受力面积之间的关系式如下：

$$p = \frac{F}{S}$$

式中　p——压力，Pa；

　　　F——作用力，N；

　　　S——受力面积，m^2。

1. 压力表的类型

压力测量仪表按测量原理分为液柱式、弹性式、活塞式、电气式等。

按仪表功能用途分类为就地指示、远距离显示、巡回检测、开关、接点等多种类型仪表。

常用压力表外形尺寸有$\phi 100$mm、$\phi 150$mm、$\phi 200$mm，气动仪表管路上常用$\phi 60$mm。

还有许多用于特定介质的压力表，如氧气压力表，氨压力表，乙炔压力表，耐酸、耐碱压力表等。

2. 压力表的选择

1）根据工艺设备要求，选择压力表外壳直径。

① 为了便于操作和定期检查校验，工艺管网和机泵一般安装外壳直径为100mm的压力表。

② 受压容器(加热炉、锅炉、缓冲罐、注水泵进出口管线等)及振动较大的部位，一般安装直径为100~150mm的压力表。

③ 控制仪表系统一般多采用直径为60mm的压力表。

2）根据所测量的工艺介质压力要求，选择压力表量程。

正确选择压力表的量程，对压力表安全运行、免遭损坏和延长其使用寿命至关重要。因此压力表的最高测量范围值不得超过满量程的3/4，按负荷状态的通性来说，压力表的测量范围在满量程的1/3~2/3之间时，其稳定性和准确性最高。常用压力表规格的选用见表1-3。

表1-3　常用压力表规格的选用　　　　　　　　　　　　　　　　MPa

压力表规格	量　程	压力表规格	量　程
0.4	0.13~0.26	0.6	0.20~0.40
1.0	0.33~0.66	1.6	0.53~1.06
2.5	0.83~1.66	4.0	1.33~2.66

3）压力表按使用环境和被测介质性质选择，根据环境的腐蚀性强弱、粉尘状况、机械振动、介质的腐蚀性、黏度和安装场合防爆等级来选择合适的专用仪表。

4）对一般介质的测量，压力在-40~0~40kPa 时，宜选用膜盒压力表。压力在 40kPa 以上时，一般选用弹簧压力表或波纹管压力表。压力在-100kPa~0~2.4MPa 时，应选用压力真空表。压力在-100~0kPa 时应选用弹簧管真空表。

5）根据压力表精确度等级选择。

① 一般测量用压力表、膜盒压力表和膜片压力表，应选用 1.5 级或 2.5 级。

② 精密测量用压力表，应选用 0.4 级、0.25 级或 0.16 级。

3. 压力表的安装要求

1）压力表应垂直安装在管线或容器上。

2）压力表安装处与测压点的距离应尽量短，要保证完好的密封性，不能出现泄漏现象。

3）振动较大的压力源要安装抗振压力表或安装导压管。

4）压力表应安装在便于观察和更换的地方。

5）安装地点应力求避免振动和高温影响，并且要有足够的光线照明。

6）测量蒸汽压力时应加装冷凝圈，以防止高温蒸汽直接与测压元件接触；当有腐蚀介质时，应加装充有中性介质的隔离罐等。总之，针对具体情况（如高温、低温、腐蚀、结晶、沉淀、黏稠介质等），采取相应的防护措施。

7）压力表要独立安装，不应和其他管道相连。

8）压力表下端必须安装变丝接头，因为压力表和阀门螺纹的螺距不一样。

三、流量测量仪表

流量是输送过程中的一个重要参数，流量就是单位时间内流经某一截面的流体数量。流量可用体积流量和质量流量来表示，其单位有 m^3/h、L/h 和 kg/h 等。

流量计是指测量流体流量的仪表，它能指示和记录某瞬时流体的流量值；计量表（总量表）是指测量流体总量的仪表，它能累计某段时间间隔内流体的总量，即各瞬时流量的累加和，如水表、煤气表等。

1. 流量仪表的分类

按测量原理分，大致分为容积式、差压式、速度式和质量式等。

（1）容积式流量计

它是利用液体本身的动力推动仪表的部件转动，利用仪表中某一标准体积连续地对被测介质进行称量，最后根据标准体积计量的次数，计算出流过流量计的介质的总容积。它主要用于累计流体的体积总量。这类仪表的测量精度很高，一般可以达到±0.5%左右，比较常见的容积式流量计有椭圆齿轮流量计、腰轮流量计、刮板流量计、活塞流量计等。

（2）差压式流量计

即节流式流量计，是利用安装在管道中的节流装置（如孔板、喷嘴，文丘里管等），使流体流过时，产生局部收缩，在节流装置的前后形成静压差。该压差的大小与流过的流体的体积流量一一对应，利用压差计测出压差值，即间接地测出流量值。由于这类流量计的结构简单、价格便宜、使用方便，是用来测量气体、液体和蒸汽流量的常用流量仪表。

（3）速度式流量计

是采用直接或间接测量流体平均速度的方法测量流体的流量。速度式流量计有靶式流量计、电磁流量计、涡轮流量计、超声波流量计、漩涡式流量计及垫式流量计等。

（4）质量式流量计

是测量所经过的流体质量。质量流量计有惯性力式质量流量计、推导式质量流量计等。这种测定方式被测流体流量不受流体的温度、压力、密度、黏度等变化的影响。

（5）其他流量计

除上述几类流量计外，还有利用相关技术测量流量的流量计及激光多普勒流量计等。

2. 电磁流量计

工作原理是基于法拉第电磁感应定律。要保证电磁流量计的测量精度，正确的安装使用是很重要的。因此，在安装和使用时一般要注意以下几点：

1）变送器应安装在室内干燥通风处，避免安装在环境温度过高的地方，不应受强烈振动，尽量避开有强烈磁场的设备，如大电动机和变压器等；避免安装在有腐蚀性气体的场合；安装地点便于检修。这是保证变送器正常运行的环境条件。

2）为了保证变送器测量管内充满被测介质，变送器最好垂直安装，流向自下而上，尤其对于液固两相流，必须垂直安装。若现场只允许水平安装，则必须保证两电极处在同一水平面。

3）变送器两端应装阀门和旁路管道。

4）电磁流量变送器的电极所测出的交流电势，是以变送器内液体电位为基准的。为了使液体电位稳定并使变送器与流体保持等电位，以保证测量信号稳定，变送器外壳与金属管两端应有良好的接地，转换器外壳也应接地。不能与其他电器设备的接地线共用。

5）为了避免干扰信号，变送器和转换器之间信号必须用屏蔽导线传输，不允许把信号电缆和电源线平行放在同一电缆钢管内。信号电缆长度一般不得超过30m。

6）转换器安装地点应避免交、直流强磁场的振动，环境温度为-20~60℃，不含有腐蚀气体，相对湿度不大于80%。

7）为避免流速分布对测量的影响，流量调节阀应设置在变送器下游。对小口径变送器来说，因为电极中心到流量计进口端的距离已相当好几倍直径 D 的长度，所以对上游直管段可以不做规定。但对大口径流量计，一般上游应有5D以上的直管段，下游一般不做直管段要求。

四、过滤器

过滤器是输送介质管道上不可缺少的一种装置。过滤器一般安装在泵的入口、计量仪表的前段。待处理的介质在经过过滤器滤网的滤筒后，其杂质被阻挡，当需要清洗时，只要将可拆卸的滤筒取出，处理后重新装入即可，因此，使用维护极为方便。

过滤器按性能分类可分为管路过滤器、双筒过滤器、高压过滤器。如图1-18所示的Y型过滤器，能去除流体中的较大固体杂质，使机器设备（包括压缩机、泵等）、仪表能正常工作和运转，起到稳定工艺过程，保障安全生产的作用。Y型过滤器（水过滤器）具有制

图1-18　螺纹连接 Y 型过滤器

作简单、安装清洗方便、纳污量大等优点。安装方式分为三种：法兰连接、螺纹连接和焊接。

1. 过滤器安装

1）过滤器安装时，首先将过滤器的封口盖去掉，将防锈油清洗干净。

2）将安装的管道冲洗干净，以免杂质进入过滤器及流量计。

3）过滤器必须安装在流量计的进口端，并注意过滤器外壳箭头与液体流动方向一致。

4）切忌在液体对滤芯有腐蚀的管路中使用。

5）安装完毕后，首先作加压密封检查，压力为规定最大工作压力的 1.5 倍，若无渗漏即可投入使用。

第二章　油气集输工艺和管路安装图

第一节　油气集输工艺和管路安装图基础知识

一、油田油气集输工艺流程

油田油气集输生产工艺是分别测得各单井出产的原油、天然气和水的产量值后，根据产量值，把这些产物汇集、处理成出矿原油、天然气、液化石油气及天然汽油，并经储存、计量后输送给用户的油田生产过程。油田油气集输工程的工艺流程如下所述：

分井计量：对单井采出物中的原油、天然气、水进行计量，为油田生产提供动态资料。

集油、集气：将分井计量后的油气水混输到油气水分离站。

油气水分离：先将油气水混合物分离成液体和气体，再将液体分离成含水原油及含油污水，必要时分离出固体杂质。

原油脱水：将含水原油破乳、沉降、分离，使原油含水率符合标准。

原油稳定：将原油中的易挥发轻组分($C_1 \sim C_4$)脱出，使原油饱和蒸气压符合标准。

原油储存：将合格原油储存在油罐中，保持原油生产和销售的平衡。

天然气脱水：脱出天然气中的水分，使其在输送和冷却时，不会生成水合物。

天然气轻烃回收：脱出天然气中的燃液，保证天然气管线输送时不析出烃液。

烃液储存：将液化石油气、天然气液分别盛装在压力罐中，保持烃液生产和销售的平衡。

输油、输气：将原油、天然气、液化石油气、天然气液经计量后外输或配送给用户。

二、集输常用的管线、管件和阀门

1. 集输管线

常用的集输管线有无缝钢管和焊接钢管。为了在油气集输过程中合理选用管线，管线和管线附件(包括管件和阀门)中规定了公称直径和公称压力系列。

（1）公称直径

管线的公称直径是一种规定的标准直径。公称直径既不是管线的内径，也不是管线的外径，而是取定的与管线内、外径相接近的整数。公称直径用符号 *DN* 表示，其单位是mm。例如，公称直径100mm，用 *DN*100 表示。

（2）公称压力

管线的公称压力是一种规定的标准压力，用符号 *PN* 表示，其单位是MPa。例如，公称压力1.0MPa，用 *PN*10 表示。

（3）管线规格

集输管线常用的钢管主要是无缝钢管和焊接钢管，其规格均以 φ 外径×管壁厚度表示，例如，φ60×4。

（4）管线的标注

管线通常标注如下：

编号		管线规格		管线标高

在管线的标注中，工艺流程图的管线规格都用 $DN\times\times$ 表示，例如 $DN40$；工艺安装图钢管的管线规格用 ϕ 外径×壁厚表示，例如 $\phi60\times4$；工艺安装图铸铁管和非金属管都用 $DN\times\times$ 表示，例如 $DN80$。管线国标系列见表 2-1。

表 2-1　管线国标系列

序号	公称直径 DN	英制尺寸/in	代表管线规格 ϕ 外径×壁厚	备　注
1	15	1/2	$\phi21.95\times2.5$(4 分管)	
2	20	3/4	$\phi27.25\times2.5$(6 分管)	
3	25	1	$\phi32\times3$	
4	32	$1\frac{1}{4}$	$\phi38\times3$	
5	40	$1\frac{1}{2}$	$\phi48\times3.5$	
6	50	2	$\phi60\times3.5$	
7	65	$2\frac{1}{2}$	$\phi76\times3.5$	
8	80	3	$\phi89\times3.5$	
9	100	4	$\phi108\times4$	
10	125	5	$\phi133\times4$	① 1 英寸(in)=25.4mm
11	150	6	$\phi159\times5$	② 1 英尺(ft)=304.8mm
12	200	8	$\phi219\times6$	③ 1 英尺(ft)=12 英寸(in)
13	250	10	$\phi273\times7$	④ 1 英分=1/8 英寸(in)
14	300	12	$\phi325\times7$	
15	350	16	$\phi377\times7$	
16	400	18	$\phi426\times7$	
17	500	20	$\phi529\times7$	
18	600	24	$\phi630\times7$	
19	700		$\phi720\times7$	
20	800		$\phi820\times7$	
21	1000		$\phi1020\times12$	
22	1600		$\phi1620\times14$	

2. 集输管件

常见的集输管件有法兰、垫片、弯头、三通、盲板、丝堵、大小头等。

3. 阀门

阀门按用途分截断阀、调节阀、止回阀、分流阀和安全阀。

（1）阀门的公称通径

阀门的公称通径是指阀门与管道连接处通道的名义直径，用 DN 表示。阀门的公称通径系列见表 2-2。

表 2-2 阀门的公称通径系列

mm

3	20	50	125	225	400	700	1200	2000	2800
6	25	65	150	250	450	800	1400	2200	3000
10	32	80	175	300	500	900	1600	2400	
15	40	100	200	350	600	1000	1800	2600	

（2）阀门的公称压力

阀门的公称压力是指在基准温度下允许的最大工作压力，用 PN 表示。

三、油气集输工艺流程图

油气集输工艺流程图是流体在站内流动过程的图样表示，它反映的是油气集输主要生产过程及各工艺系统间的相互关系，是由站内管线、管件、阀所组成，并与其他集输设备相连的管路系统。工艺流程图只是一种示意图，一般不按比例绘制，它只代表一个区域或一个系统所用的设备及管线的走向，不代表设备的实际位置和管线的实际长度。但各区域内的设备方位应尽可能与平面布置图一致，以便与总图联系和取得比较直观的形象。在工艺流程图中，把设备和管路按顺序画在同一平面上，以说明各个设备间与主要及辅助管线的联系情况。

四、油气集输工艺流程图绘制方法

绘制工艺流程图时，可按站平面布置的大体位置将各种工艺设备布置好，然后，按正常生产工艺流程、辅助工艺流程的要求，用管道、管件和阀件将各种工艺设备联系起来，即为油气集输工艺流程图。

1. 选择图纸幅面和标题栏

基本图纸幅面及尺寸见表 2-3。

表 2-3 基本图纸幅面及尺寸

幅面代号		A0	A1	A2	A3	A4	A5
幅面尺寸(宽×长)/mm		841×1189	594×841	420×594	297×420	210×297	148×210
周边尺寸/mm	a	25					
	c	10			5		
	e	20		10			

2. 布局各种设备在图中的位置

油气集输工艺流程常用设备、阀门、仪表及管道附件的图例见表 2-4。管路上的主要设备、阀门、过滤缸、计量仪表及其他重要附件，要用细实线按规定符号在相应位置画出。各种设备在图上一般只需用细实线画出大致外形轮廓或示意结构，设备大小只需大致保持设备间相对大小，设备之间相对位置及设备上重要接管口位置大致符合实际情况即可，不论设备的规格如何，其在同一图纸上出现的规定符号大小应基本一致。图纸幅面、图框、标题栏方位如图 2-1 所示。

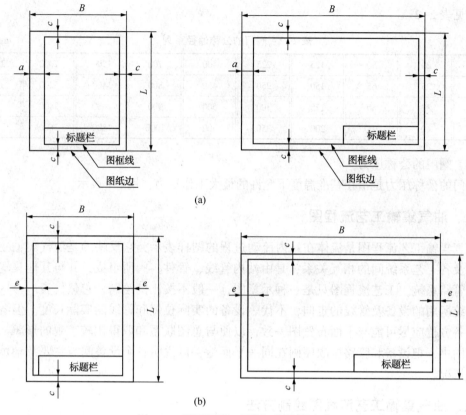

图 2-1 图纸幅面、图框、标题栏方位

表 2-4 油气集输工艺流程常用图例

序号	名称	图例	序号	名称	图例
1	交叉管线		10	安全阀	
2	相交管线		11	调节阀	
3	闸阀		12	过滤器	
4	截止阀		13	流量计	
5	止回阀		14	离心泵	
6	球阀		15	往复泵	
7	蝶阀		16	齿轮泵	
8	电动阀		17	螺杆泵	
9	旋塞阀		18	油罐	

3. 工艺流程图画法

1) 主要管线用粗实线，次要或辅助管线用细实线。

2) 管线发生交叉而实际并不相碰时，一般采用竖断横不断、次线断、主线不断的原则。

3) 地上管线用粗实线表示，地下管道用粗虚线表示。

4) 工艺流程中管线图色标准表示如下：

① 油管线：灰色。

② 天然气：中黄色。

③ 清水管线：绿色。

④ 污水管线：黑色。

⑤ 注水管线：蓝色。

⑥ 破乳剂、润滑油：橘黄色。

⑦ 水蒸气管线：大红色。

⑧ 消防管线、紧急放空管线：大红色。

⑨ 污油管线：黑色。

4. 设备进行编号

图上设备要进行编号，通常注在设备图形附近，也可直接注在设备图形之内，图上还通常附有设备一览表，列出设备的编号、名称、规格及数量等。在图上规范画出管线走向。

5. 用绘图笔进行描图

检查无误后用碳素绘图笔进行描图。绘图线条的粗细和设备管线的主次相应符合。

6. 填写标题栏内容

目前标题栏没有统一格式。标题栏内容一般包括工艺流程的名称、绘制时间、绘制比例、绘制人、图例、图样数量、图幅大小等。通常还附有设备一览表，列出设备的编号、名称、规格及数量等。若图中全部采用规定画法的图可不再有图例。

7. 清理图样

用橡皮擦去底图中铅笔部分和图面上不清洁的地方，用毛刷刷净图面上的杂物。

五、管路工艺安装图的绘制方法

1. 选择图纸幅面和标题栏

根据管路工艺安装的多少和复杂程度确定管路工艺安装图的基本图纸幅面、图框格式及标题栏方位的方法，与工艺流程图基本相同。

2. 比例

油气集输管路工艺安装图的比例通常根据集输管网的实际情况而定，一般为 1：50、1：40 或 1：30 等。

3. 绘制视图

管路的各个视图也是按正投影原理绘制的，主要包括管路平面图和立面图或侧面图（有的用剖视图或局部放大图绘出）两种图形。管路工艺安装图是为了突出管路的，因此，一般用粗实线表示可见的集输管路，而管件、阀件、设备、建筑物等均用细实线表示。对于不同用途的辅助管线，线型的粗细应与主要管路不同。绘制管路工艺安装图常用的图例见表 2-5。

表 2-5　油气集输工艺流程常用图例

图例	名称	图例	名称	图例	名称	图例	名称
立 平	丝扣或焊接闸板阀(立面图手轮向上)	立 平	丝扣或焊接闸板阀(主视图手轮向右)	立 平	丝扣或焊接闸板阀(立面图手轮向后)	立 平	丝扣或焊接闸板阀(立面图手轮向前)
立 平	立面图弯头向下弯曲	立 平	立面图弯头向上弯曲	立 平	立面图三通中间接口向上	立 平	立面图三通中间接口向下
立 平	立面图两直管重叠或遮挡	立 平	立面图三直管重叠或遮挡	立 平	立面图中弯管和直管重叠	立 平	立面图中直管和弯管重叠
	两路管线投影交叉,前面管线完整,后面管线断开		双线图投影交叉,前面管线完整,后面交叉部分虚线表示		单双线图中双线图在前完整,单线在后交叉部分虚线表示		单双线图中单线在前,双线图在后则不存在虚线
立 平	压力表及引压阀(主视图手轮向前)		法兰绝缘法兰		大小头或变径 活节或由壬		升降式止回阀 旋启式止回阀
▽	一般标高	▼	管中心标高	▽	管顶标高	▼	管底标高

（1）管线的重叠

两根管线如果叠合在一起，它们的投影就完全重合，反映在投影面上好像是一根管子的投影，这种现象称为管线的重叠。为了表达方便，规定投影中出现两根管线重叠时，假想前面一根管子截去一段(用折断符号表示)，显露出后面一段管线，这种表示管线的方法称为折断显露法。运用折断显露法画管线时，只有折断符号为对应表示时，才能理解为原来的管线是相通的。管线重叠的表示方法见表 2-5。

（2）管线的交叉

如果两路管线投影交叉，前面的管线要显示完整，后面的管线在图中要断开表示；在双线图中后面管线的交叉部分用虚线表示；在单双线图同时存在的平面图中，若双线在前单线在后，则单线的投影与双线投影相交的部分用虚线表示，若单线在前双线在后时则不存在虚线。管线交叉的表示方法见表 2-5。

（3）管线的标高

管线标高的符号见表 2-5。管线的零点标高标注为±0.00，例如▽±0.00；正数标高前不加"+"号，例如▽32.45；负数标高前必须加注"-"号，例如▽-12.52。

1）立面体标高符号一般标注在尺寸界限上，标高数字标注在标高符号的右侧(见图 2-2)。

2）平面图标高符号一般标注在建筑物内或引出线上，标高数字标注在标高符号的右侧(见图 2-3)。

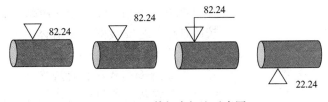

图 2-2　立面体标高标注示意图

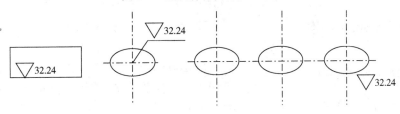

图 2-3　平面图标高标注示意图

4. 给图上管线和设备编号

管路工艺安装图上管线和设备要进行编号,通常注在管线和设备图形附近,设备的编号也可直接注在设备图形之内,在管线上规范画出走向。

5. 标注尺寸

管路工艺安装图提供相邻两个管件或阀件之间的中心距离和必要的标高(见图 2-4)。

6. 用绘图笔进行描述

检查无误后用碳素绘图笔进行描图。注意选择绘图线条的粗细和设备管线的主次相符合。

7. 填写标题栏内容

标题栏内容一般包括管路工艺安装图的名称、绘制人、校对人、绘制时间、绘制比例、档案号、项目号等。通常还附有管线和设备一览表,列出设备的编号、名称、规格及型号、数量、质量等。

8. 技术要求和说明

管路工艺安装图上注明管路工艺安装技术要求和说明。

9. 清理图样

用橡皮擦去底图中铅笔部分和图面上不清洁的地方,用毛刷刷净图面上的杂物。

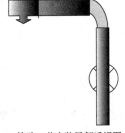

(a)管路工艺安装局部透视图

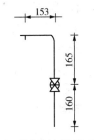

(b)管路工艺安装尺寸标注示意图

图 2-4　管路工艺安装尺寸
标注示意图

六、管路工艺安装

1. 准备工用具

根据管路工艺安装图中图的名称,按管路工艺安装图要求的工作压力及图上管线和设备的序号,对照标题栏明细表,了解安装该装配体的各零件名称、规格及型号、材料、数量,并确定所需要的工用具。

2. 分析管路工艺安装图

根据管路工艺安装图提供的立面图、平面图、侧面图、剖视图等,明确管线和设备的空间走向方位。

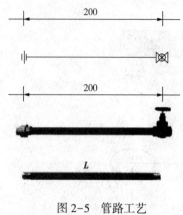

图 2-5　管路工艺
安装短接尺寸示意图

3. 正确安装阀门、活节等管阀配件

按照管路工艺安装图给定流体的流向，按正确方向安装阀门、活节等管阀配件。

4. 正确选择和制作相应的短节

管路工艺安装图提供的管线尺寸是相邻两个管件或阀件中心之间的距离。以图 2-5 为例，管路工艺安装图中，活节和阀门之间的给定尺寸是 200mm，那么管线 L 的长度应为：

$$L=200-活节长度/2-闸门长度/2+$$

管线 L 拧入活节的量+管线 L 拧入阀门的量

5. 安装活节

用活节闭合管路，最后安装活节。

6. 倒流程试压

关闭放空阀门，打开下流阀门，缓开上流阀门试压，不渗不漏时开大上流阀门，把压力调节至工作压力。

7. 清洁和回收工具、用具

擦拭管路，回收工具、用具，清理现场。

第二节　管路工艺轴测图基础入门

管路工艺安装图一般都是用正投影法绘制出的平面图形，这样的图形虽然能准确地反映出管线的走向和平面布置情况，但由于分散地反映在几个图上，缺乏立体感，在实际安装时需要各个图形反复对照，既不形象，识读起来又很费力，而管路轴测图则能把流程中管线的走向在一个图里形象、直观地反映出来。

在管路工艺安装中，快速绘制管路轴测图对于复杂管路图的安装具有非常重要的意义，也是提高空间想象力的重要辅助方式。如何正确且快速绘制出管路工艺轴测图是本节的重点。

一、轴测图

1. 什么是轴测图

轴测图投影图(简称轴测图)通常称为立体图，是生产中的一种辅助图样(见图 2-6)。由于轴测图反映了物体长、宽、高三个方向的形状特征，直观性强，故常与物体的视图配置在一起，用来说明产品的结构和使用方法等。

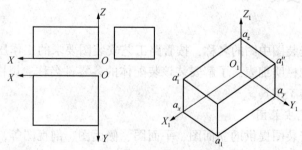

图 2-6　物体的三视图与轴测图

2. 轴测图的形成

轴测图是一种平行投影图。将物体连同其参考直角坐标系,沿不平行于任一坐标面的方向,用平行投影法将其投射在单一投影面上,所得到的图形称为轴测图。它能同时反映出物体三个方向的尺度,富有立体感,但不能反映物体的真实形状和大小,度量性差。

轴测图的形成一般有两种方式,一种是改变物体相对于投影面的位置,而投影方向仍垂直于投影面,所得轴测图称为正轴测图;另一种是改变投影方向使其倾斜于投影面,而不改变物体对投影面的相对位置,所得投影面为斜轴测图。

管路工艺轴测图分为正等轴测图和斜等轴测图两种。在正等轴测图中 X、Y、Z 轴是互为 120°角,在斜等轴测图中 Y 轴与 X 轴和 Z 轴的角度分别 135°和 90°角(见图 2-7)。

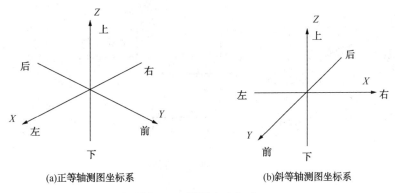

(a)正等轴测图坐标系　　　　　　(b)斜等轴测图坐标系

图 2-7　视图表达方式

3. 轴测图的基本性质

轴测图具有下面两个基本性质:

1)平行性:物体上互相平行的线段,其轴测投影也互相平行;与参考坐标轴平行的线段,其轴测投影也必平行于轴测图。

2)可测量性:沿平行于轴测轴方向的线段长度可在轴测图上直接测量,其测量值乘以该方向的轴向伸缩系数即为该线段的空间长度,不平行于轴测方向的线段长度则不可以直接测量。

4. 工程中常采用的轴测图种类

根据投影方向不同,轴测图可分为两类:正轴测图和斜轴测图。根据轴向伸缩系数不同,每类轴测图又可分为三类:三个轴向伸缩系数均相等的称为等测轴测图;其中只有两个轴向伸缩系数相等的称为二测轴测图;三个轴向伸缩系数均不相等的称为三测轴测图。

以上两种分类方法结合,得到六种轴测图,分别简称为正等测、正二测、正三测和斜等测、斜二测、斜三测(见图 2-8)。工程中使用较多的是正等测和斜二测,在这里只介绍这两种轴测图的画法(见图 2-9)。

正等轴测图的特点有:轴测轴之间的轴间角相等,且 OZ 轴必须是垂直的,$\angle XOY = \angle YOZ = \angle XOZ = 120°$。轴向伸缩系数简化为 $p = q = r = 1$(实际 $p = q = r \approx 0.82$)。其定比性为物体上两平行线段长度之比,在轴测图上保持不变。

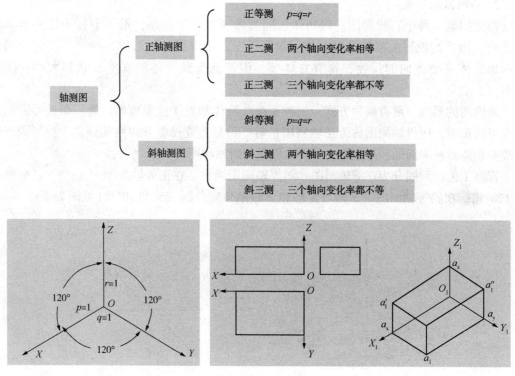

图 2-8 轴测图的分类

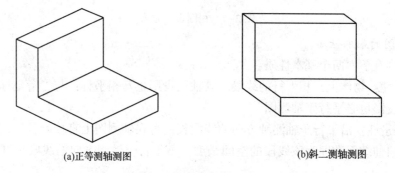

(a)正等测轴测图   (b)斜二测轴测图

图 2-9 物体的轴测图

二、正等轴测图画法

1. 过程

1) 首先观察给定的平面图, 确定哪个是主视图, 一般可以通过主流程管线的位置或者已安装阀门的位置来判断。对于立式流程来说, 平面图上显示为上下两条平行线为主管线, 主管线上伸出的阀门为已安装阀门, 主管线在左视图和右视图上显示为稍大一点的圆圈, 圆圈在左图形为人站在左侧看到的图形, 圆圈在右为人站在右侧看到的图形。画轴测图时要以流程正面图为基准, 注意流程正面图不等同于主视图。给定的平面图形可以用任意方向的视图来作主视图, 如果把从流程右侧看到的图形作为主视图, 那么从流程正面看到的图形就变成了左视图(见图 2-10)。

对于平式流程, 主管线显示为直线形且位于流程底部的视图为流程正面图。局部图形由于没有参照物，如果图形没有标明看图方向，可以直接用主视图作为流程正面图。

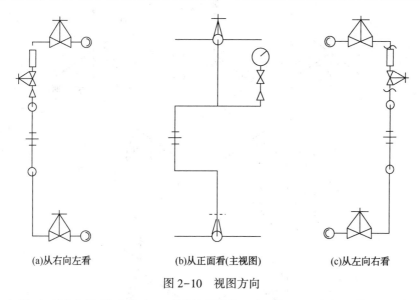

(a)从右向左看   (b)从正面看(主视图)   (c)从左向右看

图 2-10   视图方向

2）将流程正面图中管线走向与正等轴测图的坐标系一一对应，若不熟练、没有方向感，可以在图纸旁边画一个小坐标系作为提示。具体绘图步骤如下：

先画好主管线和已安装阀门，由于我们是以主视图为方向基准，主管线一定是左右方向的，然后按照左右方向的管线与 X 轴平行，前后方向的管线与 Y 轴平行，上下方向的管线维持不动的原则绘制出大体流程走向。最后将阀门、活接头、压力表、异径外接头等管件添加上去，完成轴侧图的绘制(见图 2-11)。

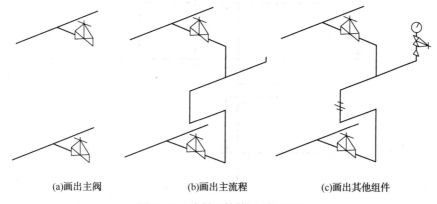

(a)画出主阀   (b)画出主流程   (c)画出其他组件

图 2-11   绘制正等轴测图的过程

3）在正等轴测图坐标系里，OZ 轴也就是表示上下方向的坐标轴始终保持不变，但 OX 轴和 OY 轴可以换位，也就是说左右方向和前后方向可以换位，两种方法画出来的轴测图只是看图方向不一样，安装出来都是一样的(见图 2-12)。在画轴测图时这两种方法大家可以按照自己看图的习惯选择，一般情况下，左上角度轴测图用得较多。

2. 平面体的正等轴测图画法

(1) 坐标法

根据形体的形状特点选定适当的坐标轴，然后将形体上各点的坐标关系转移到轴测图上，以定出形体上各点的轴测投影，从而作出形体的轴测图。

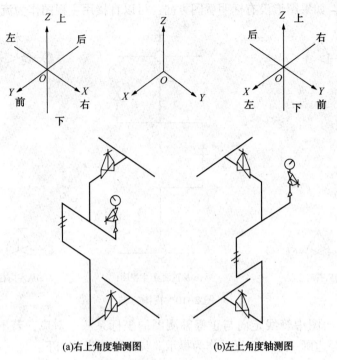

(a)右上角度轴测图   (b)左上角度轴测图

图 2-12　两种角度的正等轴测图

例 1：画四棱柱的正等轴测图(见图 2-13)。

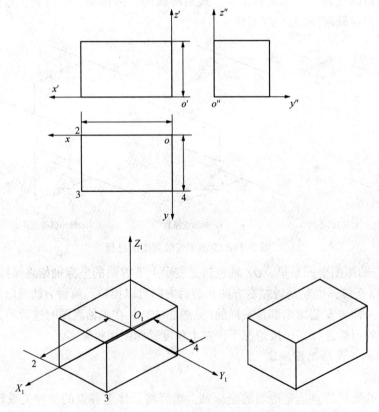

图 2-13　四棱柱的正等轴测图坐标法

例 2：画三棱锥的正等轴测图（见图 2-14）。

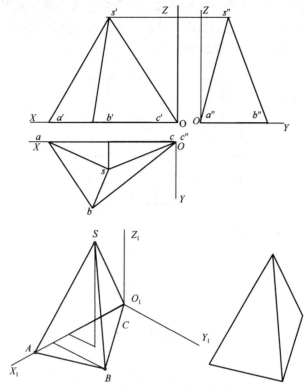

图 2-14 三棱锥的正等轴测图坐标法

（2）切割法

切割法又称方箱法，适用于画由形体切割而成的轴测图。它以坐标法为基础，先用坐标法画出完整的形体，然后按形体分析的方法逐块切去多余的部分。

例：画形体的正等轴测图（见图 2-15）。

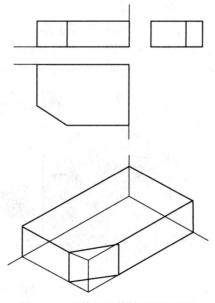

图 2-15 形体的正等轴测图切割法

（3）叠加法

叠加法是先将物体分成几个简单的组成部分，再将各部分的轴测图按照它们之间的相对位置叠加起来，并画出各表面之间的连接关系，最终得到轴测图的方法。

例：画形体的正等轴测图（见图 2-16）。

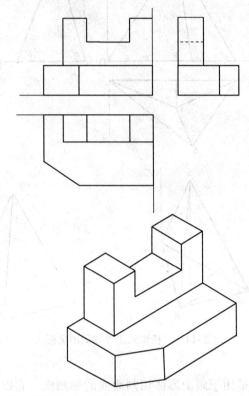

图 2-16　形体的正等轴测图叠加法

3. 回转体的正等轴测图画法

（1）平行于坐标投影面的正等轴测图画法

常见的回转体有圆柱、圆锥、圆球、圆环等。在绘制回转体的轴测图时，首先要解决圆的轴测图画法问题。圆的正等轴测图是椭圆，三个坐标面或其平行面上的圆的正等轴测图是大小相等、形状相同的椭圆，只是长短轴方向不同（见图 2-17）。

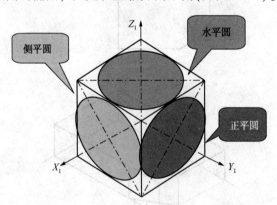

图 2-17　平行于坐标投影面的正等轴测图

例：以水平圆为例平行四边形画法（见图2-18）。

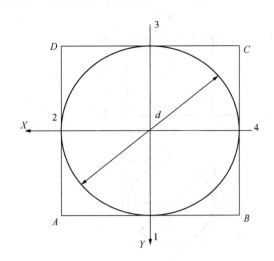

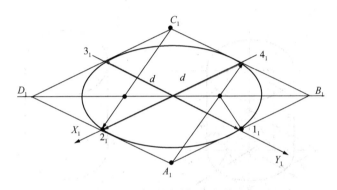

图2-18　水平圆平行四边形画法

画法步骤：第一步，在视图中画圆的外切正方形；

第二步，画圆的外切菱形；

第三步，确定四个圆心和半径；

第四步，分别画出四段彼此相切的圆弧。

（2）常见回转体的正等轴测图画法

例1：圆柱的正等轴测图画法（见图2-19）。

例2：圆台的正等轴测图画法（见图2-20）。

例3：圆角的正等轴测图画法（见图2-21）。

画法步骤：第一步，截取 $1_1A_1 = 1_1B_1 = 2_1C_1 = 2_1D_1 =$ 圆角半径 R；

第二步，分别过 A_1、B_1、C_1、D_1 作垂线，求得交点 O_1、O_2；

第三步，分别以 O_1、O_2 为圆心，O_1A_1、O_2C_1 为半径画圆弧；

第四步，定后端面的圆心，画后端面的圆弧；

第五步，定后端面的切点 A_1、B_2、C_2；

第六步，作公切线；

第七步，加深。

例4：切口圆柱体正等轴测图画法（见图2-22）。

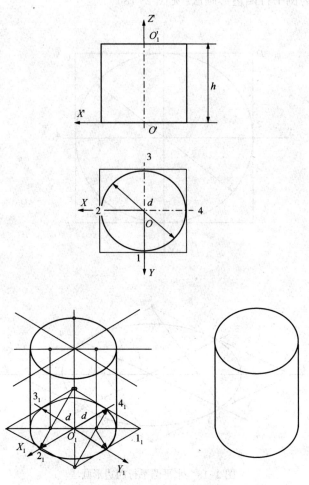

图 2-19　圆柱的正等轴测图画法

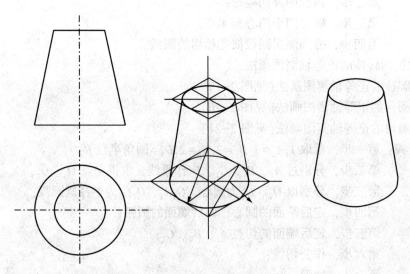

图 2-20　圆台的正等测图画法

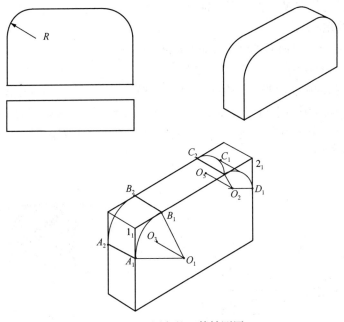

图 2-21　圆角的正等轴测图

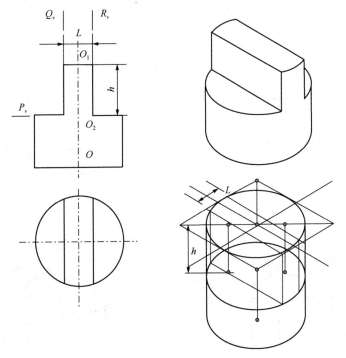

图 2-22　切口圆柱体正等轴测图

三、斜二等轴测图的画法

1. 斜二等轴测图

将形体放置成使它的一个坐标面平行于轴测投影面，然后用斜投影的方法向轴测投影面进行投影，得到的轴测图称为斜二等轴测图，简称斜二测。

斜二等轴测图的优点是，正面形状能反映形体正面的真实形状，特别当形体正面有圆或圆弧时，画图简单(见图2-23)。

2. 平行于坐标面的圆的斜二测图画法(见图2-24)

1) 平行于 V 面的圆仍为圆，反映实形。

2) 平行于 H 面的圆为椭圆，长轴对 O_1X_1 轴偏转7°，长轴 $\approx 1.06d$，短轴 $\approx 0.33d$。

3) 平行于 W 面的圆与平行于 H 面的圆的椭圆形状相同，长轴对 O_1Z_1 轴偏转7°。

由于两个椭圆的作图相当繁琐，所以当物体这两个方向上有圆时，一般不用斜二轴测图，而采用正等轴测图。

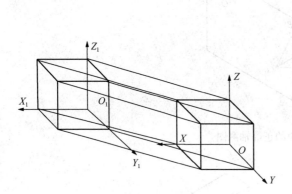

图 2-23　斜二等轴测图投影法

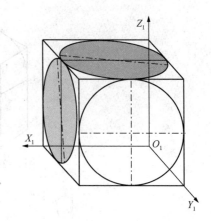

图 2-24　平行于坐标面的圆的斜二测图画法

3. 斜二测图画法举例

例：已知两面视图，画斜二测图(见图2-25)。

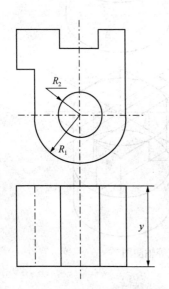

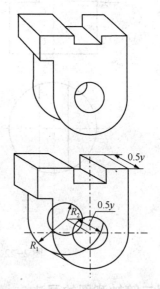

图 2-25　斜二测图画法举例

方法步骤：第一步，画正面形状；

第二步，按 OY 方向画 45°平行线，长度为 $0.5y$；

第三步，圆心沿 OY 向后移 $0.5y$，画出后表面的圆弧；

第四步，作前后圆的切线；

第五步，完善轮廓，加深。

四、管路工艺安装图与轴测图绘制举例分析

1. 管路安装图与对应轴测图

管路安装图与对应轴测图见图2-26～图2-28。

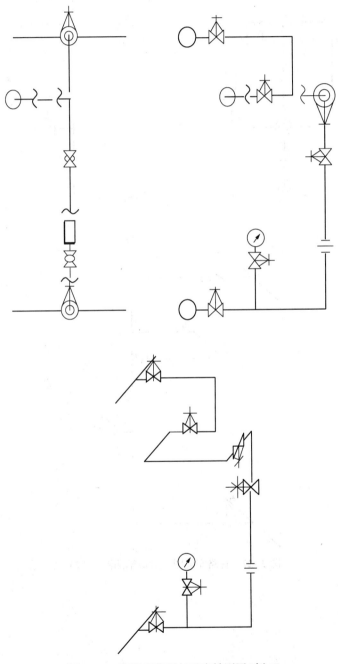

图 2-26　管路安装图与对应轴测图(例1)

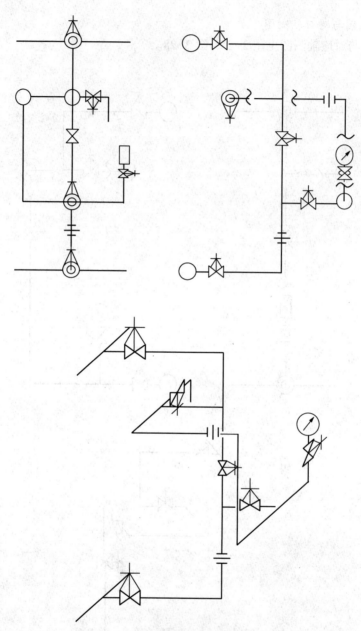

图 2-27　管路安装图与对应轴测图(例 2)

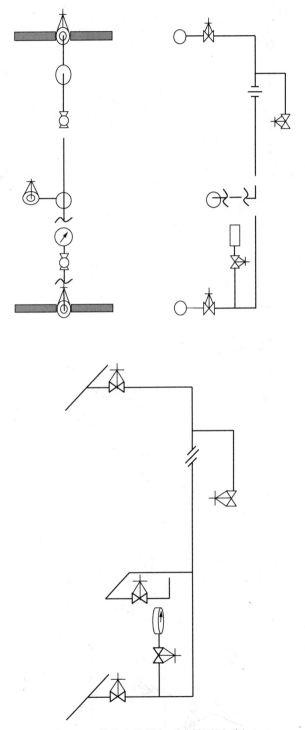

图 2-28　管路安装图与对应轴测图(例3)

2. 根据管阀工艺安装图绘制轴测图

根据管阀工艺安装图绘制轴测图见图 2-29、图 2-30。

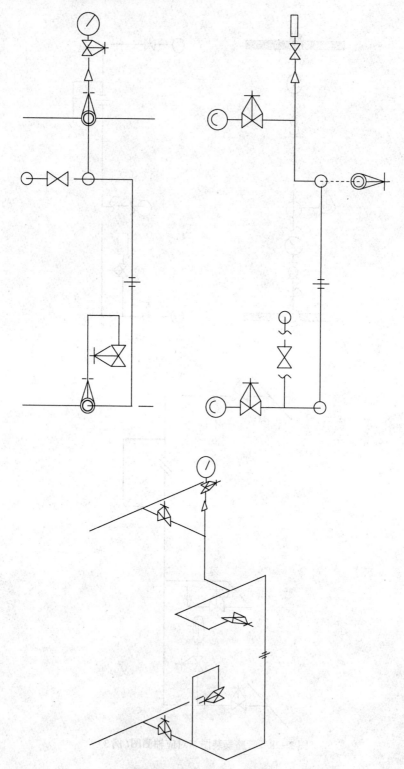

图 2-29 根据管阀工艺安装图绘制轴测图(例 1)

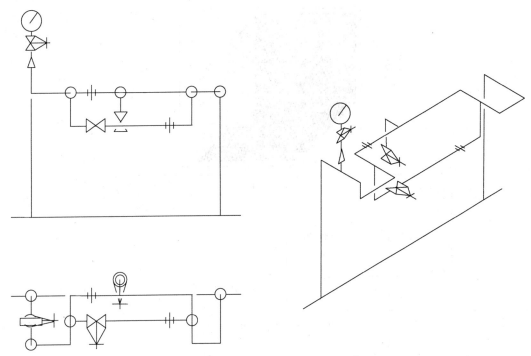

图 2-30　管阀工艺安装图绘制轴测图(例 2)

五、画轴测图要点总结

轴测图是用轴测投影的方法画出的一种富有立体感的图形,它接近于人们的视觉习惯,在生产和学习中常用它作为辅助图样,帮助我们想象和构思。

画轴测图要切记两点,一是利用平行性质作图,这是提高作图速度和准确度的关键;二是沿轴向度量,这是作图正确的关键。

第三节　管路工艺常用图形解析

一、管路工艺安装图图例

管路工艺安装图见图 2-31。

二、管路工艺安装图件画法

管路工艺安装图件画法见图 2-32~图 2-39。

三、局部图形的识别

1. 局部图形解析

在第一节里学习了管路工艺安装图中管阀组件的图例符号,利用图例符号来识别用管阀组件组成的简单局部图形,每一个局部图形都提供了主左俯三个视图,并有相应的立体效果图做对照,有助于对平面图形的理解。

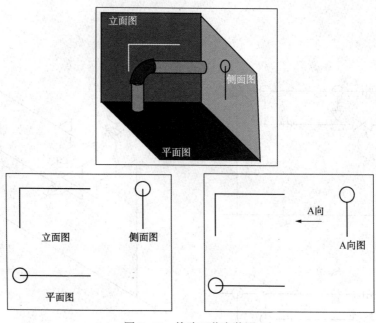

图 2-31　管路工艺安装图

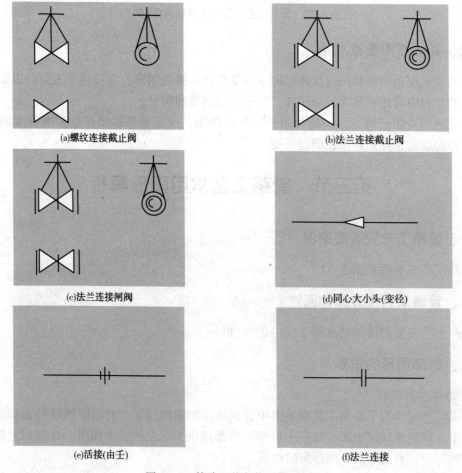

图 2-32　管路工艺安装图件画法 1

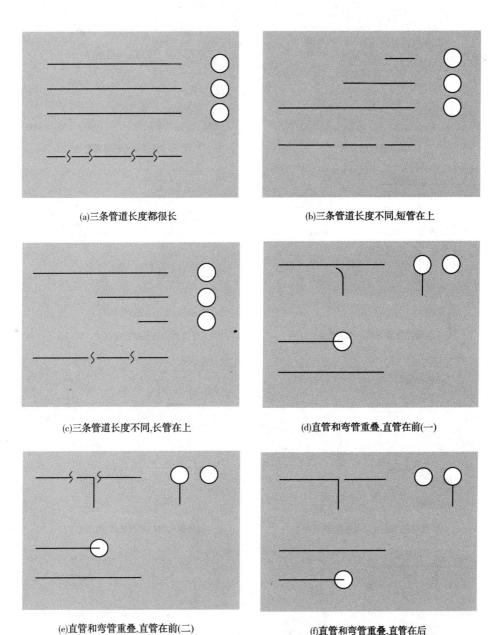

(a)三条管道长度都很长

(b)三条管道长度不同,短管在上

(c)三条管道长度不同,长管在上

(d)直管和弯管重叠,直管在前(一)

(e)直管和弯管重叠,直管在前(二)

(f)直管和弯管重叠,直管在后

图 2-33　管路工艺安装图件画法 2

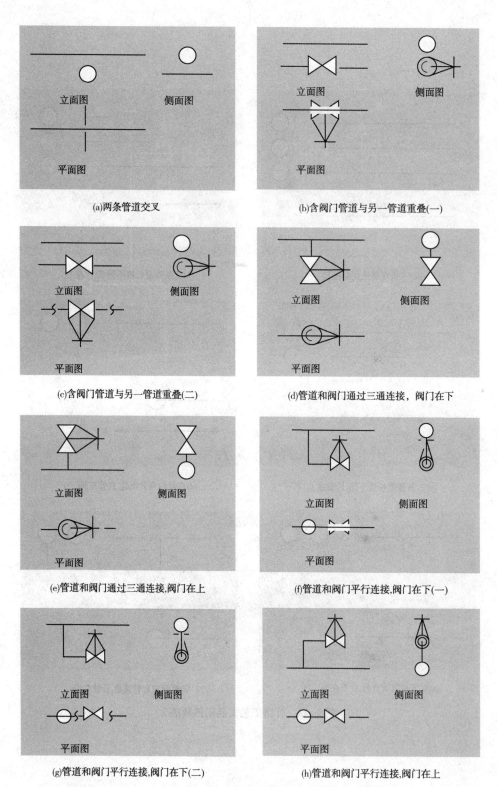

(a)两条管道交叉

(b)含阀门管道与另一管道重叠(一)

(c)含阀门管道与另一管道重叠(二)

(d)管道和阀门通过三通连接,阀门在下

(e)管道和阀门通过三通连接,阀门在上

(f)管道和阀门平行连接,阀门在下(一)

(g)管道和阀门平行连接,阀门在下(二)

(h)管道和阀门平行连接,阀门在上

图 2-34 管路工艺安装图件画法 3

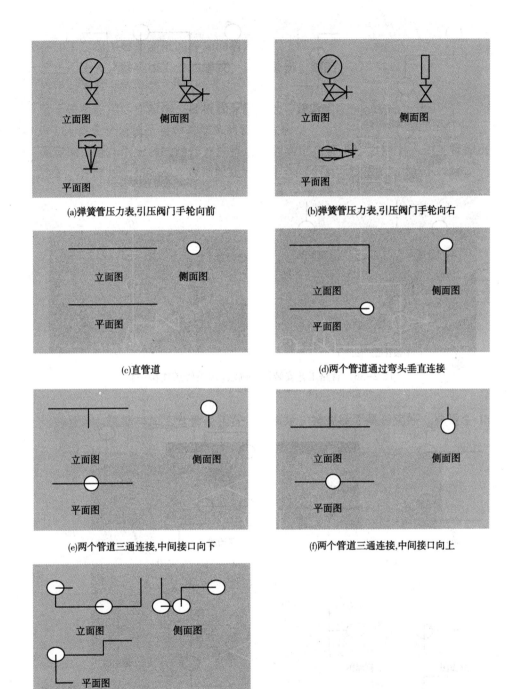

(a)弹簧管压力表,引压阀门手轮向前

(b)弹簧管压力表,引压阀门手轮向右

(c)直管道

(d)两个管道通过弯头垂直连接

(e)两个管道三通连接,中间接口向下

(f)两个管道三通连接,中间接口向上

(g)多条管道连接

图 2-35　管路工艺安装图件画法 4

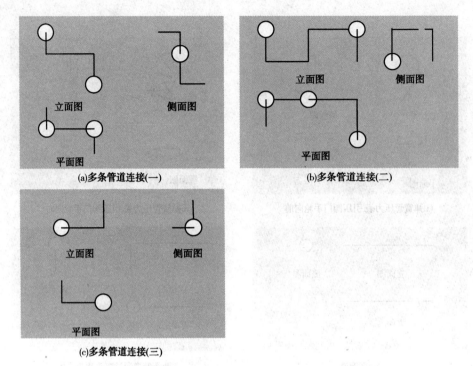

图 2-36　管路工艺安装图件画法（多条管道连接一）

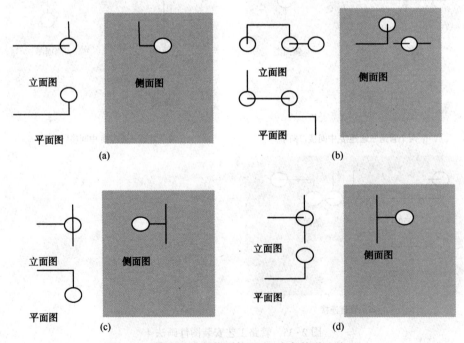

图 2-37　管路工艺安装图件画法（多条管道连接二）

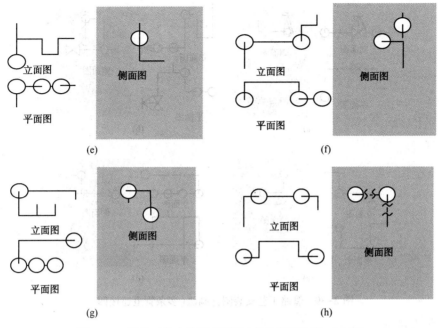

图 2-37 管路工艺安装图件画法(多条管道连接二)(续)

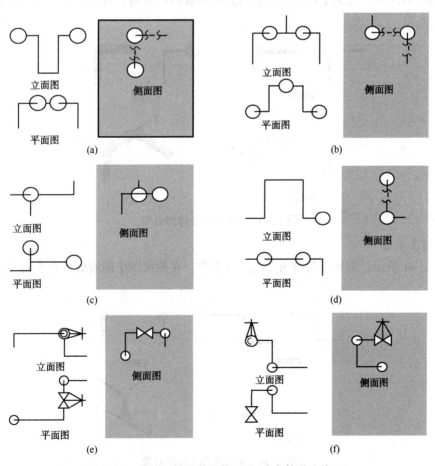

图 2-38 管路工艺安装图件画法(多条管道连接三)

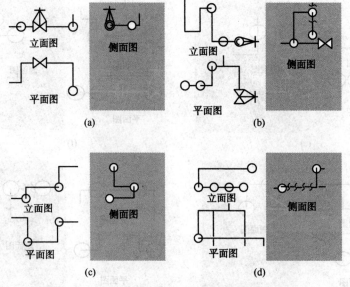

图2-39 管路工艺安装图件画法(多条管道连接四)

（1）弯头转向

如图2-40所示，弯头1将管线由左右方向转成前后方向，弯头2将管线由前后方向转成上下方向。

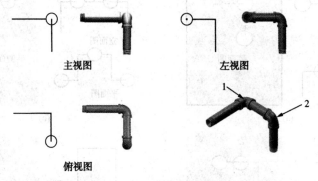

图2-40 平面图和立体图对照

（2）弯头重叠

如图2-41所示，弯头1与弯头2为上下重叠，在俯视图中能看到的弯头符号表示的是弯头1。

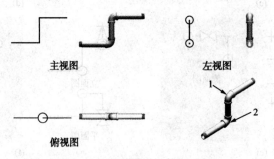

图2-41 平面图和立体图对照

（3）弯头遮挡

如图 2-42 所示，弯头 1 与弯头 2 前后遮挡，在主视图中将弯头 1 用一对断线符号断开表现出后面的弯头 2。

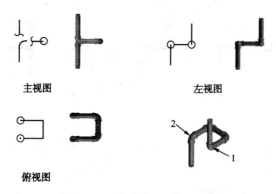

图 2-42　平面图和立体图对照

（4）弯头遮挡三通

如图 2-43 所示，弯头 1 与三通 2 为上下重叠，在俯视图中能看到的弯头符号表示的是弯头 1。

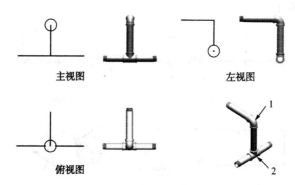

图 2-43　平面图和立体图对照

（5）三通遮挡弯头

如图 2-44 所示，弯头 1 与三通 2 为前后重叠，在主视图能看到的三通符号表示的是三通 2。

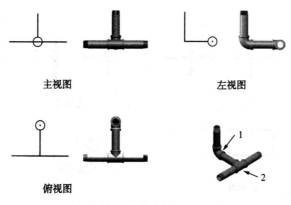

图 2-44　平面图和立体图对照

（6）三通与弯头的组合

如图 2-45 所示，弯头 1 与三通 2 和弯头 3 为左右重叠，在左视图能看到的弯头符号表示的是弯头 3。

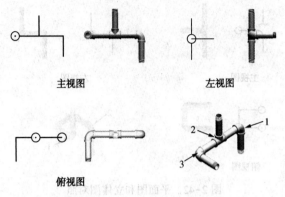

图 2-45　平面图和立体图对照

（7）三通重叠

如图 2-46 所示，三通 1 与三通 2 为前后重叠，在主视图中将三通 2 用断线符号整个断开，表现出后面的三通 1。

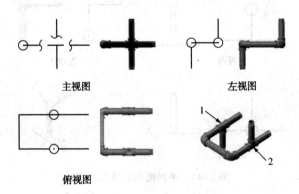

图 2-46　平面图和立体图对照

（8）管线遮挡四通

如图 2-47 所示，短节 1 与四通 2 前后遮挡，在主视图中短节 1 用一对断线符号断开，表现出后面的四通 2。

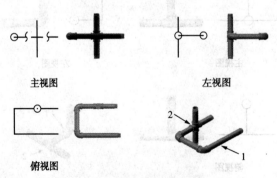

图 2-47　平面图和立体图对照

（9）管线交叉

如图 2-48 所示，短节 1 与短节 2 在空间中呈现十字交叉状，短节 1 在前，短节 2 在后，因此主视图中表示短节 2 的直线应断开。

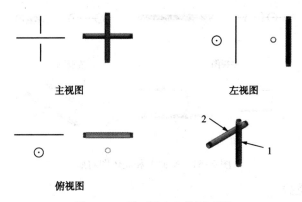

图 2-48　平面图和立体图对照

（10）管线与弯头遮挡

如图 2-49 所示，弯头 1 与短节 2 前后遮挡，短节 1 在前，短节 2 在后，因此主视图中表示短节 2 的直线应断开。

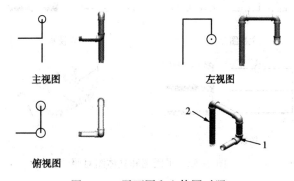

图 2-49　平面图和立体图对照

（11）管线与弯头遮挡

如图 2-50 所示，短节 1 与弯头 2 前后遮挡，短节 1 在前，弯头 2 在后，因此主视图中表示弯头 2 的弧线应与表示短节 1 的直线断开。

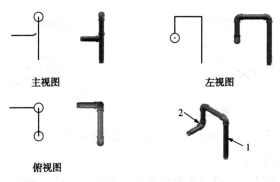

图 2-50　平面图和立体图对照

（12）管线完全重叠

如图2-51所示，短节1与短节2前后完全重叠，短节2在前，短节1在后。在主视图中用断线符号将短节2断开一部分，表现出后面的短节1。

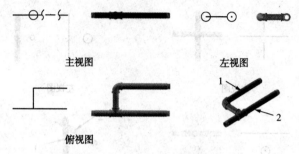

图 2-51　平面图和立体图对照

（13）管线多层重叠

以三层重叠为例（见图2-52），三通1与短节2和短节3前后重叠，短节3为第一层，短节2为第二层，三通1为第三层。在主视图中用两组断线符号依次将短节3和短节2断开一部分，表现出后面的三通1。

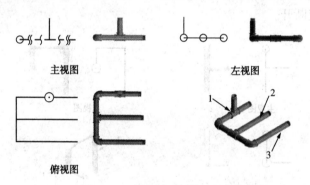

图 2-52　平面图和立体图对照

（14）弯头和阀门组合

如图2-53所示，弯头1、阀门和弯头2左右重叠，在左视图只能看到弯头2和阀门。

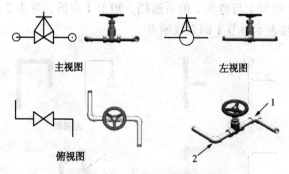

图 2-53　平面图和立体图对照

（15）阀门重叠手轮同向

如图2-54所示，阀门1与阀门2前后重叠，阀门2在前，阀门1在后。在主视图中用断线符号将阀门2断开一部分，表现出后面的阀门1。

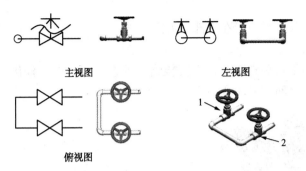

图 2-54　平面图和立体图对照

（16）阀门重叠手轮同向

如图 2-55 所示，阀门 1 与阀门 2 前后重叠，阀门 2 在前，阀门 1 在后。与图 2-54 不同的是阀门 1 右侧没有接短节，在主视图中必须将阀门 2 完全断开才能表现出后面阀门 1 的情况。

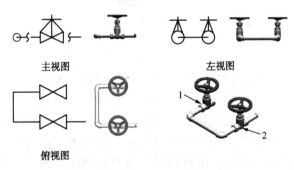

图 2-55　平面图和立体图对照

（17）阀门重叠手轮不同向

如图 2-56 所示，阀门 1 与阀门 2 前后重叠，阀门 1 在前手轮向前，阀门 2 在后手轮向上。在主视图中用将阀门 1 断开截去上半部分，表现出后面的阀门 2。

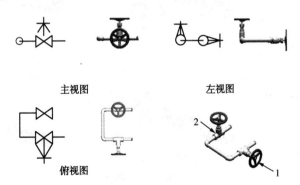

图 2-56　平面图和立体图对照

四、整体图形的识别

1. 管路工艺安装形式

一般分为三种：单管路、平装管路和立装管路。

（1）单管路

主汇管只有一条且一般布置在下部，见图 2-57。

（2）平装管路

主汇管在空间中是水平布置的，已安装阀门垂直于汇管向上伸出，所有待安装流程在这两个已安装的阀门之间完成闭合，见图 2-58。

图 2-57　单管路　　　　　　　　　　　　图 2-58　平装管路

（3）立装管路

主汇管在空间中是上下布置的，一般会设置两个已安装阀门（见图 2-59）。根据已安装阀门的位置立装管路主要有三种形式，第一种两个已安装阀门垂直于汇管均向一侧伸出［见图 2-59(a)］；第二种一个已安装阀门向一侧伸出而另一个已安装阀门从上或下向中间伸出［见图 2-59(b)］；第三种两个已安装阀门垂直于汇管从上下相对向中间伸出［见图 2-59(c)］。无论已安装阀门如何设置，所有待安装流程都要在这两个已安装的阀门之间完成闭合。

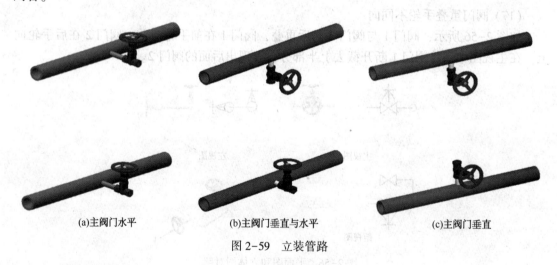

(a)主阀门水平　　　　　　　　(b)主阀门垂直与水平　　　　　　　　(c)主阀门垂直

图 2-59　立装管路

2. 图例

（1）开放式单管路

开放式单管路主汇管只有一条，相应的主阀门也只有一个。由于是开放式流程不考虑闭合的问题，一般流程会呈现树状分支，介质流向也是从主管线向各个分支进行。这种流程通常不具备实际应用的意义，只在管路工艺安装练习时作为一种模式参考，见图 2-60。

如图 2-61 所示，这个图采用了主、左视图的表达方式，标注 1 处的图形和标注 2 处的图形，虽然都是断开一部分，但一个有断线符号，一个没有，表示的意义完全不同。标注 1 表示弯头在前，短节在后，而标注 2 表示弯头在后，短节在前。

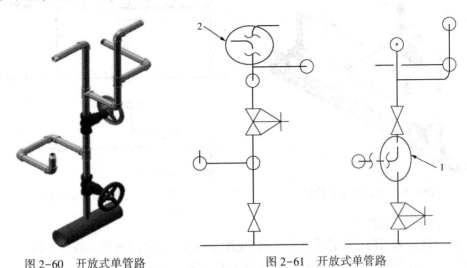

图 2-60　开放式单管路　　　　　　　　图 2-61　开放式单管路

（2）闭合式单管路

闭合式单管路流程一般呈现环状闭合，虽然流体介质在这样的流程中不能完成循环流动，但可以进行试压等操作环节，见图 2-62。

如图 2-63 所示，标注 2 中的三通是识图的关键点，在主视图标注 1 处这个三通被弯头遮挡，需要主、左视图对照确定三通的位置。

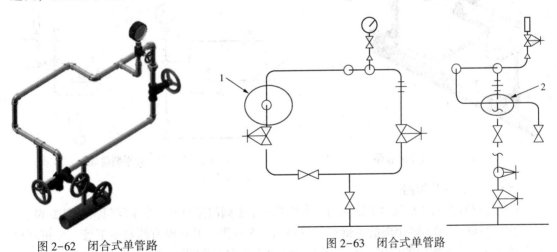

图 2-62　闭合式单管路　　　　　　　　图 2-63　闭合式单管路

（3）单闭合平装管路

单闭合平装管路通常只有一根主汇管，两个主阀门均安装在这根主汇管上，流体介质从一个主阀门进入流程从另一个主阀门流出形成通路，见图 2-64。

如图 2-65 所示，这个图的关键点在标注 1 处，从主视图上可以看到有四条管线汇聚在同一点。这种图形弯头后面至少要有两个以上管件才能满足安装要求，被弯头遮挡在后面的管件的安装形式，需要对照俯视图才能确定。

图 2-64　单闭合平装管路

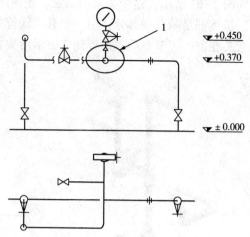

图 2-65　单闭合平装管路

（4）双闭合平装管路

双闭合就是采用两个活接头进行连接（见图 2-66）。这样的流程一般在中段会形成明显的两条分支，在分析时可以先选择形式比较简单的分支进行。

如图 2-67 所示，这个图的关键点是标注 2 处，在主视图和左视图中均没有清晰地表示出连接管件，但可以通过管线走向结合主、左视图判断出连接管件为三通。

图 2-66　双闭合平装管路

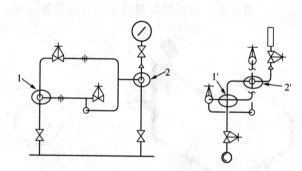

图 2-67　双闭合平装管路

（5）单闭合立装管路

立装管路有两条主汇管两个主阀门，介质从一个主阀门流向另一个主阀门，见图 2-68。

如图 2-69 所示，这个图的关键点是只给出一个视图，并且没有绘制主汇管，分析时要先找到上下两个主阀门的位置，并通过主阀门的表达方式来判断视图方向。

（6）单闭合立装管路

单闭合立装管路，采用主、俯视图的表达方式，见图 2-70。

如图 2-71 所示，这个图形比较复杂，分析复杂图形时要一个点一个点地分析，找到主视图中的关键点在其他视图的位置。例如：主视图弯头 1 在俯视图中被两层管线遮挡，俯视图中用了两对断线将上面两层管线断开表现出弯头 1；主视图阀门 2 与俯视图阀门 2′对应；主视图标注 3 的三通在俯视图上标注 3′处被弯头遮挡。

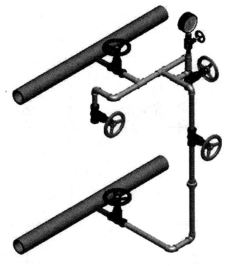

图 2-68　单闭合立装管路

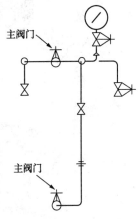

图 2-69　单闭合立装管路

图 2-70　单闭合立装管路

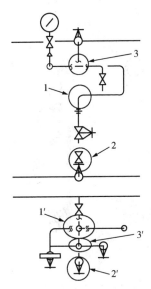

图 2-71　单闭合立装管路

（7）单闭合立装管路

单闭合立装管路，采用主、左视图的表达方式，见图 2-72。

如图 2-73 所示，这个图的主视图与一般主视图不同，是从流程左侧视角观察得到的，与主视图对应的左视图本来应该是从流程后侧视角观察，但从后侧看图不合常理，所以把从流程正面视得到的图作为左视图，因为其并不是真正的左视图，所以需要标明看图方向。

（8）双闭合立装管路

双闭合立装管路的整个流程要通过两个活接头完成闭合，见图 2-74。

如图 2-75 所示，这个图的关键点在于四个三通的位置和安装形式。主视图标注 1 的三通被弯头遮挡与左视图标注 1′的三通相对应，主视图标注 2 的三通与左视图标注 2′被管线遮挡的三通相对应，主视图标注 3 的三通与左视图标注 3′被弯头遮挡的三通相对应，主视图标注 4 的三通与左视图标注 4′被弯头遮挡的三通相对应。

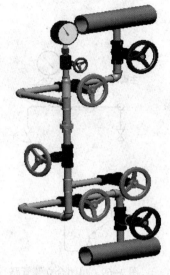

图 2-72　平面图与立体图对照

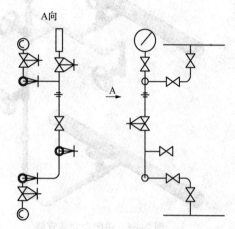

图 2-73　单闭合立装管路

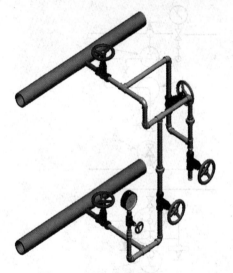

图 2-74　平面图与立体图对照

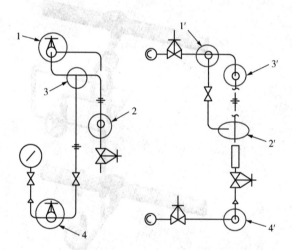

图 2-75　平面图与立体图对照

(9) 三闭合立装管路

三闭合立装管路的流程通常会比较复杂，整个流程需完成三条闭合回路，见图 2-76。

如图 2-77 所示，这个图的关键点在于如何弄清楚三条分支的来龙去脉，可以通过逐条分析的方式确定整体流程。例如：主视图阀门 1 和阀门 4 属于第一条分支，分别与左视图的阀门 1′和阀门 4′相对应；主视图中阀门 3 属于第二条分支与左视图中阀门 3′相对应；第三条分支上没有阀门，只有一个活接头，主视图的活接头 5 在左视图标注 5′处被弯头遮挡。另一个关键点是在一个视图中已经表达清楚的部分在另一个视图中被省略，这种情况在复杂图形中很常见。例如：阀门 1 在主视图中已经表达得很清楚，在左视图中被省略，同样的阀门 2 在左视图中标注 2′处已经表达清楚，在主视图中也被省略。

五、管路工艺安装图与对应正等轴测图

管路工艺安装图与对应正等轴测图如图 2-78~图 2-89 所示。

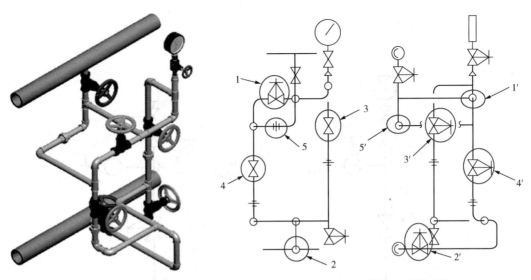

图 2-76　平面图与立体图对照　　　　　　图 2-77　平面图与立体图对照

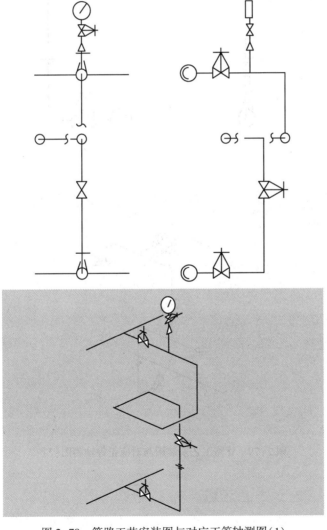

图 2-78　管路工艺安装图与对应正等轴测图(1)

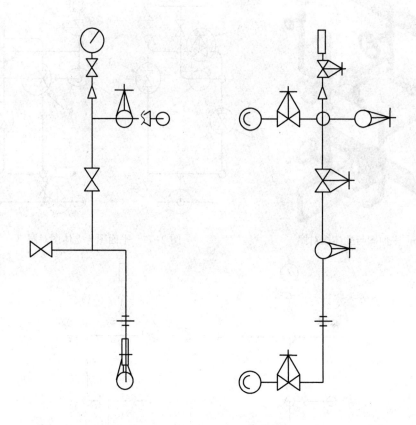

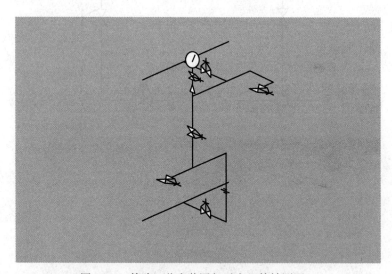

图 2-79 管路工艺安装图与对应正等轴测图(2)

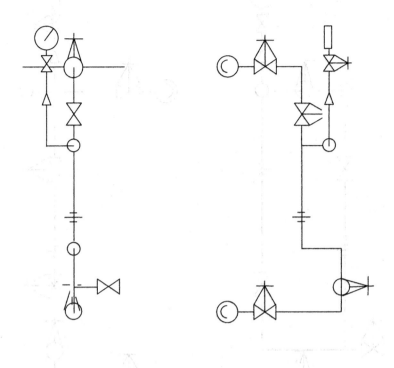

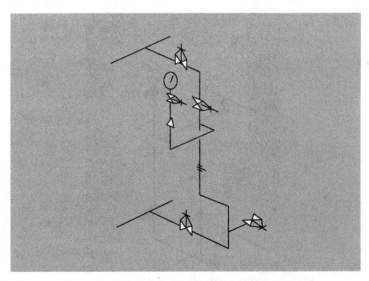

图 2-80　管路工艺安装图与对应正等轴测图(3)

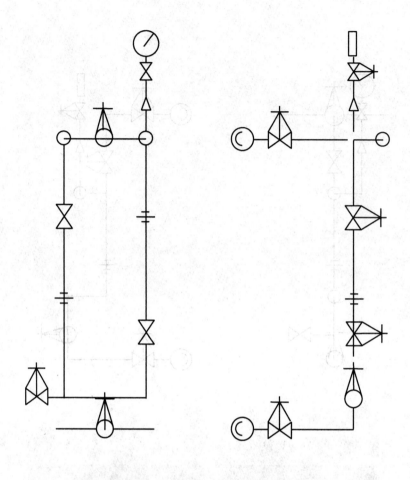

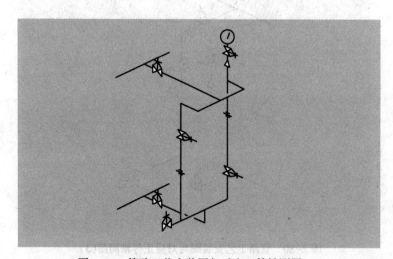

图 2-81 管路工艺安装图与对应正等轴测图(4)

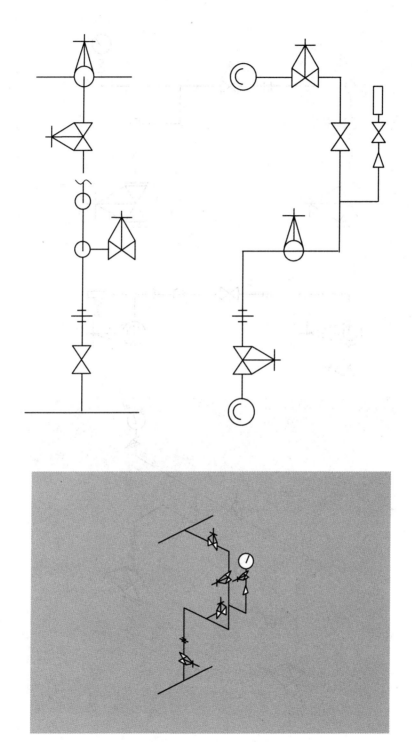

图 2-82 管路工艺安装图与对应正等轴测图(5)

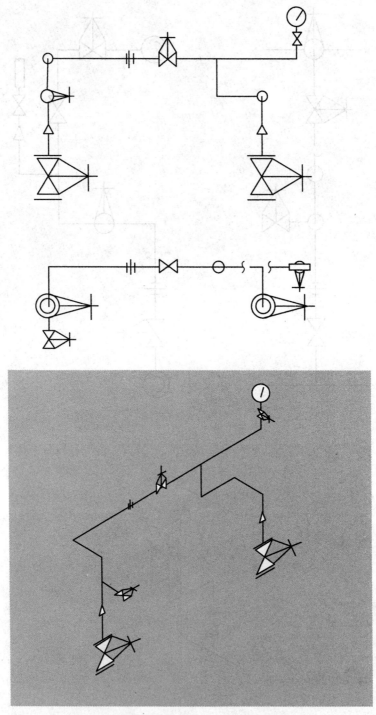

图 2-83　管路工艺安装图与对应正等轴测图(6)

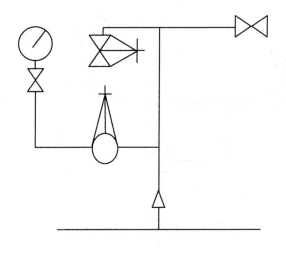

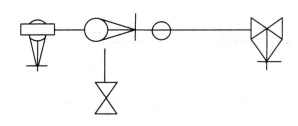

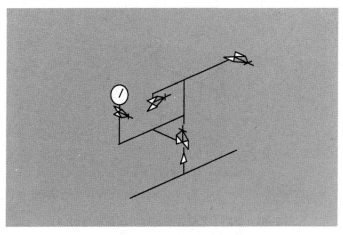

图 2-84　管路工艺安装图与对应正等轴测图(7)

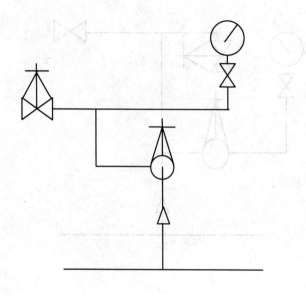

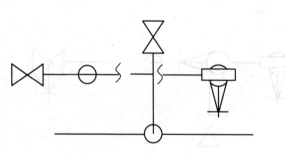

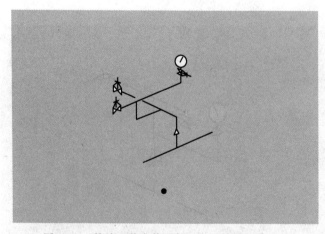

图 2-85　管路工艺安装图与对应正等轴测图(8)

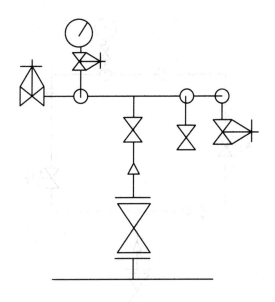

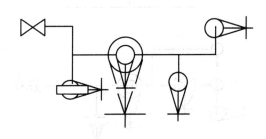

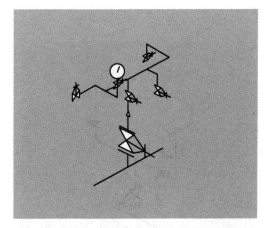

图 2-86　管路工艺安装图与对应正等轴测图(9)

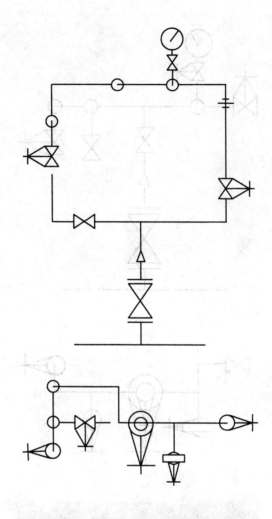

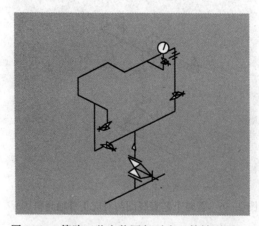

图 2-87　管路工艺安装图与对应正等轴测图(10)

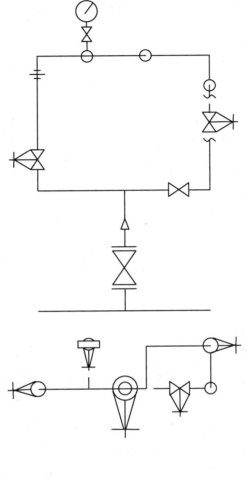

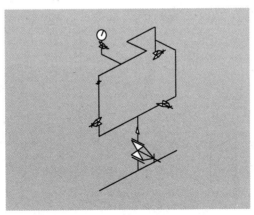

图 2-88 管路工艺安装图与对应正等轴测图(11)

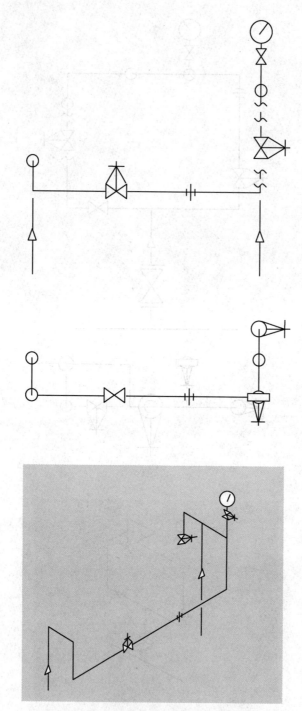

图 2-89　管路工艺安装图与对应正等轴测图(12)

第三章　安装常用工具与材料

第一节　安装工具

一、管钳

管钳是用来转动金属管或其他圆柱形管件的工具，是管路工艺安装和修理工作的常用工具，见图 3-1。

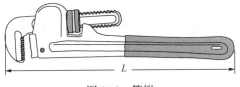

图 3-1　管钳

1. 管钳的规格

管钳的规格是用管钳最大咬合开口时的整体长度 L(mm) 来表示的(见图 3-1)，管钳的规格见表 3-1。

表 3-1　管钳的常用规格

规格/in		6	8	10	12	14	18	24	36	48
规格 L/mm		150	200	250	300	350	450	600	900	1200
最大夹持管径/mm		20	25	30	40	50	60	75	85	110
实验扭矩/（N·m）	轻型	98	196	324	490					
	普通型	105	203	340	540	650	920	1300	2260	3200
	重型	165	330	550	830	990	1440	1980	3300	4400

2. 管钳的注意事项及使用方法

1）要选择合适的规格。

2）钳头开口要符合管件的直径。

3）管钳牙和调节环要保持清洁。

4）管钳不能作为手锤使用。

5）不能夹持温度超过 300℃ 的工件。

6）管钳开口方向与用力方向一致。

7）使用前检查固定销钉是否牢固，钳柄、钳头有无裂痕，有裂痕时禁止使用。

8）使用管钳时两手配合使用(见图 3-2)，松紧合适，防止打滑。一手扶管钳头，一手握住钳柄，钳头不能反使。

9）用后及时擦净，防止旋转螺母生锈。

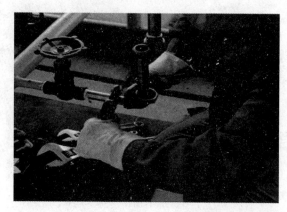

图 3-2　管钳现场操作图

二、活动扳手

活动扳手是开口大小可在一定范围内进行调节，用于拧紧和拆卸不同规格六角形或方形的螺栓与螺母的工具，见图 3-3。

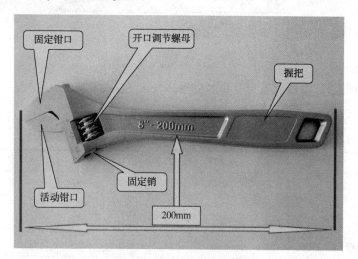

图 3-3　活动扳手结构图

1. 活动扳手的规格

活动扳手的规格是指扳手首尾长度，见表 3-2。

表 3-2　活动扳手的规格

规　　格	4in	6in	8in	10in	12in	15in	18in	24in
全长公称尺寸/mm	100	150	200	250	300	375	450	600
最大开口使用尺寸/mm	14	19	24	30	36	46	55	65
适应螺母范围/in	1/8 以下	1/8~1/4	1/4~3/8	3/8~1/2	1/2~5/8	5/8~3/4	7/8~1	1~11/2

2. 活动扳手注意事项及使用方法

1）活动扳手不能反用，以免损坏活动扳唇。

2）不可用钢管加长手柄施加较大的力矩。

3）活动扳手不可当撬杠和手锤使用。

4）根据螺母的大小，选用适当规格的活动扳手，以免扳手过大损伤螺母，或螺母过大损伤扳手。

5）使用时用拇指与食指配合旋动调节螺母，调节扳口的大小，扳口开口比螺母稍大些，卡住螺母，再用手指旋动调节螺母，使扳唇正好夹住螺母，手越靠后越省力，见图3-4。

6）在拧不动时，切不可用钢管套在活动扳手的手柄上来增加扭力，因为这样极易损伤活动扳唇。

图3-4　现场应用图

第二节　加工工具

一、管子压力钳

管子压力钳又叫管子台虎钳，是用来夹持金属管以便进行螺纹加工和切割管子的专用工具，见图3-5。

图3-5　管子压力钳

1. 管子压力钳的规格

管子压力钳的规格按照可夹持管子最大外径划分，分为六种型号，规格见表3-3。

表 3-3　压力钳技术规范

型号	管子直径/mm	实验棒力矩/(N·m)	型号	管子直径/mm	实验棒力矩/(N·m)
1	10~60	90	4	15~165	140
2	10~90	120	5	30~220	170
3	15~115	130	6	30~300	200

2. 管子压力钳的注意事项及使用方法

1）选择与加工管规格相符的压力钳。

2）使用前应检查压力钳固定销钉是否牢固。

3）夹持长管子时，管子尾部用十字架支撑。

4）夹持管子应逐渐夹紧，不能用力过猛，防止损伤管子。

5）逆时针旋转加力杆手柄，打开活动锁销，打开压力钳，见图 3-6。

6）将加工管放入压力钳上下板牙之间，合上压力钳，锁好活动锁销，顺时针旋转加力杆手柄，逐步旋紧压力钳，见图 3-7。

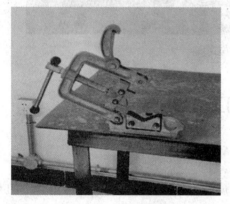 

图 3-6　压力钳现场操作　　　　图 3-7　压力钳现场操作

7）管子与压力钳之间的距离一般在 150~200mm 之间。

二、管子割刀

管子割刀（见图 3-8）是用来切割各种金属管的专用工具，其规格见表 3-4。

图 3-8　管子割刀

表 3-4　管子割刀技术规范

规格	全长/mm	割管范围/mm	割管最大壁厚/mm
1	130	5~25	1.5~2(钢管)
	310		5
2	380~420	12~50	5
3	520~570	25~75	
4	630	50~100	6
	1000		

1. 管子割刀的使用方法

转动调节手柄使管子割刀打开，将管子割刀套在管子上，使管子的位置在割刀滚轮和割轮之间，转动调节手柄夹紧管子，使割刀的刀刃切入管子的管壁，然后均匀地将割刀环绕管子 360° 旋转，旋转一圈就将调节手柄拧紧一点直到将管子割断，见图 3-9。

图 3-9　管子割刀现场

2. 管子割刀使用注意事项及使用方法

1）选择合适的管子割刀，不能超范围使用。DN20 管子选用 2 号管子割刀。

2）使用前检查割刀刀片是否完好，扶正轮是否转动灵活。

3）在需要切割的位置划线，做好标记，见图 3-10。

4）切割时，割刀片与管子应垂直，见图 3-11。

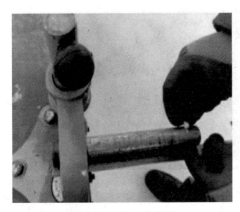

图 3-10　加工管划线

图 3-11　切割

5）初进刀量时，进刀量可稍大些，割出较深的刀槽；以后每次进刀量不宜过大，调节手柄旋转不超过半圈为宜。

6）在操作过程中，要在管子割刀活动部位与管子被割部位滴少量润滑油，减少摩擦。

7）切割管子时，割刀不能反向旋转。

8）割刀每旋转一周就加力一次，直至将管子割断。

9）管子即将割断前，加力要轻，防止管子掉落。

10）割刀使用完毕，清理油污，长期不用要涂润滑油。

三、管子铰板

管子铰板是用手工绞制金属管外螺纹的专用工具，主要由板牙和铰手两大部分组成（见图3-12），分为轻便式和普通式两种。

图 3-12　管子铰板

每套板牙可以加工两种尺寸的螺纹，144型管子铰板的规格见表3-5。板牙见图3-13，每套板牙标有数字1、2、3、4及其板牙规格。$DN15 \sim DN20$ 的管子需用 $1/2 \sim 3/4$in 的板牙。

表 3-5　114 型管子铰板规格

型式	型号	螺纹种类	螺纹直径/mm	板牙规格/mm
普通式	114	圆锥	15~50	15~20（1/2~3/4in） 25~32（1~11/4in） 40~50（11/2~2in）

图 3-13　114 型管子铰板板牙

1. 管子铰扳使用注意事项

1）使用前牙块要清洁。

2）装卸板牙不允许使用铁器敲击。

3）在加工过程中要多加机油冷却润滑。

4）禁止用手直接触碰加工中的螺纹，以免烫伤、割伤。

5）扶正器不要安装过紧。

6）管子铰板使用后要清洁，铰板和牙块擦油、放好。

2. 用114型管子铰板手动加工螺纹的操作方法

1）固定加工管：用正确的操作方法将加工管固定在管子压力钳上，加工管伸出压力钳180mm左右，不能小于150mm，否则铰板因操作空间小而无法操作，见图3-14。

图3-14　固定加工管

2）选择板牙：选择与加工管管径相符合的板牙，检查板牙是否完好，见图3-15。

图3-15　选择板牙

3）安装板牙（见图3-16）：

①用刷子清理板牙和铰板。

②逆时针调节手柄在极限位置，锁紧螺母处于未锁紧状态。

③顺时针旋转活动标盘至极限位置，活动标盘A刻度与固定盘上A刻度对齐。

④板牙的豁口向上，1、2、3、4的序号对应装入牙槽内，逆时针活动标盘，见图3-17。

图 3-16　调整铰板

图 3-17　安装牙块

4）调整刻度（见图 3-18）：旋转活动标盘使活动标盘上的规格刻度线与固定盘上"0"基准刻度线对齐。按加工要求，将刻度线调整至需要的刻度（加工 $DN20$ 管对齐 3/4 刻度线，加工 $DN15$ 管对齐 1/2 刻度线）。为了保证螺纹的加工质量，螺纹的加工需要分为两次到三次成型。

图 3-18　调整刻度

对于磨损严重的旧铰板，应将尺寸调整得偏小。如果找不准刻度，可以在板牙中间插入加工好的螺纹，见图 3-19。

图 3-19　短接找正刻度

5) 顺时针方向锁紧螺母(见图 3-20)：可以使用加力杠。

图 3-20　锁紧螺母

6) 调节手柄顺时针旋转至最大位置，检查扶正器处于松开的状态，见图 3-21。

图 3-21　调整调节手柄和扶正器

7) 安装铰板：将铰板套在加工管管口处，铰板板牙和管子接触的部分不少于板牙的三分之一，调整扶正器手柄，使三个扶正爪与管子外表面轻轻接触即可，不可过紧，加注润滑油，见图 3-22。

图 3-22　安装铰板、加油

8）调整换向器（见图 3-23）：操作前调整换向器，选择全制动或者半制动的操作方式。换向器的三面均有缺口，通过将不同的缺口卡进卡槽来实现切换全制动或半制动方式。

图 3-23　调节环向器

9）加工螺纹：以使用半制动为例，刻度可以稍微调小一些。

在开始加工时，一手握住加力杆，一手用力压住调节手柄，螺纹加工出三到五圈后，调节手柄压到极限最小位置，见图 3-24。操作中要平稳，不可用力过猛，一般每板加两次机油。

图 3-24　加工螺纹

螺纹快达到规定加工长度时，要缓慢放松调节手柄，再加工出 2~3 个螺距，使螺纹末端形成锥度。

注意：不要一下完全松开调节手柄（见图 3-25），要一边加工一边放松调节手柄。

图 3-25　控制调节手柄

10）取铰板（见图 3-26）：先松开扶正器，松开调节手柄至极限位置，慢慢取下铰板。

注意：取下铰板时不要让板牙碰到加工好的螺纹。

图 3-26　取铰板

11）二次上板：与第一次的操作过程相同，只是重新校正刻度。

注意：板牙上的螺纹与管子上的螺纹不能错位。

12）验扣（见图 3-27）：螺纹光滑无毛刺，无裂痕。用配套的内螺纹管件试验，用手能旋进 3~5 扣。直径小于 49mm 的管子扣数为 9~11 扣，直径大于 49mm 的管子扣数为 13 扣以上。

图 3-27　验扣

13）卸牙：松开锁紧螺母，转动调节手柄至极限位置，转动活动标盘至 A 刻度对齐，将板牙从牙槽内退出。

四、电动套丝机

电动套丝机是设有正反转装置，用于加工管子外螺纹的电动工具，见图3-28。

图3-28　电动套丝机

1. 电动套丝机的规格

电动套丝机常见的有四种型号，其技术规范见表3-6。

表3-6　电动套丝机技术规范

型　　号	加工范围/in	型　　号	加工范围/in
50 型	1/4~2	100 型	1/2~4
80 型	1/2~3	150 型	1/2~6

2. 电动套丝机的使用方法

装好板牙调整好刻度，将管子从后部穿入夹紧，将变距盘旋到所需规格位置上，戴好护目镜，按启动按钮，套丝机开始自动工作。

3. 电动套丝机使用注意事项

1）使用前检查工具完好性，进行空载试运。

2）套丝机变速箱油位应保持在规定范围。

3）操作套丝机要戴好护目镜。

4）操作完毕要及时切断电源。

4. 用电动套丝机加工螺纹操作步骤

1）选择板牙（见图3-29）：根据管子的管径选择合适的板牙组（每组板牙上有两组数字，一组是板牙的规格，每支是一样的，如"3/4"，另一组是顺序号，如"1、2、3、4"）。

图3-29　电动套丝机使用的板牙

2）安装板牙：把板牙头从滑架上掀起，松开手柄螺母，转动刻度盘，将刻度调到最大的位置，见图3-30。

将选好的板牙组按对应顺序号（见图3-31）逐个装入板牙槽内，调整板牙头上刻度尺刻度与管子尺寸相符，拧紧手柄螺母，将板牙头扳起备用。

图3-30　调整刻度

图3-31　装牙

3）夹紧管子（见图3-32）：顺时针方向转动前后卡盘，松开三爪，将管子从后卡盘装入，穿过前卡盘，伸出长度约为100mm。

夹紧管子时（见图3-33），要一手扶正一手旋紧卡盘，先旋紧后卡盘，再旋紧前卡盘，然后将锤击盘按逆时针方向适当锤紧。

图 3-32　夹持管子

图 3-33　夹持管子

4）加工螺纹：将变距盘旋到所需规格的位置上，放下板牙头，使滚轮与仿形块接触，见图 3-34。

图 3-34　调整符合的尺寸

戴好护目镜摘下手套按启动按钮（见图 3-35），移动滑架手轮使板牙头靠近管口，板牙与管口接触时要稍微旋紧滑架手轮。加工出二到三扣之后，机器可以自动加工，直到板牙头滚轮越过仿形块，板牙头自动落下加工结束。一般套丝机有自动润滑系统不需手动加机油。

图 3-35　按启动按钮加工

　　加工完成后按停止按钮，旋转滑架手轮，松开板牙，使板牙头远离加工好的螺纹，松开手柄螺母，取出板牙，将板牙头板起至空闲位置。

　　5）测量切割：测量好所需管子长度，做好标记，重新装好管子，放下割刀架，准备切割，见图 3-36。

图 3-36　测量长度

　　转动滑架手轮，使割刀移至标记好的位置。旋转割刀手柄，使割刀与管子靠近。按启动按钮，开始切割。在切割的过程中应保持匀速缓慢进刀，直至管子被割断，见图 3-37。

图 3-37　退管

切割完毕后，按停止按钮，移动滑架手轮，将管子退出，扳起割刀架复位。注意在切割过程中不能过分用力旋转滑架手轮，以免损伤刀片。

五、虎钳

分为普通台虎钳(见图 3-38)和多用台虎钳(见图 3-39)。主要用于夹持中、小工件，以便进行锯割、凿削、锉削等操作。

1. 普通台虎钳

普通台虎钳结构如图 3-38 所示，其安装在工作台上，起夹持工件的作用。台虎钳由固定部分和活动部分组成。台虎钳的规格是以钳口最大宽度表示的，规格见表 3-7。

表 3-7 普通台虎钳的规格

规格/mm	固定式 回转式	75	90	100	115	125	150	200
钳口宽度/mm		75	90	100	115	125	150	200
开口度/mm		≥75	≥90	≥100	≥115	≥125	≥150	≥200
夹紧力/kN	轻级	7.5	9.0	10.0	11.0	12	15.0	20
	重级	15.0	18.0	20.0	22	25.0	30	40
外形尺寸/mm	长度	300	340	370	400	430	510	610
	宽度	200	230	230	260	280	330	390
	高度	160	180	200	220	230	260	310

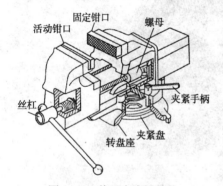

图 3-38 普通台虎钳结构

图 3-39 多用台虎钳

2. 多用台虎钳

除具有普通台虎钳的功能外，因在其平钳口下方有一对管钳口(带圆弧装置)和 V 形钳口，可用来夹持小直径的圆柱形工件(钢管、水管等)。规格见表 3-8。

表 3-8 多用台虎钳的规格

规格/mm	固定式 回转式	75	100	120	125	150
钳口宽度/mm		75	100	120	125	150
开口度 L/mm		60	80	100		120
夹紧力/kN	轻级	9	20	16		18
	重级	15	20	25		30
管钳口夹持范围 D/mm		6~40	10~50	15~60		15~65

3. 台虎钳使用注意事项

1）工件要夹在台虎钳钳口的中间，如果必须使用钳口一边，则另一边要用与工件尺寸相应、硬度相近的物件支撑。

2）工件若超出钳口过长，应将另一端支撑起来。

3）丝杠与导轨应保持清洁和润滑。

4）紧固工件时，不能在钳手柄上用加力管或用锤敲击。夹紧度要适当，不能夹扁工件。

5）操作时防止敲击或锯、锉钳口。有砧座的虎钳，允许将工件放在上面做轻微的敲打。

6）不能将虎钳当砧子用。

7）对螺旋杆要保持清洁，经常加注润滑油。不要用台虎钳夹持工件烧焊，否则钳口变软影响使用。

第三节　密封材料

一、生料带

生料带又称聚四氟乙烯带，起密封作用，是管道安装中常用的一种辅助材料，可增强密封性，防止渗漏，因其无毒、无味、良好的密封性、耐腐蚀性，在天然气、化工、塑料、电子工程等领域被广泛应用。

生料带（见图3-40）分为干性生料带和油性生料带两种，油性生料带韧性差，相对薄，易断；干性生料带韧性好，但薄厚不一。短时间内，油性生料带优于干性生料带。

缠生料带的方法及注意事项：

1）一手压住生料带一端，顺着螺纹方向缠绕生料带，见图3-41。

图 3-40　生料带

图 3-41　生料带缠绕方向

2) 建议从螺纹始端的第二个丝牙开始缠绕，避免堵塞管道，见图 3-42。

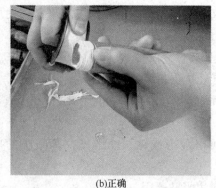

(a)错误   (b)正确

图 3-42 生料带缠绕方法

3) 缠绕生料带时稍微用力(见图 3-43)，生料带才够紧密牢固，才能确保密封性。

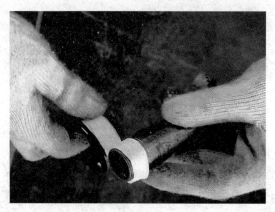

图 3-43 缠生料带

4) 缠绕生料带时，前薄后厚，厚度呈锥形。

5) 生料带缠好后，一旦拧紧不准退扣，否则要重新缠绕。

二、划规

划规又称分线规(见图 3-44)，它把钢板尺上的尺寸移到工件上，用于划圆、圆弧、等分线、等分角等。划规一般用中碳钢或工具钢制成，画线尖端部位经过淬硬并丸磨，与划针一样非常尖锐。按划归的长度划分，通常有 150mm、200mm、250mm、300mm、400mm、500mm 等几种规格。

使用方法：

1) 划圆时，把划规的两脚分开，定好两脚间的半径距离；

2) 针尖固定在圆心上，掌心压住划规顶端，使规尖扎入石棉垫、金属表面或样冲孔中划圆，通常一个圆分二次划完。

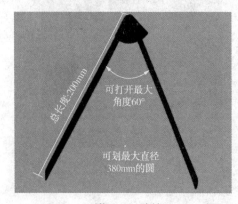

图 3-44 划规

三、密封件

1. 石棉垫片

用于中、低压法兰连接的密封中，常用的厚度是 3mm、5mm。

法兰垫片的制作：

1）选择合适的工具：剪刀、划规、钢板尺等，见图 3-45。

图 3-45　制作垫片使用的工具

2）选择合适的石棉垫片：外表应光滑平整无裂痕。

3）量取尺寸：量尺方法如图 3-46 所示，用钢板尺在法兰盘上量取法兰密封面的内、外径尺寸。

图 3-46　量尺法兰的尺寸

4）用划规在垫片上划出内、外圆（见图 3-47）。在外圆直径的延长线与外圆切线相交点，画出合适长度的手柄，便于安装。

图 3-47　画垫片

5) 剪切垫片

用剪子沿着划规的划痕剪制垫片，垫片要做到内、外圆光滑，尺寸规格与法兰盘密封面一致(见图3-48)。手柄露出法兰外圆(20±5)mm，内圆直径偏差±2mm以内。

图 3-48　制作法兰垫片

2. 密封垫

包括压力表垫片、密封胶圈等。

1) 压力表垫片：安装垫片，仅需要将垫片放至在压力表接头内，再安装压力表，此操作方便快捷，见图3-49。

图 3-49　安装压力表垫片

2) 密封垫圈：不同规格的密封垫圈要满足安装要求，密封垫圈的材质有乙丙胶、硅胶、聚四氟乙烯等。安装密封垫圈时，密封垫圈要放平，不能扭曲变形，不能用力拉伸。如图3-50所示是活接头密封垫圈的安装。

图 3-50　活接头密封垫圈的安装

第四章　管路安装实操分步解析

第一节　管路安装分步操作

一、工用具材料准备

管路安装实际操作工用具准备见表4-1和表4-2。

表4-1　设备工位准备

序　号	名　称	数　量	备　注
1	操作工位	1套	承办方准备
2	管子压力钳工作台	1套	承办方准备

表4-2　工用具材料准备

序号	名称	规格	数量	备注
1	安全帽		1个	主办方准备
2	钢板尺	300mm	1把	主办方准备
3	钢卷尺	2m	1把	主办方准备
4	活动扳手	200mm、250mm、375mm、450mm	各1把	主办方准备
5	钢丝刷		1把	主办方准备
6	毛刷		1把	主办方准备
7	管钳	300mm、350mm	各1把	主办方准备
8	机油壶		1个	主办方准备
9	选料盘		1个	主办方准备
10	加力管		1根	主办方准备
11	铰板和板牙		1套	主办方准备（可自备）
12	割刀	2号	1把	主办方准备
13	石笔		1根	主办方准备
14	棉纱		若干	主办方准备
15	活接头密封圈		1个	主办方准备
16	压力表垫		1个	主办方准备
17	生料带		若干	主办方准备
18	管阀组件		若干	主办方准备

二、基本操作步骤

1. 审图

根据管路工艺安装图(以下简称图纸)提供的立面图、平面图、侧面图等，明确管线和设备空间走向及方位，根据图纸上阀门设备序号对照标题栏和明细表，了解阀门规格、型号、数量，对照图纸进行分析。

2. 快速画出轴测图

根据图纸一分钟内画出轴测图，简单的图形可以不画轴测图。

3. 选择所用组件及工用具

参照轴测图选择管阀组件，图纸上有尺寸要求的，按照尺寸选取短节；选择管路工艺安装所需要的工具；根据图纸要求选择合适量程及精度等级的压力表。

4. 管路工艺安装

按图纸安装管路流程，安装时注意图纸标明的流体方向，截止阀、活接头等均有安装方向的要求，预留出加工管空间。

5. 测量短节尺寸，加工安装，完成流程闭合

根据图纸要求，测量加工管长度，用套丝机或铰板加工螺纹，装在活接头或法兰处，也有用玻璃管完成管路闭合的。

6. 压力表的安装

压力表必须安装压力表接头，注意表盘安装方向。

7. 倒流程试压

安装完毕后，按照图纸说明导通流程试压，做到不渗不漏。

注意：禁止带压紧固管阀配件。

8. 清理

清理场地、回收工用具。

三、操作步骤详解

1. 审图

首先审图(见图4-1)，根据管路工艺安装图纸提供的立面图和侧面图，明确管线和设备空间走向及方位，根据图纸上阀门设备序号对照标题栏和明细表，了解阀门规格、型号、数量，对照图纸进行分析。

2. 快速画出轴测图

管路工艺安装一般限定操作时间，快速画出轴测图直接影响到管件的选配和后期的安装，所以掌握快速画轴测图方法，能够缩短管路安装实际操作时间。

本书在第二章详细介绍了轴测图的画法，本章主要推荐使用斜等轴测图。斜等轴测图画法简洁，立体感强，作图时原图只需做适当修改，既减少时间又有助于尺寸相同短节(对称管)的选择。具体画图方法见图4-2。

快速绘制斜等轴测图关键是上下左右方向的管件不动，将前后方向的管件向后延伸，延伸的长度可参照左视图比例。

3. 选择所用组件及工用具

根据轴测图选择所需阀门和管件的数量(注意对称管的选择)，计算出所需短节的数量，见图4-2。

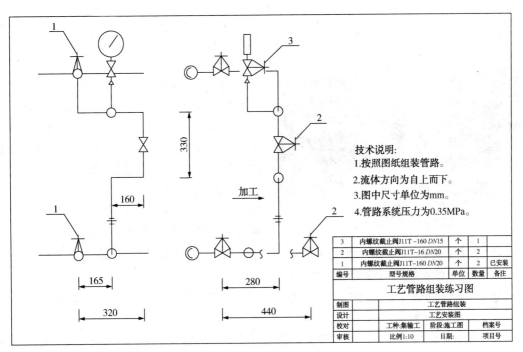

技术说明:
1.按照图纸组装管路。
2.流体方向为自上而下。
3.图中尺寸单位为mm。
4.管路系统压力为0.35MPa。

编号	型号规格	单位	数量	备注
3	内螺纹截止阀J11T-160 DN15	个	1	
2	内螺纹截止阀J11T-16 DN20	个	2	
1	内螺纹截止阀J11T-160 DN20	个	2	已安装

工艺管路组装练习图

制图		工艺管路组装	
设计		工艺安装图	
校对	工种:集输工	阶段:施工图	档案号
审核	比例1:10	日期:	项目号

图 4-1　管路工艺安装图举例

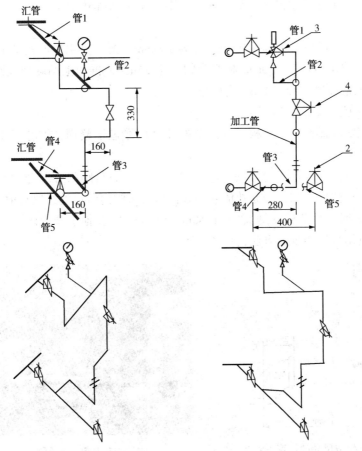

图 4-2　快速画轴测图法

图 4-3　压力表组合件

1）组件：弯头 8 个，三通 2 个，DN20 高压截止阀 1 个，DN20 低压截止阀 1 个，活接头 1 个。

2）压力表组合件可以按 1 个管件计算（见图 4-3）。压力表组合件包括压力表、异径外接头、表接头、DN15 短节、DN15 针型截止阀五个部分，这五个部分可作为一个整体。压力表的选择需根据图纸上给出的流程压力选择合适量程的压力表，压力表要求有铅封、指针归零、量程线，外观齐全完好，通气孔畅通，检定标签在有效期内。

3）选择短接 14 个：14 个短接不包括加工管及压力表组合件。

4）对称管的选择：对称管可成对选择使用。

分析：管 2 和管 3 为对称管，尺寸均为 160mm。其他非对称管按标注尺寸逐一选择；

管 1 的尺寸为 280mm；

管 3 和管 4 没有直接给尺寸，管 3 加管 4 尺寸等同于管 1 尺寸。在保证图中注明尺寸的前提下，未注明尺寸的短节可以适当选择配置。

注意：图上标注的尺寸包括两端管件，并不是实际选择短节的尺寸，还要通过计算确定短节长度（见图 4-4）。

计算方法：从阀门中心到弯头中心尺寸为 180mm，要计算出中间短节的长度，要用总尺寸 180mm 减去阀门的一半 50mm 和弯头的一半 25mm，再加上两端螺纹旋进深度 25mm（25mm 的螺纹旋进深度为经验数值，仅供参考）。

最后选择短节的长度为 130mm。

在管路安装实际操作中，一根一根短节的计算尺寸过于繁琐，推荐采用经验数值，可不需计算直接选取。

方法是：事先计算好弯头与弯头、弯头对三通、弯头与阀门等组合的尺寸，推算出经验数值，用图上标注尺寸减去经验数值。例如：弯头与阀门组合的经验数值为 50mm，当给定尺寸为 180mm 时，短节长度是 180mm-50mm＝130mm。其他组合的计算方法同上。

选取短节可用直接测量的方法，见图 4-5。

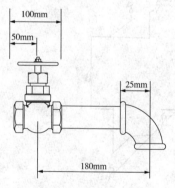

图 4-4　短节尺寸的计算方法

图 4-5　现场测量

需要尺寸配对的短节选取，可采用"二配一"形式，采用直接测量的方法选取比较快，见图4-6。

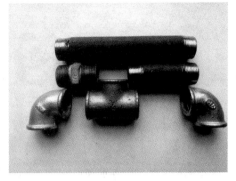

图4-6 "二配一"形式

下面提供几种 *DN*20 管阀组件的实物尺寸以供参考，见图4-7。

(a)*DN*20高压截止阀   (b)*DN*20低压截止阀   (c)*DN*15针型截止阀

(d)*DN*20三通   (e)*DN*20三通   (f)*DN*20活接头

(g)*DN*20弯头   (h)*DN*15到*DN*20异径外接头   (i)*DN*20四通

图4-7 阀门和管件的尺寸选取方法

选择安装所需的管阀组件，将管阀组件和工具按照相对合理的位置摆放，摆放有序有助于快速安装管路，减少操作时间，见图4-8。

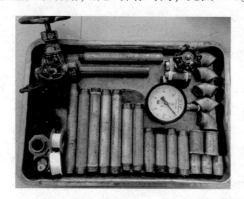

图4-8　组件与工用具

尺寸一样的对称管条理有序摆放，见图4-9。

对于结果型考试，为了快速选取管阀组件，防止操作中将选配好的管阀组件弄乱搞混，也可以在考试场地上按照安装的顺序直接摆出。左右方向的按照左右方向摆在一起，上下方向的按照上下方向摆在一起，前后方向以及压力表组件可以单独摆出。

注意：上下方向要预留出加工管的位置空间，见图4-10。

图4-9　尺寸相同单独摆放　　　　　　图4-10　按安装顺序摆放

4. 工艺安装

一次性将选好的短节全部缠好生料带。

安装时可以采取从两头向中间汇合的方法，一般来说哪边的流程相对简单就先安装哪边。对于立装管路来说一般应先安装下部流程再安装上部流程，避免在操作时磕碰发生意外。

安装的方法有两种：一是逐件安装，二是组合安装。考试时建议采用组合安装。组合安装就是先连接好三个以上组件，利用其中的一段短节作加力杆使用。用弯头连接好两段短节，然后利用其中一段短节作为加力杆紧固，见图4-11。必要时再用管钳将连接弯头处摆正位置，切忌用力过度，损伤螺纹和管件，造成生料带破损，导致试压时刺漏，见图4-12。

安装截止阀时按照图纸所示介质流向安装阀门，截止阀是低进高出，防止阀门装反，手轮方向应与图纸保持一致，见图4-13。

图 4-11　安装方法技巧

图 4-12　使用工具上紧

图 4-13　截止阀安装方向

安装时为确保整体结构稳定，先安装主要流程进行闭合，再安装辅助流程，最后安装压力表。

注意：安装辅助流程和压力表要摆正位置并紧固，避免由于管件不紧固造成流程松垮变形(见图 4-14)，三通处是预留安装压力表的位置。

安装时需注意：边安装边检查流程各部分是否横平竖直，紧固到位，不能有松扣退扣现象。观察流程横平竖直时保持适当距离，操作中及时进行调整，见图 4-15。

图 4-14　安装主流程

图 4-15　调整横平竖直

当两侧流程安装到加工管位置时，操作中预留出足够的加工位置空间，见图 4-16。

5. 测量短节尺寸，加工安装，完成流程闭合

测量加工管长度之前应先检查流程是否横平竖直，如果没有达到要求应将流程摆正，以免出现测量误差。测量计算时，从两侧管件的端面算起，加上两侧管件的螺纹旋进深度，作为加工管长度尺寸，见图 4-17。

图 4-16 预留加工空间位置

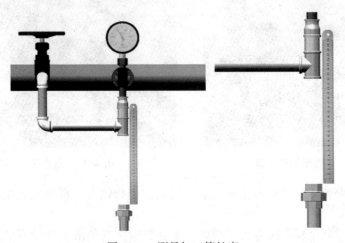

图 4-17 测量加工管长度

按照测量好的长度对加工管进行切割。使用管子铰板在切割好的管子上加工螺纹，加工好后用钢丝刷清理螺纹上的铁屑，再缠绕生料带。

在安装加工管前需将活接头拆开，分别与短节连接。安装时注意活接头的方向，活接头带螺纹一端为母扣，有台阶一端为公扣，介质是从公口流向母扣的，如图 4-18 所示，左侧为公扣，右侧为母扣。

介质流向

图 4-18 活接头

安装活接头方法（见图 4-19）：图例中介质流向是自下而上的，因此在安装活接头时是公扣在下，母扣在上。安装好活接头密封垫，将活接头两端摆正对接，带上活接头螺母，并用工具拧紧。

图 4-19　安装活接头

6. 压力表的安装

最后安装压力表，防止在安装过程中损坏压力表。安装压力表时不要手扳表头，压力表表盘朝向应与图纸朝向一致，见图 4-20。

图 4-20　安装压力表

7. 倒流程试压

1）关闭所有放空阀门。

2）从低压端向高压端倒通流程：按照图纸标明流程走向（见图 4-1 介质流向是自上而

下），从下游开始向上游逐级倒通。

3）打开压力表控制阀，三点一线观察压力值。

4）检查是否有渗漏。

考核操作中注意：试压这个环节分为两种情况，一种是考生完成操作离开后由考核人员试压；另一种是由考生自己试压。

考生自己试压，发现渗漏后先关闭试压阀门放净余压，再进行紧固，或重新更换活接头密封圈。在试压中需达到不渗不漏，操作中要注意安装方法，将每一个管件都紧固到位，避免松动退扣现象，见图4-21。

本章所示倒流程方法只是常规方式，具体倒流程方法应按照具体要求执行。

(a)关闭放空阀　　　　　(b)打开下流阀门　　　　　(c)打开流程中的阀门

(d)打开上流阀门　　　　　(e)打开压力表控制阀门

图4-21　倒流程试压

四、玻璃管的安装方法

1. 测量加工玻璃管

测量方法与测量加工管类似。

2. 割制玻璃管方法

截断玻璃管，首先需要在管壁上顺着管轴垂直方向用锉刀（或砂轮片）锉一刻痕，长度一般为管面周长的 1/3~1/4，较粗的玻璃管的刻痕要长一些（甚至刻痕一周），方法是：用手握住玻璃管平放在桌沿，拇指按在要截断处，另一只手将锉刀（或砂轮片）的棱锋紧压在玻璃管上，沿同一方向（向前或向后，不能来回锉）锉出一道较深的刻痕。然后用拉折或热裂方式进行截断。

（1）拉折截断

用两手拇指抵住锉痕的背面，两指甲几乎相碰，锉痕向外稍用力向外推，同时用力向两边拉，玻璃管即在刻痕处平整断开。还可在玻璃管刻痕两边垫布进行拉折，增加操作的安全性。如遇管径稍粗或硬质玻璃管，也可刻痕朝上，下面垫以硬物，靠臂力将其折断。

（2）热裂截断

常用于截断 12mm 以上的玻璃管，有以下几种方法：

1）点热法：取一根铁丝，一端磨尖，另一端安上木柄。将铁丝尖端放在酒精灯上烧红后，点放在玻璃管的刻痕处，停留片刻，滴 1~2 滴冷水，刻痕裂开，再把烧红的铁丝放在裂纹前沿 1~2cm 处，裂纹便会向前延伸，重复操作至玻璃管断裂。

2）火焰切割：用喷灯火焰的尖端，加热玻璃管的刻痕处，并不停转动玻璃管，当玻璃管稍发红时，移开火焰，迅速用尖嘴管对准刻痕处吹气，或用湿毛笔沿刻痕处涂一圈冷水，使它急骤冷却，玻璃管就会从刻痕处断开。

3）热胀冷缩法：在玻璃管的细刻痕处缠几圈沾有煤油的棉线，点燃棉线，不停转动玻璃管，棉线充分燃烧，火焰熄灭后，立即把玻璃管插入水中，玻璃管就会从刻痕处断开。

3. 安装玻璃管（见图 4-22）

1）检查玻璃管尺寸误差≤5mm。

2）检查玻璃管切口应平齐，不能有裂纹。

3）玻璃管压盖螺丝先安装在玻璃管上，螺纹口朝外。

4）带锥度的密封圈涂抹黄油，安装在玻璃管上。

5）将玻璃管安装到考克阀内。

6）装好密封圈。

7）拧上压盖，扳手不能用力过大，防止损坏玻璃管。

8）紧固考克阀排水丝堵。

9）阀门开启程序：检查下考克阀排水丝堵是否紧固，先缓慢开启上考克阀，再缓慢开启下考克阀，使介质慢慢进入玻璃管内。

图 4-22　安装玻璃管

4. 安装玻璃管连接注意事项

1）管路压力小于 1.25MPa。

2）玻璃管中心与上、下旋塞的中心垂线要相重合，否则玻璃管易损坏。

3）有裂纹的玻璃管不能安装，在玻璃管两端与接头间要留出适当间隙，使玻璃管受热后能自由膨胀，并用密封圈密封。

练习题见图 4-23。

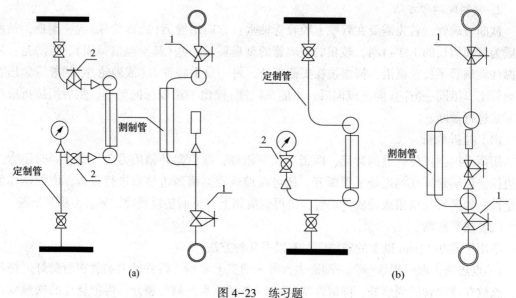

图 4-23　练习题

第二节　常用管路工艺安装命题方式

"管路工艺安装"这项操作是油气集输工艺改造和技术革新过程中经常性的施工内容，近年来称为采油、集输等多工种国家技能操作试题库中技师、高级技师模块的考核项目，其命题方式主要是考核考生的识图能力，动脑分析判断能力及动手安装的操作能力。

"管路工艺安装"的命题方式并不仅仅是简单地按照图纸安装，而是灵活多变。下面介绍几种常见的命题方式，见表 4-3。

表 4-3　常用管路工艺安装命题方式

方　式	说　明
方式一	根据给定视图进行安装
方式二	给定一个视图，补画另一个视图并进行安装
方式三	给定一个视图和相应管阀组件，按照要求安装
方式四	给定管阀组件，设计工艺并安装
方式五	根据图纸，在已安装管路工艺中找出错误并改正
方式六	更换已安装管路中指定的管路组件
方式七	根据给定管路工艺安装图多人配合进行安装

一、方式一

根据给定视图进行安装，这是最常见的模式。通常会给出两个视图，可以是主、左视图（见图 4-24），也可以是主、俯视图。如果只给出一个视图，必须保证安装形式的唯一性。

考点：识图能力、动手操作能力。

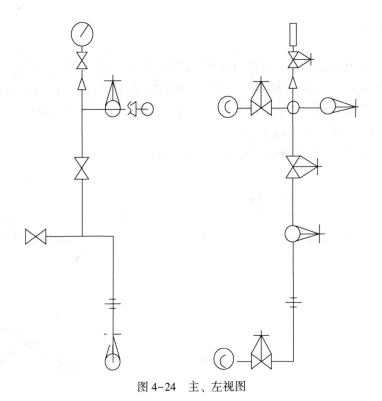

图 4-24　主、左视图

二、方式二

流程自上而下，管线压力 0.4MPa，*DN*20 高压截止阀 1 个、*DN*20 低压截止阀 1 个、压力表组件一套，根据一个视图(主视图)补画出另一个视图(左视图)或(俯视图)，根据图纸要求进行安装。试题主视图见图 4-25(a)，补画出的左视图见图 4-25(b)，安装见图 4-25(c)。

考点：识图能力、绘图能力、动手操作能力。

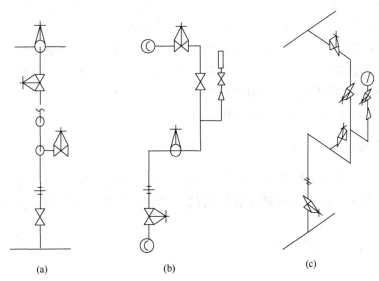

　　　(a)　　　　　　　　(b)　　　　　　　(c)

图 4-25　主视图、左视图、轴测图

三、方式三

根据单一视图选用最少的管件进行安装。试题只给出一个主视图[见图 4-26(a)]，完成图形见图 4-26(b)。如果只给出一个视图，可以完成图 4-26(b)、4-26(c)两个视图。试题要求用最少的管件进行安装，图 4-26(c)符合要求，使用的管件最少。图 4-26(b)弯头的朝向发生改变，多用 1 个短节和 1 个弯头。

考点：识图能力、图形分析能力、动手操作能力。

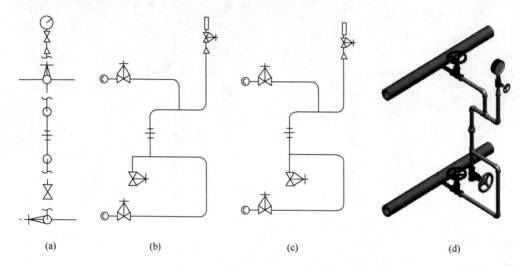

(a)   (b)   (c)   (d)

图 4-26 给定主视图、设计左视图、轴测图

四、方式四

根据给定的管阀组件自行设计安装一个密闭工艺流程。要求：流程管路压力 0.6MPa，流体从上向下流动，要安装放空阀和压力表，管阀组件不得超出给定的数量；给定管组件为不同尺寸 DN20 短节 11 根、DN15 短节 1 根、截止阀 1 个、活接头 1 个、弯头 5 个、三通 2 个、异径外接头 1 个、针型截止阀 1 个、压力表接头 1 个、压力表 1 块。

分析：要求流体从上向下流动，管路为立装管路，见图 4-27(a)，设计完成的管路见图 4-27(b)，设计思路不唯一，会有多种答案。

考点：设计能力、绘图能力、动手操作能力

五、方式五

将安装好的流程与图纸对照，按照图纸改错后再进行安装。图 4-28(a)为已安装好的流程，与图 4-28(b)对照缺少放空阀门，需将错误的部分拆除，并按照图纸重新安装。

考点：识图能力、动手操作能力。

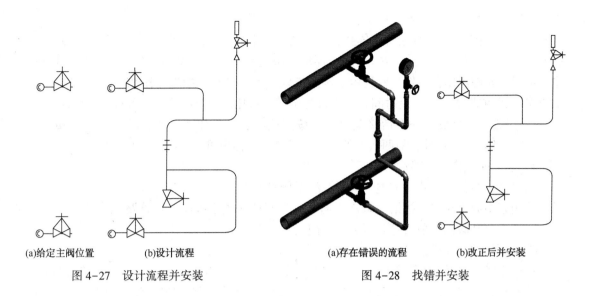

(a)给定主阀位置　　　　(b)设计流程

图 4-27　设计流程并安装

(a)存在错误的流程　　　(b)改正后并安装

图 4-28　找错并安装

六、方式六

更换已安装管路中的部分组件。这种考核模式需要考生不仅要会安装还要能熟练掌握工具使用，快速拆卸需更换的部分。考核现场会准备好已经安装好的流程(见图 4-29)，并附带需要更换的管阀组件示意图及相关说明[见图 4-29(b)]，标注 1 为需更换的短节，标注 2 为需更换的阀门。

考点：动手操作能力。

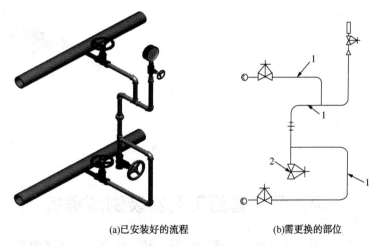

(a)已安装好的流程　　　　(b)需更换的部位

图 4-29　更换部分管阀组件

七、方式七

根据给定管路工艺安装图三人配合安装。

操作步骤举例：

1) 看图记忆(时间 5min，5min 后收回图纸)、选择管件及模块(模块部分将在图纸上用虚线框出)，可 3 人同时看图，看图时不允许交流，画图时可交流、补充、修改，进行下一项工作后如画图、选件将不允许重新看图。

2）根据图纸要求进行主管路连接；测量加工件长度（一人选件，一人组装，一人监护提示），组装前组长进行安全讲话（注意环境、防止滑倒，两人协同、防止磕碰），组长只监护指挥不允许操作，可做一些提示。调换模块，考核时间上扣除操作 20s，即总时间-已用操作时间-扣除时间＝剩余时间，操作过程中管件从托盘中选出后，不可再放回托盘内。

3）当流程闭合最后一个活接头时，可按图纸给定尺寸加工工艺管件，进行套扣操作（选件人员负责加工管件，另两人在原工位继续操作，但不可选件）。

4）连接加工管，完善管路，安装压力表。

5）试压（组长下达口令口述"试压，注意侧身开关阀门，小心刺伤"），打开压力表阀门，关闭管中放空阀门，按给定来水方向，先打开低压供水阀门，按管路顺序依次由低压向高压方向打开阀门，最后打开压力表阀门。

6）清理场地，回收工具。

这种模式一般用于团体竞赛[见图 4-30(a)]，矩形区域由选手 A 负责安装，椭圆形区域由选手 B 负责安装，选手 C 负责加工短节安装、活接头闭合流程。操作完成图见图 4-30(b)。

考点：识图能力、协作能力、动手操作能力。

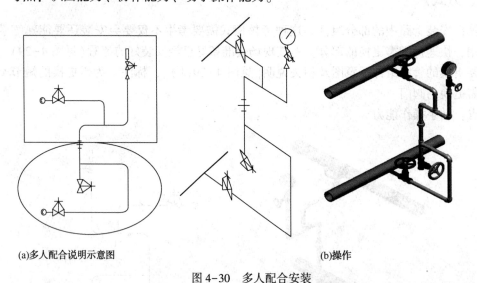

(a)多人配合说明示意图　　　　　　　　　　　　　　(b)操作

图 4-30　多人配合安装

第三节　管路工艺安装例题解析

下面选用的例题都是从考核形式和适用范围上贴近技能鉴定考试和各级大赛要求，为选题思路和解题思路提供方法。

一、例题 1

试题要求：

本题（见图 4-31）操作时间为 30min，图中除标注尺寸外，其余尺寸包括连接活接头的位置可自选合适长度短节安装，DN20 短节数量限定为 14 根。需在给定的不带螺纹的加工管上单独切割 200mm 并加工一端螺纹以备评分，其他要求见技术说明。

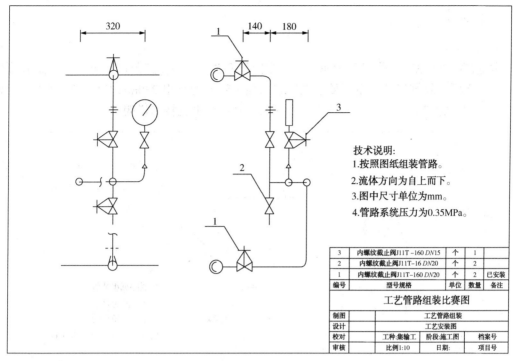

图 4-31　图样

表格内容：

3	内螺纹截止阀 J11T-160 DN15	个	1	
2	内螺纹截止阀 J11T-16 DN20	个	2	
1	内螺纹截止阀 J11T-160 DN20	个	2	已安装
编号	型号规格	单位	数量	备注

工艺管路组装比赛图

制图		工艺管路组装	
设计		工艺安装图	
校对	工种:集输工	阶段:施工图	档案号
审核	比例1:10	日期:	项目号

解题思路：

首先应阅读试题要求和技术说明。

1）按要求可以先完成流程的闭合，再加工螺纹。

2）安装时先完成主要流程，辅助流程中的放空阀门、压力表等可装完活接头闭合后再进行安装。

3）画出轴测图。选出弯头 6 个、三通 2 个、活接头 1 个，按图纸要求选出阀门 2 个，压力表组件一套。

4）优先选择标注尺寸的短接，选择对称管。

5）测量上下流阀门的距离，根据经验数值选取竖管长度。

6）按照其余参照图上显示的比例选择合适长度的短节，比如上下方向的短节有四段，下面两段可按比例尽量选择长短节。

识图难点：主视图断线，中间三通的位置有三层，用断线断开了第一层的弯头，露出第二层三通；第三层还是三通连接，主、左视图对照看可以看出这三层结构。

技术要求中规定了流程走向，安装截止阀时要注意阀门标注方向与流体方向一致，管路系统压力为 0.35MPa，选择压力表应选择量程为 0.6MPa 或 1.0MPa 的合格压力表。完成效果见图 4-32。

图 4-32　图样立体效果图

技术说明：
1.按照图纸组装管路。
2.流体方向为自上而下。
3.图中尺寸单位为mm。
4.管路系统压力为0.35MPa。

二、例题 2

试题要求：

本题(见图 4-33)操作时间为 40min，图中除标注尺寸外，其余尺寸可自选合适长度短节安装，不限定管阀组件数量，要求在给定的加工管上切割出 230mm 长的管段并加工出两端螺纹，加工管安装位置可在活接头上下任选，其他要求见技术说明。

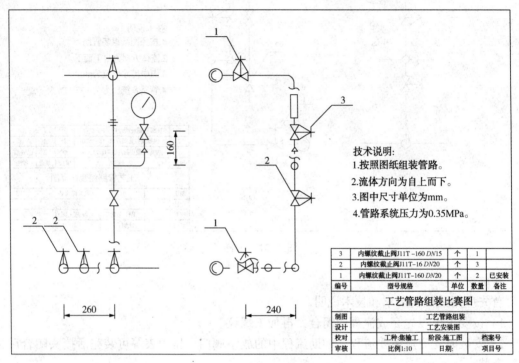

技术说明：
1. 按照图纸组装管路。
2. 流体方向为自上而下。
3. 图中尺寸单位为mm。
4. 管路系统压力为0.35MPa。

编号	型号规格	单位	数量	备注
3	内螺纹截止阀J11T‑160 DN15	个	1	
2	内螺纹截止阀J11T‑16 DN20	个	3	
1	内螺纹截止阀J11T‑160 DN20	个	2	已安装

工艺管路组装比赛图

制图		工艺管路组装	
设计		工艺安装图	
校对	工种:集输工	阶段:施工图	档案号
审核	比例1:10	日期:	项目号

图 4-33　图样

解题思路：

首先应阅读试题要求和技术说明。

1) 加工管尺寸为 230mm 并要求加工两端螺纹，选管时要注意加工管安装到组件中的尺寸。

2) 安装时先完成主要流程，辅助流程中的放空阀门、压力表等可装完活接头闭合后再进行安装。

3) 画出轴测图。选出弯头 5 个、三通 3 个、活接头 1 个，按图纸要求选出阀门 3 个，压力表组件一套。

4) 优先选择标注尺寸的短接，选择对称管。

5) 测量上下流阀门之间的距离，根据经验数值选取竖管长度。

6) 按照其余参照图上显示的比例选择合适长度的短节，下面一段可按比例尽量选择长短节。

识图难点在流程下部。主视图和左视图都有遮挡断线，对左视图下部的断线，要清楚断线之间的关系。对照主视图会发现下部有三个阀门，其中一个是主阀门，而从左视图上是看不到主阀门的，只能看到的被断了一半的阀门，又没有与主管线连接，说明这是两个位置重叠的放空阀。主视图断线符号断开的是一个弯头；弯头向左接一个三通，三通后面连接一个放空阀门；再向左连接一个弯头，弯头后面是放空阀门，从左视图断线处可以看出第二个阀门分出一个三通支路，对照主视图分析这个三通分支只能是与主阀门连接的。完成效果见图4-34。

三、例题3

试题要求：

本题（见图4-35）操作时间为40min，图中除标注尺寸外，其余尺寸可自选合适长度的短节安装，不限定短节数量，但除了阀门和压力表，管件数量限定不能超过10个，另外加工管位置如图4-35所示，其余要求见技术说明。

图4-34 图样立体效果图

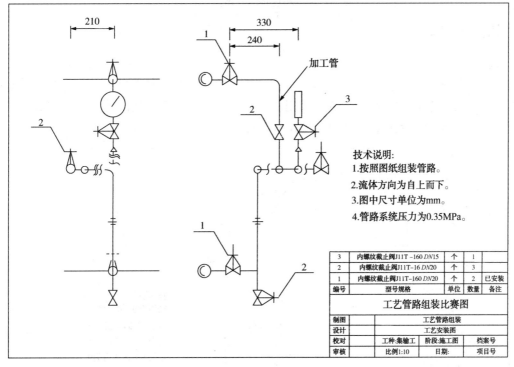

技术说明:
1. 按照图纸组装管路。
2. 流体方向为自上而下。
3. 图中尺寸单位为mm。
4. 管路系统压力为0.35MPa。

3	内螺纹截止阀J11T-160 DN15	个	1	
2	内螺纹截止阀J11T-16 DN20	个	3	
1	内螺纹截止阀J11T-160 DN20	个	2	已安装
编号	型号规格	单位	数量	备注

工艺管路组装比赛图

制图		工艺管路组装		
设计		工艺安装图		
校对		工种:集输工	阶段:施工图	档案号
审核		比例1:10	日期:	项目号

图4-35 图样

解题思路：

首先应阅读试题要求和技术说明。

1）试题中未限制短节数量，但限定管件数量不超10个。

2）安装时先完成主要流程，辅助流程中的放空阀门、压力表等可装完活接头闭合后再进行安装。

3）画出轴测图。选出弯头6个、三通3个、活接头1个，按图纸要求选出阀门3个，压力表组件一套。加上压力表组件中的异径外接头，管件合计是11个，多1个组件。选择变径弯头代替异径外接头，可满足要求。

4）优先选择标注尺寸的短接，选择对称管。注意出门管的选择，上方出门管长，等于下方出门管、中间管与管件的组合长度。

5）测量上下流阀门的距离，根据经验数值选取竖管长度。

6）按照其余参照图上显示的比例选择合适长度的短节。

加工管给出的位置不是在常规的活接头两端，而是远离活接头的位置，在安装时要注意方式方法。从下向上先将活接头处连接好，不需要工具上紧，用手上紧即可；然后继续向上安装，安装时只需安装主流程，直到加工管的位置。待加工管加工好后拆卸活接头，安装好加工管，再重新连接活接头。最后安装辅助流程（压力表和放空阀门等），完成效果见图 4-36。

图 4-36　图样立体效果图

四、例题 4

试题要求：

本题（见图 4-37）操作时间为 35min，图中除标注尺寸外，其余尺寸可自选合适长度短节安装，不限定管阀组件数量，流程采用法兰连接，上法兰至主阀门处为已安装流程，要求考生继续完成整个流程，其余要求见技术说明。

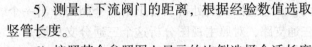
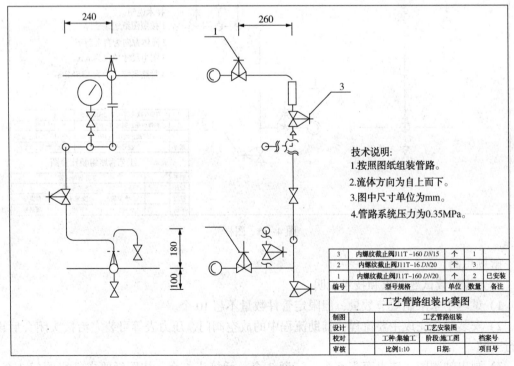

技术说明：
1. 按照图纸组装管路。
2. 流体方向为自上而下。
3. 图中尺寸单位为mm。
4. 管路系统压力为0.35MPa。

编号	型号规格	单位	数量	备注
3	内螺纹截止阀J11T-160 DN15	个	1	
2	内螺纹截止阀J11T-16 DN20	个	3	
1	内螺纹截止阀J11T-160 DN20	个	2	已安装

工艺管路组装比赛图

制图		工艺管路组装		
设计		工艺安装图		
校对	工种：集输工	阶段：施工图		档案号
审核	比例1:10	日期：		项目号

图 4-37　图样

解题思路：

首先应阅读试题要求和技术说明。

1）试题中连接方式是法兰连接且法兰上半部分已安装完毕，根据图纸安装出下半部分连接。

2）安装时先完成主要流程，辅助流程中的放空阀门、压力表等可装完活接头闭合后再进行安装。

3）画出轴测图。选出弯头 10 个、三通 3 个、法兰 1 个，按图纸要求选出阀门 3 个，压力表组件一套。

4）优先选择标注尺寸的短接，选择对称管。

5）测量法兰与下流阀门的距离，根据经验数值选取竖管长度。

6）按照其余参照图上显示的比例选择合适长度的短节。

7）制作法兰垫片，完成效果见图 4-38。

图 4-38　图样立体效果图

压力表安装在平行的三条管路中间，从图 4-38 给定的尺寸可以看出，三条管路间隔的距离小，压力表阀门距离可能受限。考虑先安装压力表控制阀门，要逐件上紧。上、下两个三通的位置，必须紧固到位。

五、例题 5

试题要求：

本题（见图 4-39）操作时间为 45min，图中流程采用 DN15 管阀组件安装，两端异径外接头以下是已安装好的流程。本题只给出了一个视图，要求使用最少的管阀组件安装。其他要求见技术说明。

解题思路：

首先应阅读试题要求和技术说明。

1）双闭合平装管路，从异径外接头处开始安装 DN15 管阀组件。

2）安装时先完成主要流程，辅助流程中的放空阀门、压力表等可装完活接头闭合后再进行安装。

3）画出轴测图。选出弯头 7 个、三通 3 个、活接头 2 个，按图纸要求选出阀门 3 个，压力表组件一套。压力表组件中不选异径外接头，但可以选择异径三通。

4）优先选择标注尺寸的短接，选择对称管。

5）测量左右上下流程的距离，根据经验数值选取横管长度。

6）按照其余参照图上显示的比例选择合适长度的短节。

难点在左右起始点的安装高度不同，根据标高的要求进行。先计算起始短接的高度。计算方法：先测量好右侧从主管线中心到异径外接头中心的距离，然后用标高的尺寸减去这个距离得到从异径外接头中心到三通中心的长度，根据之前学习过的计算方法可以得出短节的长度。为了节省时间，左侧无需再计算，只需先安装一段短节和阀门，要稍微比右

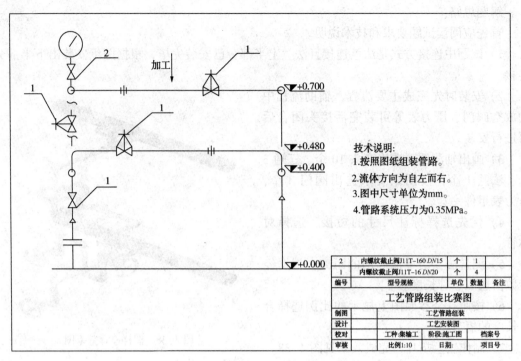

技术说明：
1. 按照图纸组装管路。
2. 流体方向为自左而右。
3. 图中尺寸单位为mm。
4. 管路系统压力为0.35MPa。

2	内螺纹截止阀J11T-160 DN15	个	1	
1	内螺纹截止阀J11T-16 DN20	个	4	
编号	型号规格	单位	数量	备注

工艺管路组装比赛图			
制图		工艺管路组装	
设计		工艺安装图	
校对	工种:集输工	阶段:施工图	档案号
审核	比例1:10	日期:	项目号

图 4-39　图样

侧低一些，然后用钢卷尺从右侧拉向左侧，找一段短节大概与之平齐即可。

由于试题只给出的一个图，但要求使用最少的管阀组件安装，左右两侧起始三通的安装形式至关重要，完成效果见图4-40。

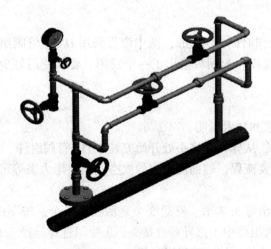

图 4-40　图样立体效果图

第五章 管路安装立体和轴测图分析举例

本章附二十组管路安装举例分析题，并附加了立体效果图和轴测图，可供读者在学习过程中参考。例题中既有不同配图方式，又有全部或局部尺寸的标注形式。图形、图例按照石油天然气系统工程制图标准绘制，但由于安装制图的表达方式各异，例题中的表示方式并不唯一。

例题中图形的结构形式相对复杂一些，可以练习识图的能力，加深读者对管路工艺安装图的分析理解，强化管路工艺安装识图操作能力。

第一节 例 题

1. 例一

请根据图 5-1(a)图样具体要求进行管路工艺安装，安装结果可参考图 5-1(b)立体效果图，参考轴测图见图 5-1(c)。

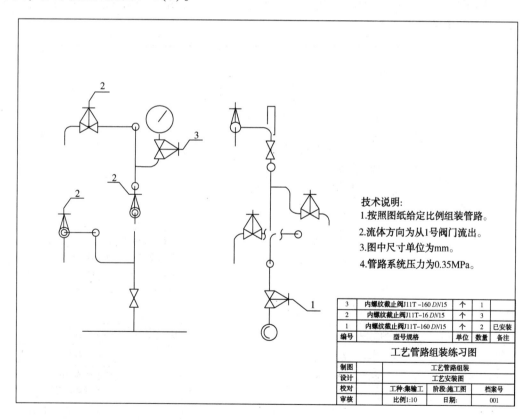

图 5-1(a) 练习图

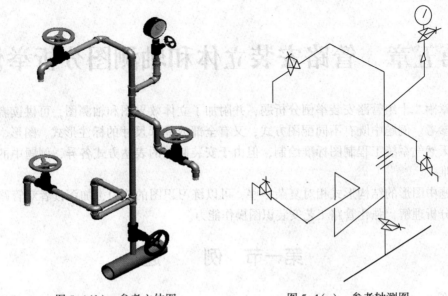

图 5-1(b)　参考立体图　　　　　　图 5-1(c)　参考轴测图

2. 例二

请根据图 5-2(a)图样具体要求进行管路工艺安装，安装结果可参考图 5-2(b)立体效果图，参考轴测图见图 5-2(c)。

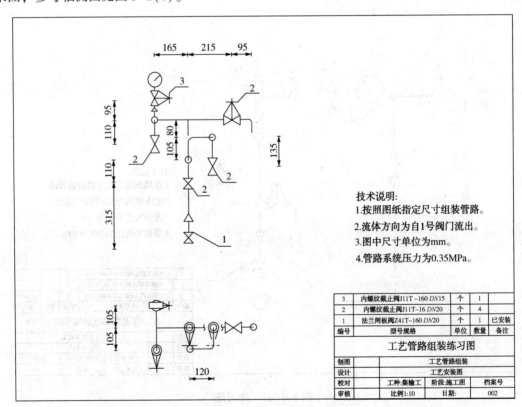

技术说明:
1.按照图纸指定尺寸组装管路。
2.流体方向为自1号阀门流出。
3.图中尺寸单位为mm。
4.管路系统压力为0.35MPa。

3	内螺纹截止阀J11T－160 DN15	个	1	
2	内螺纹截止阀J11T－16 DN20	个	4	
1	法兰闸板阀Z41T－160 DN20	个	1	已安装
编号	型号规格	单位	数量	备注

工艺管路组装练习图

制图		工艺管路组装	
设计		工艺安装图	
校对	工种:集输工	阶段:施工图	档案号
审核	比例1:10	日期:	002

图 5-2(a)　练习图

图 5-2(b)　参考立体图

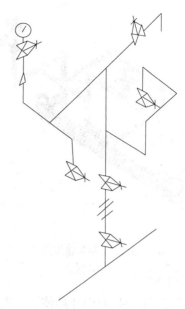

图 5-2(c)　参考轴测图

3. 例三

请根据图 5-3(a)图样具体要求进行管路工艺安装，安装结果可参考图 5-3(b)立体效果图，参考轴测图见图 5-3(c)。

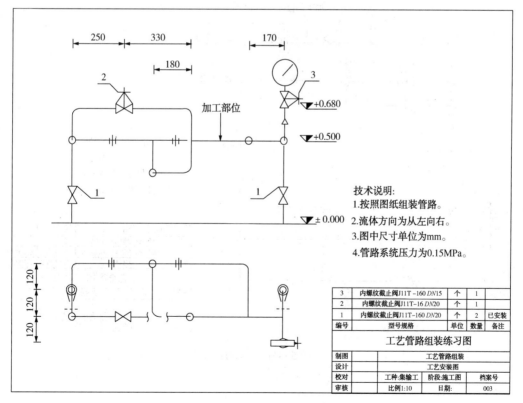

技术说明:
1. 按照图纸组装管路。
2. 流体方向为从左向右。
3. 图中尺寸单位为mm。
4. 管路系统压力为0.15MPa。

3	内螺纹截止阀J11T-160 DN15	个	1	
2	内螺纹截止阀J11T-16 DN20	个	1	
1	内螺纹截止阀J11T-160 DN20	个	2	已安装
编号	型号规格	单位	数量	备注

工艺管路组装练习图

制图		工艺管路组装	
设计		工艺安装图	
校对	工种:集输工	阶段:施工图	档案号
审核	比例1:10	日期:	003

图 5-3(a)　练习图

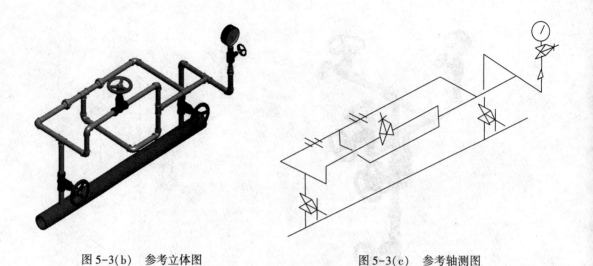

| 图 5-3(b) 参考立体图 | 图 5-3(c) 参考轴测图 |

4. 例四

请根据图5-4(a)图样具体要求进行管路工艺安装，安装结果可参考图5-4(b)立体效果图，参考轴测图见图5-4(c)。

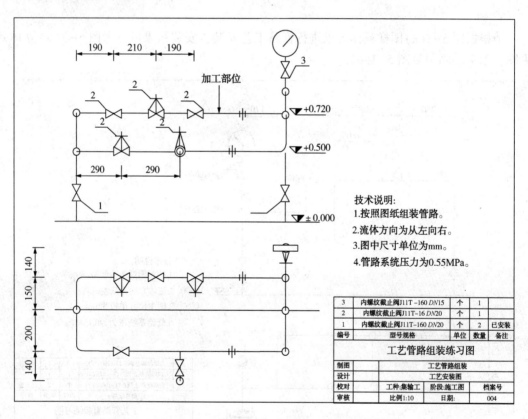

技术说明:
1.按照图纸组装管路。
2.流体方向为从左向右。
3.图中尺寸单位为mm。
4.管路系统压力为0.55MPa。

3	内螺纹截止阀J11T-160 *DN*15	个	1	
2	内螺纹截止阀J11T-16 *DN*20	个	1	
1	内螺纹截止阀J11T-160 *DN*20	个	2	已安装
编号	型号规格	单位	数量	备注

工艺管路组装练习图

制图		工艺管路组装		
设计		工艺安装图		
校对	工种:集输工		阶段:施工图	档案号
审核	比例1:10		日期:	004

图 5-4(a) 练习图

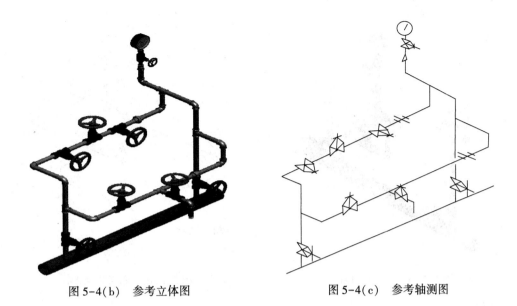

图 5-4(b) 参考立体图　　　　　　　图 5-4(c) 参考轴测图

5. 例五

请根据图 5-5(a)图样具体要求进行管路工艺安装，安装结果可参考图 5-5(b)立体效果图，参考轴测图见图 5-5(c)。

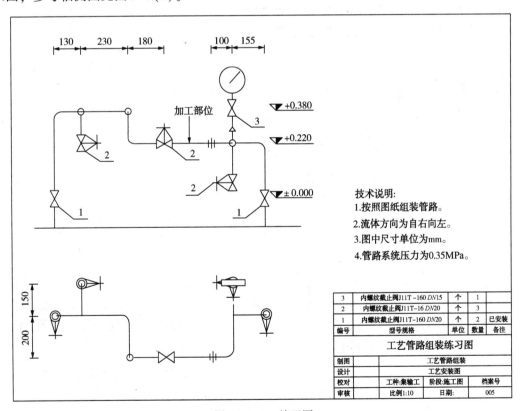

技术说明：

1.按照图纸组装管路。

2.流体方向为自右向左。

3.图中尺寸单位为mm。

4.管路系统压力为0.35MPa。

3	内螺纹截止阀J11T-160 DN15	个	1	
2	内螺纹截止阀J11T-16 DN20	个	3	
1	内螺纹截止阀J11T-160 DN20	个	2	已安装
编号	型号规格	单位	数量	备注

工艺管路组装练习图

制图		工艺管路组装	
设计		工艺安装图	
校对	工种:集输工	阶段:施工图	档案号
审核	比例1:10	日期:	005

图 5-5(a) 练习图

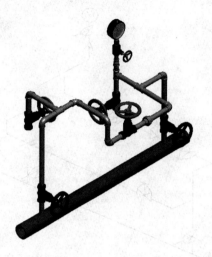

图 5-5(b) 参考立体图

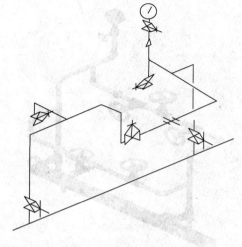

图 5-5(c) 参考轴测图

6. 例六

请根据图 5-6(a)图样具体要求进行管路工艺安装，安装结果可参考图 5-6(b)立体效果图，参考轴测图见图 5-6(c)。

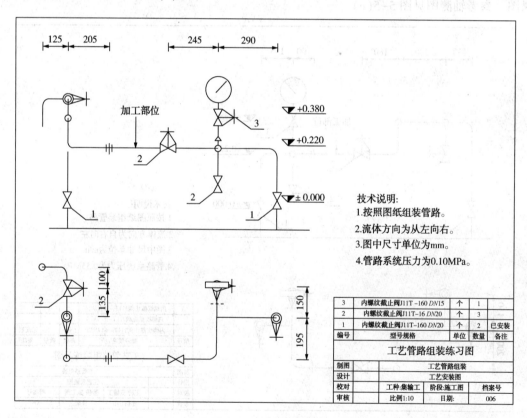

图 5-6(a) 练习图

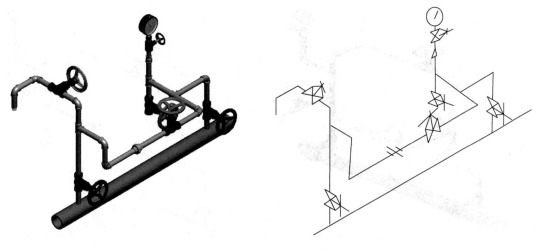

图 5-6(b)　参考立体图　　　　　　　　　　图 5-6(c)　参考轴测图

7. 例七

请根据图 5-7(a)图样具体要求进行管路工艺安装，安装结果可参考图 5-7(b)立体效果图，参考轴测图见图 5-7(c)。

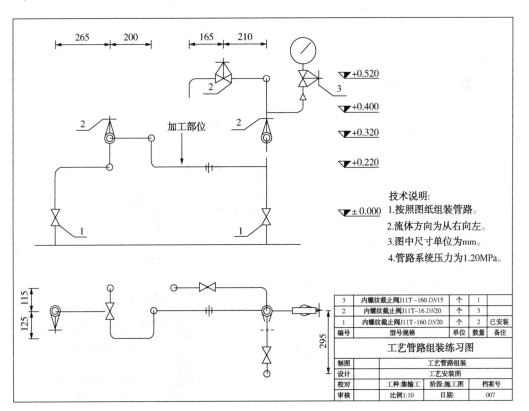

技术说明:
1.按照图纸组装管路。
2.流体方向为从右向左。
3.图中尺寸单位为mm。
4.管路系统压力为1.20MPa。

3	内螺纹截止阀J11T -160 DN15	个	1	
2	内螺纹截止阀J11T-16 DN20	个	3	
1	内螺纹截止阀J11T-160 DN20	个	2	已安装
编号	型号规格	单位	数量	备注

工艺管路组装练习图

制图		工艺管路组装		
设计		工艺安装图		
校对		工种:集输工	阶段:施工图	档案号
审核		比例1:10	日期:	007

图 5-7(a)　练习图

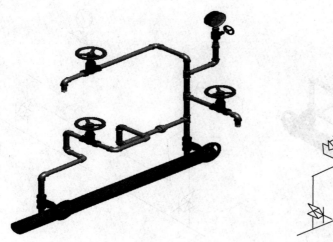

图 5-7(b)　参考立体图

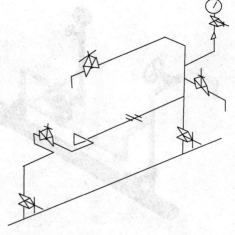

图 5-7(c)　参考轴测图

8. 例八

请根据图 5-8(a)图样具体要求进行管路工艺安装，安装结果可参考图 5-8(b)立体效果图，参考轴测图见图 5-8(c)。

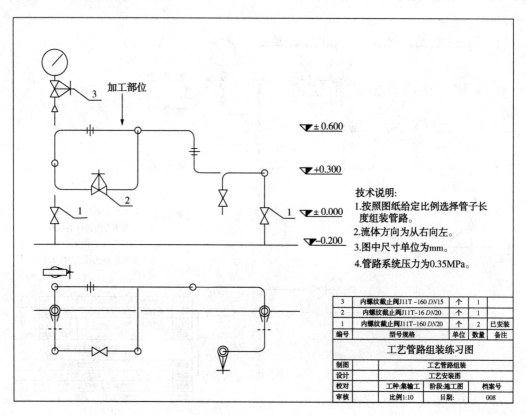

加工部位

▽±0.600

▽+0.300

▽±0.000

▽−0.200

技术说明：
1.按照图纸给定比例选择管子长度组装管路。
2.流体方向为从右向左。
3.图中尺寸单位为mm。
4.管路系统压力为0.35MPa。

3	内螺纹截止阀J11T-160 DN15	个	1	
2	内螺纹截止阀J11T-16 DN20	个	1	
1	内螺纹截止阀J11T-160 DN20	个	2	已安装
编号	型号规格	单位	数量	备注

工艺管路组装练习图

制图		工艺管路组装		
设计		工艺安装图		
校对	工种:集输工		阶段:施工图	档案号
审核	比例1:10		日期:	008

图 5-8(a)　练习图

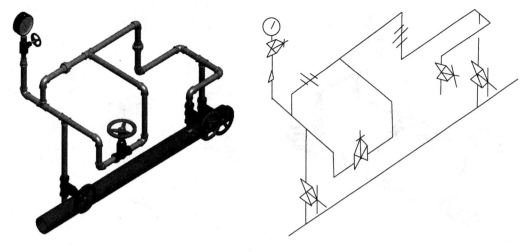

图 5-8(b)　参考立体图　　　　　　　　　图 5-8(c)　参考轴测图

9. 例九

请根据图 5-9(a)图样具体要求进行管路工艺安装,安装结果可参考图 5-9(b)立体效果图,参考轴测图见图 5-9(c)。

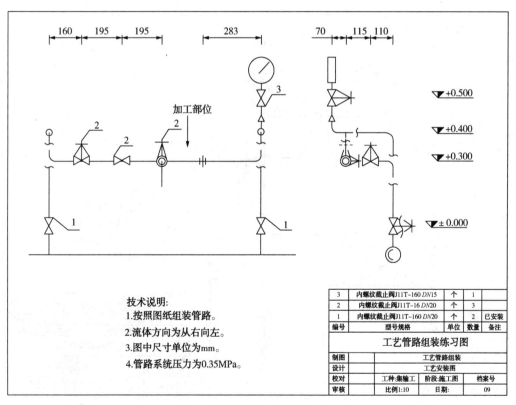

技术说明:
1.按照图纸组装管路。
2.流体方向为从右向左。
3.图中尺寸单位为mm。
4.管路系统压力为0.35MPa。

3	内螺纹截止阀J11T-160 DN15	个	1	
2	内螺纹截止阀J11T-16 DN20	个	3	
1	内螺纹截止阀J11T-160 DN20	个	2	已安装
编号	型号规格	单位	数量	备注
	工艺管路组装练习图			
制图		工艺管路组装		
设计		工艺安装图		
校对		工种:集输工	阶段:施工图	档案号
审核		比例1:10	日期:	09

图 5-9(a)　练习图

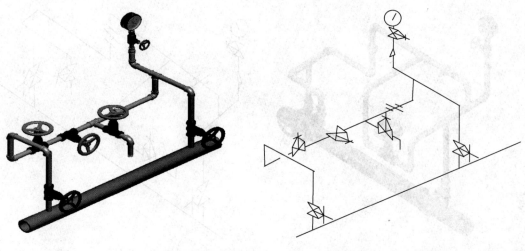

图 5-9(b)　参考立体图　　　　　　　　　　图 5-9(c)　参考轴测图

10. 例十

请根据图 5-10(a)图样具体要求进行管路工艺安装，安装结果可参考图 5-10(b)立体效果图，参考轴测图见图 5-10(c)。

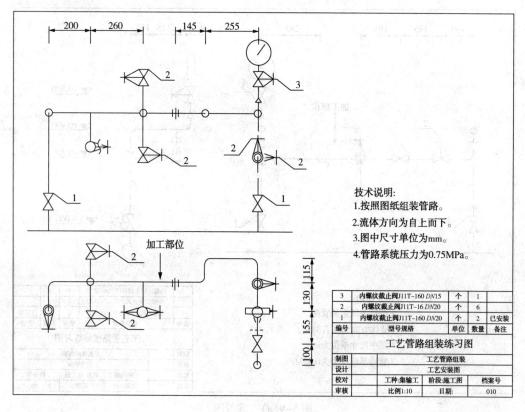

技术说明:

1.按照图纸组装管路。

2.流体方向为自上而下。

3.图中尺寸单位为mm。

4.管路系统压力为0.75MPa。

3	内螺纹截止阀J11T-160 DN15	个	1	
2	内螺纹截止阀J11T-16 DN20	个	6	
1	内螺纹截止阀J11T-160 DN20	个	2	已安装
编号	型号规格	单位	数量	备注
工艺管路组装练习图				
制图		工艺管路组装		
设计		工艺安装图		
校对		工种:集输工	阶段:施工图	档案号
审核		比例1:10	日期:	010

图 5-10(a)　练习图

图 5-10(b)　参考立体图

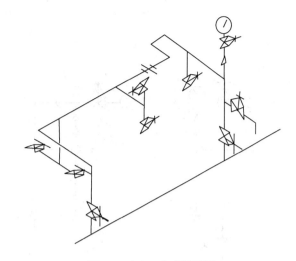

图 5-10(c)　参考轴测图

第二节　练　习　题

本书提供了 10 个练习题，可供读者参考练习，如图 5-11~图 5-20 所示。

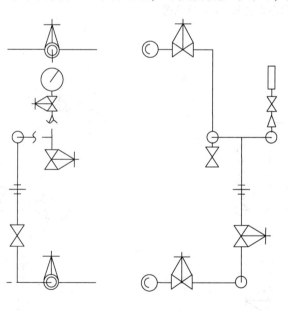

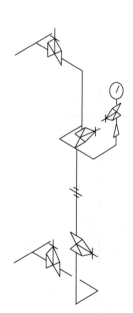

图 5-11　管路安装图与对应轴测图

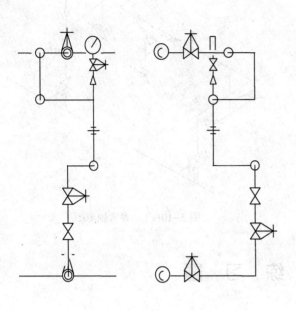
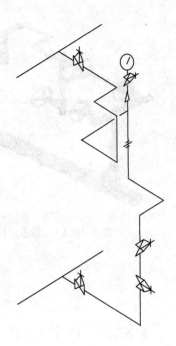

图 5-12　管路安装图与对应轴测图

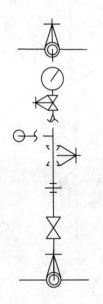
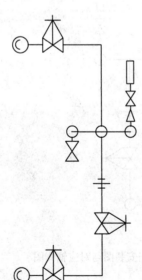
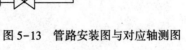
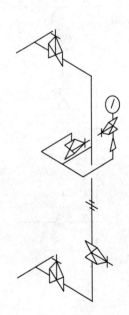

图 5-13　管路安装图与对应轴测图

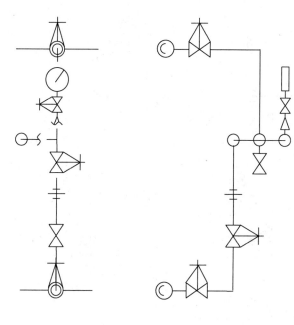

图 5-14　管路安装图与对应轴测图

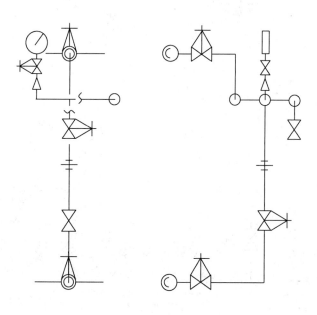
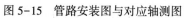
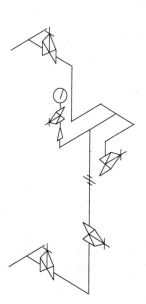

图 5-15　管路安装图与对应轴测图

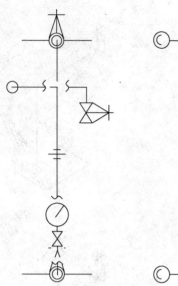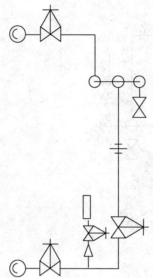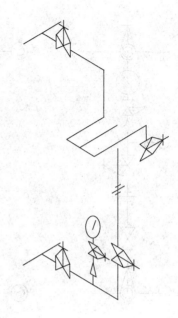

图 5-16 管路安装图与对应轴测图

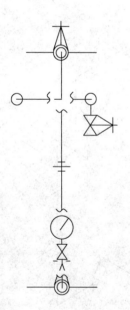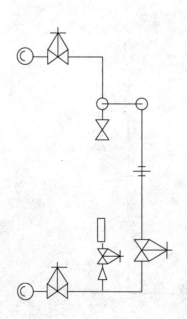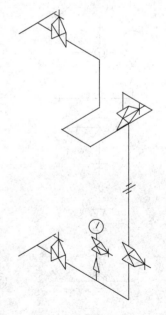

图 5-17 管路安装图与对应轴测图

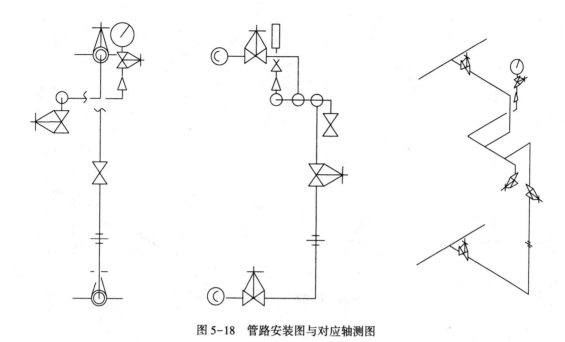

图 5-18 管路安装图与对应轴测图

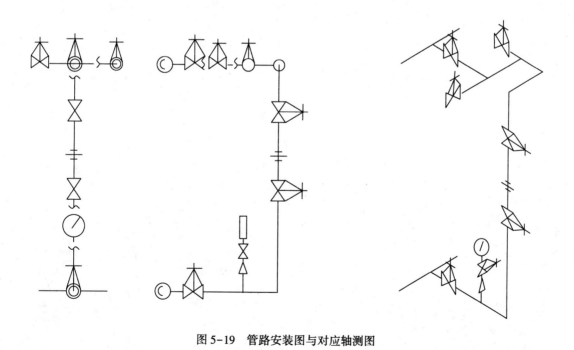

图 5-19 管路安装图与对应轴测图

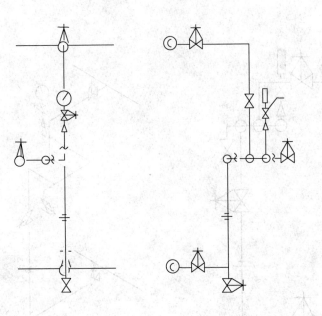

图 5-20　管路安装图与对应轴测图

下 篇

第六章 常用新型仪器仪表

第一节 万用表的使用和注意事项

一、MF-47型万用表

常用的 MF-47 型万用表的外形如图 6-1 所示。

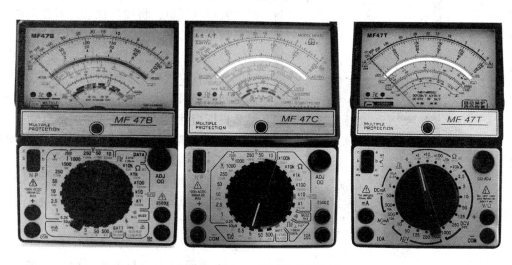

图 6-1 MF-47 型万用表的外形

1. 使用前的检查与调整

万用表档位及表盘刻度线如图 6-2 所示。

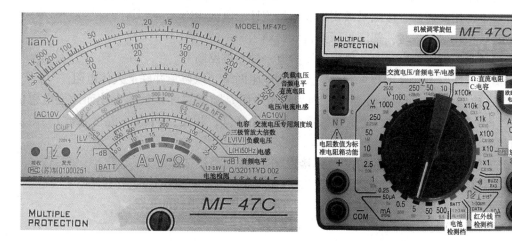

图 6-2 MF-47 型万用表档位及表盘刻度线

1）外观应完好无破损，当轻轻摇晃时，指针应摆动自如。

2）旋动转换开关，应切换灵活无卡阻，档位应准确。

3）水平放置万用表，转动表盘指针下面的机械调零螺丝，使指针对准标度尺左边的 O 位线。

4）测量电阻前应进行欧姆调零（每换档一次，都应重新进行欧姆调零）。即：将转换开关置于欧姆档的适当位置，两支表笔短接，旋动欧姆调零旋钮，使指针对准欧姆标度尺右边的 O 位线。如指针始终不能指向 O 位线，则应更换电池。

5）检查表笔插接是否正确。黑表笔应接"COM"极插孔，红表笔应接"+"极插孔。

6）检查测量机构是否有效，即应用欧姆档，短时碰触两表笔，指针应偏转灵敏。

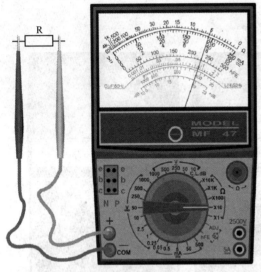

图 6-3 直流电阻的测量

2. 直流电阻的测量

1）首先应断开被测电路的电源及连接导线。若带电测量，将损坏仪表；若在路测量，将影响测量结果，见图 6-3。

2）合理选择量程档位，尽量使指针指向中间或偏右位置（欧姆刻度线 0～50 范围内）。如不知被测阻值大小时，可先选择 R×100 档，然后根据指针摆动情况进一步调整档位。

3）将表笔两端短接，调整欧姆调零电位器旋钮，使指针对准欧姆"0"位。

当 R×1 档不能调至零位或蜂鸣器不能正常工作时，请更换 1.5V 电池。当 R×10k 档不能调至零位时，或者红外线检测档发光管亮度不足时，请更换 9V 层叠电池。

4）测量时表笔与被测电路应接触良好；双手不得同时触至表笔的金属部分，以防将人体电阻并入被测电路造成误差。

5）正确读数并计算出实测值，实测值为表盘读数×电阻档档位倍率值，如档为 R×10，表盘读数为 5，则为 5×10＝50（Ω）。

6）切不可用欧姆档直接测量微安表头、检流计、电池内阻。

7）每转换一次量程时，都应重新进行欧姆调零。

8）当测量电路中的电阻时，电阻应至少有一端与电路断开。

9）测量电阻时不允许用双手同时触及被测电阻两端，以避免并联上人体电阻。

10）在检测热敏电阻时速度要快，因为热敏电阻是随着温度系数的变化而改变电阻值的元件。即 NTC（负温度系数）阻值随温度的增高而降低，相反，PTC（正温度系数）的阻值却随着温度的升高而增加。

11）测量电阻时如指针指向"0"位或接近"0"，说明档位选择过大。

12）测量电阻时如指针指向"无穷大"或接近"无穷大"，说明档位选择过小。

13）万用表的红表笔接表内电池的负极，黑表笔接表内电池的正极。

14）单位换算关系如下：

1Ω（欧）= $1000m\Omega$（毫欧）

$1m\Omega$（毫欧）= $1000\mu\Omega$（微欧）

$1\mu\Omega$(微欧) = $1000n\Omega$(纳欧)

$1n\Omega$(纳欧) = $1000p\Omega$(皮欧)

$1k\Omega$(千欧) = 1000Ω(欧)

$1M\Omega$(兆欧) = $1000k\Omega$(千欧)

$1G\Omega$(吉欧) = $1000M\Omega$(兆欧)

$1T\Omega$(太欧) = $1000G\Omega$(吉欧)

3. 直流电压的测量

1) 测量电压时，表笔应与被测电路并联，见图6-4。

2) 测量直流电压时，应注意极性。若无法区分正、负极，则先将量程选在较高档位，用表笔轻触电路，若指针反偏，则调换表笔。

3) 合理选择量程。若被测电压无法估计，先应选择最大量程，视指针偏摆情况再作调整。

4) 测量时应与带电体保持安全间距，手不得触至表笔的金属部分。测量高电压时（500~2500V），应戴绝缘手套且站在绝缘垫上使用高压测试笔进行。测量直流2500V电压时，开关应分别旋至交直流1000V位置上。

4. 交流电压的测量

1) 测量电压时，表笔应与被测电路并联，见图6-5。

2) 合理选择量程。若被测电压无法估计，先应选择最大量程，视指针偏摆情况再作调整。

3) 测量时应与带电体保持安全间距，手不得触至表笔的金属部分。测量高电压时（500~2500V），应戴绝缘手套且站在绝缘垫上使用高压测试笔进行。测量交流2500V电压时，开关应分别旋至交直流1000V位置上。

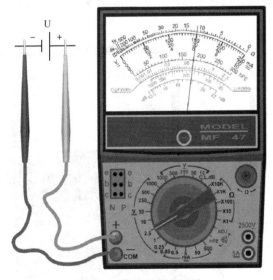

图6-4　直流电压的测量

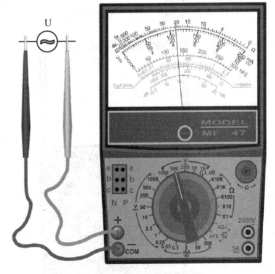

图6-5　交流电压的测量

5. 电流的测量

1) 测量电流时，应与被测电路串联，切不可并联。

2) 测量直流电流时，应注意极性。

3）合理选择量程。

4）测量较大电流时，应先断开电源然后再撤表笔。

5）测量电流时应注意：

① 测量过程中不得换档。

② 读数时，应三点(眼睛、指针、指针在刻度中的影子)成一线。

③ 根据被测对象，正确读取标度尺上的数据。

④ 测量完毕应将转换开关置空档或 OFF 档或交流电压最高档。若长时间不用，应取出内部电池。

6. 指针万用表测量二极管的正向电阻

1）首先将功能旋钮拨到欧姆档，选择合适的量程，进行欧姆调零，见图 6-6。

2）将被测二极管两引脚擦拭干净，将万用表红黑两表笔分别接触到两引脚，如此时指针偏转则表明黑表笔所接为该二极管的正极，红表笔所接为该二极管的负极(因为欧姆档使用万用表内部电池供电，电池所接的正极是万用表的黑表笔插孔，负极接的是万用表的红表笔插孔)，如果表盘并未偏转则将两表笔调换后再次测量即可。

3）读数。读数方法和电阻读数方法一样，表所测量的值为该二极管的正向电阻。

7. 使用指针万用表(hFE)功能测量三极管放大倍数

1）首先我们将万用表功能旋钮拨到 R×10(hFE)档，将红黑两表笔短接进行欧姆调零，以确保读数的精准。

2）将待测三极管分别插入表体的两个(hFE)三极管插孔，一个为 NPN 三极管插孔，一个为 PNP 三极管插孔，直到表针向右偏转的时候停下进行读数。

3）读数。表针偏转时我们所插入的孔所标注的类型就是该三极管的类型，三个孔所标识的字母就是三极管的三个电极，分别为 cbe(集电极，基极，发射极)。表盘中(hFE)所指的读数为该三级管的放大系数(见图 6-7)。可知该三极管为 NPN 型，引脚排列为 ebc(发射极，基极，集电极)，放大系数为 50 倍。

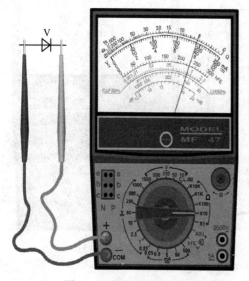

图 6-6 测量二极管正向电阻

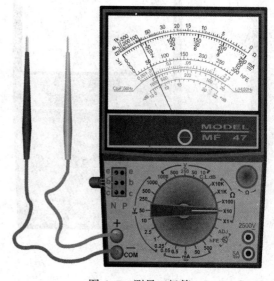

图 6-7 测量三极管

8. 使用指针万用表测量电容

1）同样将万用表功能旋钮拨到欧姆档，选择合适的量程，然后短接红黑两表笔，进行欧姆调零，以保证读数的精准，见图6-8。

2）首先用一表笔短接待测电容将电容中的电放掉，然后将黑表笔接到有极性电容的正极，红表笔接负极（无极电容不需要区别正负极），不要接反，这时表盘会向右偏转，然后慢慢回到起始位置，表明该电容基本正常。如果表针回转后指示的阻值很小说明该电容已击穿，如果表针无偏转则表明该电容开路。

3）读数。一个正常的电容指针偏转最大时为该电容的容量（这个过程需要多测量几次才能看清楚），表盘 C(uF) 处为电容容量，读数时将倍数乘以指针的指数即可。

4）测量电容时的倍数和测量电阻时的正好相反。即：

电阻时 R×1：电容 C×10K。
电阻时 R×10：电容 C×1K。
电阻时 R×100：电容 C×100。
电阻时 R×1K：电容 C×10。
电阻时 R×10K：电容 C×1。

5）单位换算关系：

1 法拉（F）= 1000000 微法（μF）
1 微法（μF）= 1000 纳法（nF）
1000 纳法（nF）= 1000000 皮法（pF）

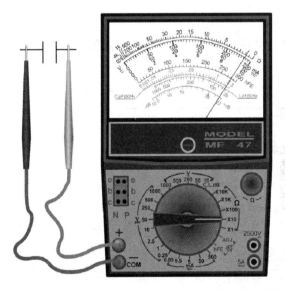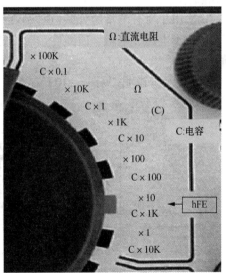

图6-8　测量电容

9. 指针式万用表使用时注意事项

1）如果长时间不用时，需要将电池取出，以免电池漏液腐蚀表内器件。

2）测量电流、电压时不能拨错档位，如果误用电阻档或电流档测量电压，极容易将万用表烧毁。

3）测量直流电流和电压时，要注意正负极，发现表针反转则应立即调换表笔，以免表针的损坏。

4）如果不知道被测电流或电压的范围，应采用最高量程，然后根据测出的大致范围改换小量程来提高精度，避免将万用表烧毁。

5）在测量时万用表需要水平放置，以避免倾斜而造成的误差。

二、福禄克（Fluke）15B/17B 数字万用表使用方法

1. 仪器概述

（1）接线端子说明（见图6-9）

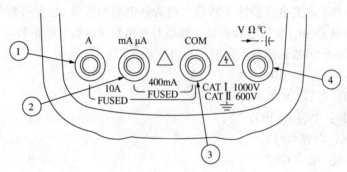

图6-9　接线端子说明

① 用于交流和直流电流测量（最高可测量10A）和频率测量（仅限17B）的输入端子。

② 用于交流和直流的微安以及毫安测量（最高可测量400mA）和频率测量（仅限17B）的输入端子。

③ 适用于所有测量的公共（返回）接线端。

④ 用于电压、电阻、通断性、二极管、电容、频率（仅限17B）和温度（仅限17B）测量的输入端子。

（2）显示屏说明（见图6-10）

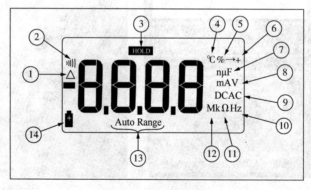

图6-10　显示屏说明

① 已激活相对模式。

② 已选中通断性。

③ 已启用数据保持。

④ 已选中温度。

⑤ 已选中占空比。

⑥ 已选中二极管测试。

⑦ F——电容点位法拉第。

⑧ A，V——电流或电压。

⑨ DC，AC——直流或交流电压或电流。

⑩ Hz——已选频率。

⑪ Ω——已选欧姆。

⑫ m，M，k——十进制前缀。

⑬ 已选中自动量程。

⑭ 电池电量不足，应立即更换。

（3）国际电气符号

国际电气符号见表6-1。

表6-1 国际电气符号

符号	释义	符号	释义
～	AC(交流电)	⏚	接地
⎓	DC(直流电)	⎓	保险丝
≃	交流电或直流电	▣	双重绝缘
⚠	安全须知	⚠	电击危险
🔋	电池	CE	符合欧盟的相关法令
⭢⊢	二极管	⊣⊢	电容
CAT II	IEC CAT II 设备用于防止受到由固定装置提供电源的耗能设备，例如电视机、电脑、便携工具及其他家用电器所产生的瞬变损害	CAT III	IEC CAT III 设备的设计能使设备承受固定安装设备内，如配电盘、馈线和短分支电路及大型建筑中的防雷设施产生的瞬态高压

2. 电池节能功能

如果万用表连续30min未使用或没有输入信号，万用表进入"休眠模式"，显示屏呈空白。按任何按钮或转动旋转开关，唤醒万用表。要禁用"休眠状态"，在开启万用表的同时按下"黄色"按钮。

3. 万用表使用方法

1）手动量程及自动量程切换：

万用表有手动及自动量程两个选择。在自动量程模式内，万用表会为检测到的输入选择最佳量程。转换测试点而无需重置量程。可以手动选择量程来改变自动量程。在超出一个量程的测量功能中，万用表的默认值为自动量程模式。当万用表处于自动量程模式时，显示"Auto Range"。要进入及退出手动量程模式：

① 按 RANGE 。按下 RANGE 增加量程，当达到最高量程时，继续操作会回到最低量程。

② 退出手动量程模式，按下 RANGE 并保持2s。

2）数据保持：

保持当前读数，按下 HOLD 。再按 HOLD 恢复正常操作。

3）相对测量(仅限17B)：

万用表会显示除频率外所有功能的相对测量：

① 当万用表设在想要的功能时，让测试表笔接触以后测量要比较的电路。

② 按 REL 将测量值存储为参考值，并启用相应的测量模式，会显示参考值和后续读数间的差异。

③ 按住 REL 2s 以上，以使万用表返回正常操作模式。

4）测量交流和直流电压(见图6-11)：

① 调节旋钮至 $\widetilde{V}$、$\overline{V}$、或 $\overline{mV}$，选择交流或直流。

② 将红表笔连接至 $\underset{+}{\overset{V\Omega\text{℃}}{\mapsto}}$ 端子，黑表笔连接至 COM 端子。

③ 用探针接触想要的电路测试点，测量电压。

④ 阅读显示屏上测出的电压。

注意：只能通过手动量程才能调至 $400m\widetilde{V}$ 量程。

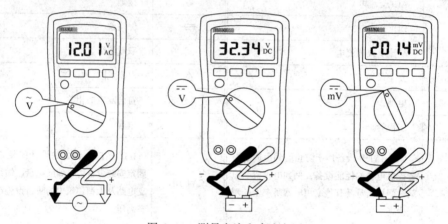

图6-11 测量交流和直流电压

5）测量交流或直流电流(见图6-12)：

① 调节旋钮至 $\overset{\widetilde{}}{A}$、$\overset{\widetilde{}}{mA}$、或 $\overset{\widetilde{}}{\mu A}$。

② 按下"黄色"按钮，在交流或直流电流测量间切换。

③ 根据要测量的电流将红表笔连至 A、mA 或 μA 端子，并将黑表笔连接至 COM 端子。

④ 断开待测的电路路径，然后将测试表笔衔接断口并施用电源。

⑤ 阅读显示屏上的测出电流。

6）测量电阻(见图6-13)：

在测量电阻或电路的通断性时，为避免受到电击或损坏万用表，请确保回路的电源已关闭，并将所有电容器放电。

① 将旋转开关转至 $\overset{\text{))))}}{\underset{\Omega}{\mapsto}}$，确保已切断待测电路的电源。

② 将红表笔连接至 $\underset{+}{\overset{V\Omega\text{℃}}{\mapsto}}$ 端子，黑表笔连接至 COM 端子。

③ 将表笔接触电路测试点，测量电阻。

④ 阅读显示屏上测出的电阻。

7）测试通断性（见图 6-13）：

选择电阻模式，按下"黄色"按钮两次，以激活通断性蜂鸣器。如果电阻低于 50Ω，蜂鸣器将持续蜂鸣，表明出现短路。如果万用表读数为 **OL**，则电路断路。

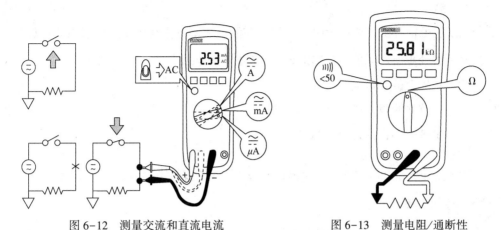

图 6-12　测量交流和直流电流　　　　图 6-13　测量电阻/通断性

8）测试二极管：

在测量电路二极管时，为避免受到电击或损坏电表，要确保电路的电源已关闭，并将所有电容器放电。

① 将旋转开关转至 ⏚Ω 。

② 按"黄色"功能按钮一次，启动二极管测试。

③ 将红表笔连接至 VΩ℃ 端子，黑表笔连接至 COM 端子。

④ 将红色探针接到待测的二极管的阳极而黑色探针接到阴极。

⑤ 读取显示屏上的正向电压。

⑥ 如果表笔极性与二极管极性相反，显示读数为 **OL**。这可以用来区分二极管的阳极和阴极。

9）测量电容：

为避免损坏万用表，在测量电容前，需断开电路电源并将所有电容器放电。

① 将旋转开关转至 ╫ 。

② 将红表笔连接至 VΩ℃ 端子，黑表笔连接至 COM 端子。

③ 将探针接触电容器引脚。

④ 读数稳定后（最多 15s），读取显示屏所显示的电容值。

10）测量温度（仅限 17B）：

① 将旋转开关转至 ℃。

② 将热电偶插入万用表的 VΩ℃ 和 COM 端子，确保标记有"+"符号的热电偶塞插入万用表的 VΩ℃ 端子。

③ 阅读显示屏上显示为摄氏温度。

11）测量频率和占空比（仅限 17B）：

万用表在进行交流电压或交流电流测量时可以测量频率或占空比。占空比是指在一个脉冲循环内，通电时间相对于总时间所占的比例。即指电路被接通的时间占整个电路工作周期的百分比。比如说，一个电路在它一个工作周期中有一半时间被接通了，那么它的占空比就是50%。如果加在该工作元件上的信号电压为5V，则实际的工作电压平均值或电压有效值就是2.5V。

按 $\boxed{\text{Hz\%}}$ 按钮可将万用表切换至手动量程。在测量频率或占空比前选择适当的量程：

① 在万用表处于所需功能(交流电压或交流电流)模式时，按 $\boxed{\text{Hz\%}}$ 按钮。

② 阅读显示屏上的交流电信号频率。

③ 要进行占空比测量，则再次按 $\boxed{\text{Hz\%}}$ 按钮。

④ 阅读显示屏上的占空比百分数。

12) 测试保险丝：

为了避免人员受到电击伤害，在更换保险丝前，需先取下测试表笔及一切输入信号。

① 将旋转开关转至 ⌇⏚Ω 。

② 将表笔插入 V☲℃⏚ 端子，将测针触及 A 或 mA 端子。状态良好的 A 端子保险丝显示读数在 000.0Ω 和 000.1Ω 之间。状态良好的 mA 端子保险丝显示读数在 0.990kΩ 和 1.010kΩ 之间。如果显示读数为 **OL** ，更换保险丝并重新测试。

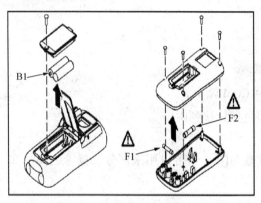

图 6-14　更换电池及保险丝

13) 更换电池和保险丝(见图 6-14)：

为避免错误读数，当电池指示器出现 ▬ 时，立即更换电池。为防止损坏或伤害，只安装更换符合指定的安培数、电压和干扰评等的保险丝。打开机壳或电池门以前，须先把测试线断开。

4. 注意事项

① 在使用万用表前，请检查机壳。切勿使用已损坏的万用表。检查是否有裂纹或缺少塑胶件。特别注意接头周围的绝缘。

② 检查测试表笔的绝缘是否损坏或表笔金属是否裸露在外。检查测试表笔是否导通。在使用万用表之前更换已被损坏的测试表笔。

③ 用万用表测量已知的电压，确定万用表操作正常。请勿使用工作异常的万用表，仪表的保护措施可能已经失效。若有疑问，应将仪表送修。

④ 请勿在连接端子之间或任何端子和地之间施加高于仪表额定值的电压。

⑤ 对30V交流(有效值)、42V交流(峰值)或60V直流以上的电压，应格外小心，这些电压有电击危险。

⑥ 测量时请选择合适的接线端子、功能和量程。

⑦ 请勿在有爆炸性气体、蒸气或粉尘环境中使用万用表。

⑧ 使用测试探针时，手指应保持在保护装置的后面。

⑨ 进行连接时，先连接公共测试表笔，再连接带电的测试表笔；切断连接时，则先断开带电的测试表笔，再断开公共测试表笔。

⑩ 测试电阻、通断性、二极管或电容器之前，应先切断电路的电源并把所有高压电容器放电。

⑪ 若未按照手册的指示使用万用表，万用表提供的安全功能可能会失效。

⑫ 对于所有功能，包括手动或自动量程，为了避免因读数不当导致电击风险，首先使用交流功能来验证是否有交流电压存在。然后，选择等于或大于交流量程的直流电压。

⑬ 测量电流前，应先检查万用表的保险丝(请见"测试保险丝"一节的说明)并关闭电源，再将万用表与电路连接。

⑭ 取下机壳(或部分机壳)时，请勿使用万用表。

⑮ 本万用表只需使用两节正确安装在万用表机壳内的 AA 类电池。出现电池指示符时应尽快更换电池。当电池电量不足时，万用表可能会产生错误读数，而导致电击及人员伤害。

⑯ 不能测量Ⅱ类 600V 以上或Ⅲ类 300V 以上的安装电压。

⑰ 在 REL 模式下，显示△符号必须非常小心，因为可能存在危险电压。

⑱ 打开万用表外壳或电池盖之前，必须先把测试表笔从万用表上取下。

第二节　兆欧表的使用

一、手摇式兆欧表

手摇式兆欧表如图 6-15 所示。

1. 选用

兆欧表的选用主要考虑两个方面：一是电压等级，二是测量范围。

1) 根据国家标准《电气设备交接试验标准》第 1.0.10 条的规定，100V 以下的电气设备或回路，采用 250V 兆欧表。100～500V 的电气设备或回路，采用 500V 兆欧表。500～3000V 的电气设备或回路，采用 1000V 兆欧表。3000～10000V 的电气设备或回路，采用 2500V 兆欧表。10000V 及以上的电气设备或回路，采用 2500V 或 5000V 兆欧表。

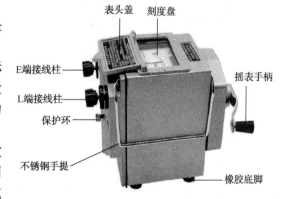

图 6-15　手摇式兆欧表

2) 根据 GB 1032—2005《三相异步电动机试验方法》规定：

电动机绕组额定电压 U 小于或等于 500V 选择 500V 的兆欧表。

电动机绕组额定电压 U 大于 500V，小于或等于 3300V 的选择 1000V 的兆欧表。

电动机绕组额定电压 U 大于 3300V 选择 2500V 的兆欧表。

3) 根据《变压器试验导则》规定：

电压为 35kV、容量为 4000kVA 和 66kV 及以上的变压器应测量绝缘电阻值 R_{60} 和吸收比 R_{60}/R_{15}。电压等级为 330kV 及以上的变压器应测量绝缘电阻值，吸收比 R_{60}/R_{15} 和极化指数 R_{10min}/R_{1min}。测量时使用 5000V、指示量限不低于 100000MΩ 的绝缘电阻表。其他电压等级变压器只测量绝缘电阻值，测量时使用 2500V、指示量限不低于 10000MΩ 的绝缘电阻表。绝缘电阻表的精度不应低于 1.5%。

4）兆欧表测量范围的选择主要考虑两点：一方面，测量低压电气设备的绝缘电阻时可选用 0~200MΩ 的兆欧表，测量高压电气设备或电缆时可选用 0~2000MΩ 兆欧表；另一方面，因为有些兆欧表的起始刻度不是零，而是 1MΩ 或 2MΩ，这种仪表不宜用来测量处于潮湿环境中的低压电气设备的绝缘电阻，因其绝缘电阻可能小于 1MΩ，造成仪表上无法读数或读数不准确。

2. 正确使用

兆欧表上有三个接线柱，两个较大的接线柱上分别标有 E（接地）、L（线路），另一个较小的接线柱上标有 G（屏蔽）。其中，L 接被测设备或线路的导体部分，E 接被测设备或线路的外壳或大地，G 接被测对象的屏蔽环（如电缆壳芯之间的绝缘层上）或不需测量的部分。兆欧表的常见接线方法如图 6-16 所示。

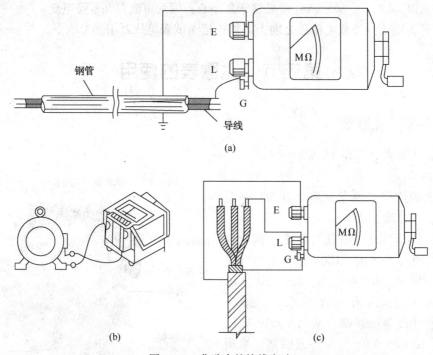

图 6-16　兆欧表的接线方法

① 测量前，要先切断被测设备或线路的电源，并将其导电部分对地进行充分放电。用兆欧表测量后的电气设备，也须进行接地放电，才可再次测量或使用。

② 测量前，要先检查仪表是否完好：将接线柱 L、E 分开，由慢到快摇动手柄约 1min，使兆欧表内发电机转速稳定（约 120r/min），指针应指在"∞"处；再将 L、E 短接，缓慢摇动手柄，指针应指在"0"处。

③ 测量时，兆欧表应水平放置平稳。测量过程中，不可用手去触及被测物的测量部分，以防触电。兆欧表的操作方法如图 6-17 所示。

3. 注意事项

① 仪表与被测物间的连接导线应采用绝缘良好的多股铜芯软线，而不能用双股绝缘线

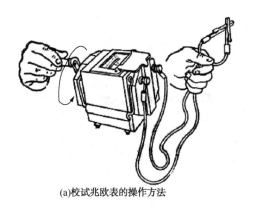

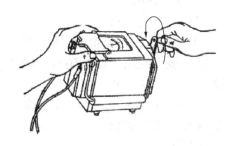

(a)校试兆欧表的操作方法   (b)测量时兆欧表的操作方法

图6-17　兆欧表的操作方法

或绞线，且连接线间不得绞在一起，以免造成测量数据不准。

② 手摇发电机要保持匀速，不可忽快忽慢地使指针不停地摆动。

③ 测量过程中，若发现指针为零，说明被测物的绝缘层可能击穿短路，此时应停止继续摇动手柄。

④ 测量具有大电容的设备时，读数后不得立即停止摇动手柄，否则已充电的电容将对兆欧表放电，有可能烧坏仪表。

⑤ 温度、湿度、被测物的有关状况等对绝缘电阻的影响较大，为便于分析比较，记录数据时应反映上述情况。

二、克列茨共立高压绝缘电阻测试仪

1. 外观

克列茨共立高压绝缘电阻测试仪如图6-18所示。

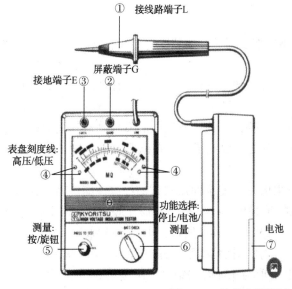

图6-18　绝缘电阻测试仪外观及表盘

2. 各部名称

（1）功能选择钮

① OFF：停止、关闭。

② BATT. CHECK：电池电压测试档。

③ GM：绝缘电阻测量档 5000V/10000V，有的表有 500/1000/2500/档位。

（2）测量：按/旋钮

① PRESS TO TEST：电源、测试按钮。

② LOCK：锁、按钮。

（3）接线端子

① EARTH：接地端。

② LINE：线路端。

③ GUARD：屏蔽端。

（4）操作方法

① 按下电源按钮(PRESS TO TEST)。

② 旋转电源按钮至锁(LOCK)。

③ 将转换开关调至电池电压测试档(BATT. CHECK)。

④ 观察指针是否至于表盘电池电压(BATT. GOOD)位置右侧。

⑤ 将接地端子 E(EARTH)接于被测设备的接地端子或外壳及大地。

⑥ 将线路端子 L(LINE)接于被测设备的导线或绕组的端子上，即被测物与大地绝缘的导体部分。

⑦ 选择合适的测试电压，按下电源按钮或旋转电源按钮至 LOCK 开始测量。

⑧ 读取数值，单位为 GΩ(应区分上下两条刻度线)。

⑨ 测量结束后先移开测试线再断开电源开关，等待几秒钟后(自动放电)拆下测量导线，归档至 OFF。

3. 试验的方法

1）通过测试系统中不同组件的绝缘电阻(变压器、开关装置、导线、马达)，可以隔离并修复发生故障的部件。

2）利用绝缘测试来检验试品对地或者相邻导体之间的绝缘，对保证产品质量和运行中的设备及人身安全具有重要意义。

3）在给系统加电之前，利用绝缘测试进行验证；绝缘测试能够发现制造工艺问题和设备缺陷，而这些问题在设备发生故障之前一般是发现不了的。在欧盟，该项测试是强制性的，即使对最小的民用系统也是如此。

4）绝缘试验中，某一个时刻的绝缘电阻值是不能全面反映试品绝缘性能优劣的，这是由于同样性能的绝缘材料，体积大时呈现的绝缘电阻小，体积小时呈现的绝缘电阻大；绝缘材料在施加高压后存在对电荷的吸收过程和极化过程。所以，电力系统要求在主变压器、电缆、电机等多场合的绝缘测试中应测量吸收比和极化指数，并以此判定绝缘状况的优劣。

注：在同一次试验中，60s 时的绝缘电阻值与 15s 时的绝缘电阻值的比(R_{60s}/R_{15s})称为吸收比。

在同一次试验中，10min 时的绝缘电阻值与 1min 时的绝缘电阻值的比(R_{10min}/R_{1min})称为极化指数。

4. 试验前准备

① 测试前必须将被测设备电源切断，并对地短路放电，决不允许设备带电进行测试，以保证人身和设备的安全。

② 对可能感应出高压电的设备，必须消除这种可能性后，才能进行测试。

③ 被测物表面要清洁，减少污垢，确保测试数据的正确性。

④ 测试前要检查仪器是否处于正常工作状态。

⑤ 仪器使用时尽量应远离大的外电流导体和外磁场。

5. 试验前接线

将被测设备用仪器配备专用测试线连接，连接必须牢固、可靠。

6. 注意事项

① 仪器户内外均可使用，但应避开雨淋、腐蚀气体、尘埃过浓、高温、阳光直射等场所使用。

② 仪器应避免剧烈振动。

③ 测试过程中严禁碰触测试引线。

④ 测试完毕后要短路测试端人工放电。

⑤ 严格遵守安全操作规程。

⑥ 非测试人员必须远离高压测试区，测试区必须用栅栏或绳索、警示牌等明显标识指示出来。

⑦ 仪器开始测试时请勿触动测试夹具，以免高压伤人。

⑧ 测试完成后，仪器内部等效内阻与被测容性试品构成放电回路，等待充分放电后方可拆卸测试夹具(放电时间根据被测容性试品的大小相关)，拆卸时不要触碰任何金属部位。

⑨ 将被测试品的外绝缘层套上金属环与仪器"G"屏蔽端连接，可有效减小因污垢、潮湿等表面泄漏引入的测量误差。

⑩ 测试初始，仪器显示数值单调上升是由于对被测试品充电造成，等待显示数值稳定后读取显示数值。

⑪ 为防止仪器使用中锂电池过放电损坏，仪器"欠电压"指示灯点亮后将强制关闭电源，请插上充电电源接口，充满电后再次使用。

⑫ 为了人身安全仪器在充电状态中将无法使用。

⑬ 万用表的红表笔接表内电池的负极，黑表笔接表内电池的正极。

第三节 单、双臂电桥使用方法

一、单臂电桥使用方法

1. QJ23 单臂电桥

QJ23 单臂电桥如图 6-19 所示。

① 比率臂：有 7 个档位。

② 比较臂：由 4 个步进器电阻串联组成(每个转盘由 9 个电阻值完全相同的电阻组成。即可调电阻的 9 个个位、十位、百位和千位，总电阻从 0~9999Ω 之间变化，所以电桥的测量范围为 1~9999000Ω)。

图 6-19 QJ23 单臂电桥

③ 检流计。

④ 检流计调零旋钮。

⑤ 电源按钮 B(可自锁)。

⑥ 检流计按钮 G(可自锁)。

⑦ 接线端子 R_x(接被测电阻)。

⑧ 外接检流计端子 G(+、−)或外接电源端子 B(+、−)。

⑨ 内接、外接检流计转换接线端子(共3个)。

2. 单臂电桥量程技术参数

单臂电桥量程技术参数见表6-2。

表 6-2 单臂电桥量程技术参数

比率臂	实际测量范围/Ω	有效量程/Ω	精度等级/%	被测值位数
0.001	0.001~9.999	1~9.999	2	个位
0.01	0.01~99.99	10~99.99	0.2	十位
0.1	0.1~999.9	102~999.9	0.2	百位
1	1~9999	103~9999	0.2	千位
10	10~99990	104~99990	0.5	万位
100	100~999900	105~499900	0.5	十万位
1000	1000~9999000	106~9999000	0.5	百万位

3. 使用方法

① 打开检流计的锁扣(用联接片将"外接"接线柱短路)。

② 调节检流计调零器,将指针调至零位。

③ 在不知道被测值大小时,应先用万用表的欧姆档进行估测并记录电阻值。

④ 将测试线短接,测量测试线的直流电阻并且记录。

⑤ 连接测量导线("R_x"与被测电阻)。

⑥ 选择合适的比率臂。

⑦ 根据被测值的大小预设比较臂,使比较臂的四个档位都能利用上。

⑧ 先按电源按钮 B,再按下检流计的按钮 G(点接)。

⑨ 根据指针摆动情况,调整比较臂电阻至检流计指向零位,使电桥平衡。若指针向"+"方向偏摆,则需增加比较臂电阻,若指针向"−"方向偏摆,则需减小比较臂电阻。

⑩ 读取数值:被测电阻=比较臂×比率臂。

⑪ 测量完毕后应先断开检流计按钮,后断开电源按钮,否则将因电流的突然接通和断开使被试品的自感电动势造成检流计的损坏。

⑫ 拆除测试线路。

⑬ 锁上检流计锁扣(将"内接"接线柱短路,以防搬动过程中损坏检流计)。

4. 维护保养和注意事项

① 仪器使用完毕后将连片扳向外接。开关按断(即旋钮使之弹起)。

② 仪器应存放在周围空气温度 5~35℃，相对湿度小于 80% 的室内，空气中不应有腐蚀性气体，避免阳光曝晒及防止剧烈振动。仪器长期不使用时，应将内附电池取出。

③ 仪器若在长期使用中，发现灵敏度不能满足要求时，应考虑：更换两节 1.5V 一号电池或更换 9V 叠层电池一节。

④ 在测量感抗负载的电阻(如电机、变压器等)时，必须先按电源按钮，然后按检流计按钮。断开时，操作反之。

⑤ 在测量时，被测电阻的接线电阻要小于 0.002Ω，当测量小于 10Ω 的被测电阻时，要扣除接线电阻所引起的误差。

⑥ 仪器初次使用或相隔一定时期再使用时，应将各旋钮开关盘转动数次。

⑦ 仪器在运输时应有防震、防潮包装。用户携带时，应注意不使仪器发生碰撞。

5. 不知道被测值大小时如何测量

① 连接被测电阻。

② 首先确定比率臂，将比率臂调至最小 = 0.001。

③ 将比较臂调至最大 = 9999。

④ 先按电源按钮 B，再点按检流计按钮 G。

⑤ 如果检流计指针向"+"方向偏摆，则需增加比率臂档位数值，即从 0.001 向 1000 方向逐步增加(0.001→0.01→0.1→1→10→100→1000)，直到找到第一个减(向"−"方向偏摆)。

⑥ 确定完比率臂后，将比较臂调至 = 9000，即后三位都调至 0 位。

⑦ 然后根据指针摆动情况，调整比较臂电阻至检流计指向零位，使电桥平衡。

二、双臂电桥的使用方法

1. QJ44 双臂电桥面板简介

QJ44 双臂电桥面板简介见图 6-20。

① 检流计开关 K_1。

② 比率臂倍率：×0.01、×0.1、×1、×10、×100。

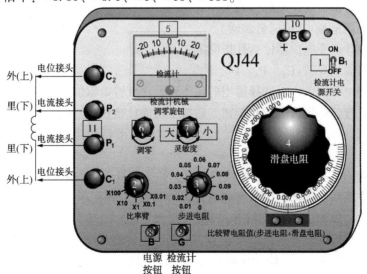

图 6-20　QJ44 双臂电桥

③ 步进旋钮(比较臂)0~0.01~0.1。

④ 滑盘电阻(比较臂)0.0005~0.0108。

⑤ 检流计。

⑥ 检流计调零旋钮。

⑦ 灵敏度调整旋钮。

⑧ 电源按钮 B。

⑨ 检流计按钮 G。

⑩ 外接电源。

⑪ 被测电阻接线端子(C_1、P_1、P_2、C_2)。

2. QJ44 直流双臂电桥技术参数

QJ44 直流双臂电桥技术参数见表6-3。

表6-3　QJ44 直流双臂电桥技术参数

型号		QJ44 直流双臂电桥	
有效量程		$0.0001~1\Omega$	
比率臂[理论量程范围(0.000002~11.08Ω)]	×0.01	$0.000002~0.001108\Omega$	等级 1
	×0.1	$0.00002~0.01108\Omega$	等级 0.5
	×1	$0.0002~0.1108\Omega$	等级 0.2
	×10	$0.002~1.108\Omega$	等级 0.2
	×100	$0.05~11.08\Omega$	等级 0.2
指零仪电源		9V(6F22 型)电池 2 节	
电桥电源		1.5V 1 号电池 6 节并联	

3. 使用方法

① 先将检流计的锁扣打开(检流计按钮 G),检流计机械调零。

② 合上双臂电桥检流计电源开关 K_1。

③ 将灵敏度调至最小(逆时针旋转)。

④ 调整检流计调零电位器使指针指向零。

⑤ 紧固连接测量导线(C_1、P_1、P_2、C_2)。

⑥ 估计被测电阻的大小,选择适当的比率臂及比较臂电阻值(步进电阻、滑盘电阻)。

⑦ 按下测量按钮。先按下电源按钮,后按下检流计按钮(点按)。

⑧ 根据检流计指针摆动情况(+、-),适当调整比率臂和比较臂使检流计指针指向零位,使电桥平衡。

⑨ 如指针指向"+"位则应增加比较臂电阻,如指针指向"-"位则应减小比较臂电阻。

⑩ 当电桥平衡后,逐渐将灵敏度调至最大(顺时针旋转)。

⑪ 读取数值:被测值=比较臂(步进旋钮+滑盘电阻)×比率臂。

⑫ 测量完毕后应先断开检流计按钮 G,后断开电源按钮 B,否则将因电流的突然接通和断开使被测试品的自感电动势造成检流计的损坏(打表针)。

⑬ 锁上检流计锁扣。

⑭ 拆除测量导线。

4. 被测值未知如何测量

① 连接被测电阻。

② 首先确定比率臂，将比率臂调至最小=0.01。

③ 将比较臂调至最大=步进电阻=0.1，滑盘电阻=0.0108。

④ 先按电源按钮 B，再点按检流计按钮 G。

⑤ 如果检流计指针向"+"方向偏摆，则需增加比率臂档位数值；即从0.01向100方向逐步增加(0.01→0.1→1→10→100)，直到找到第一个减(向"-"方向偏摆)。

⑥ 确定完比率臂后，将比较臂滑盘电阻调至最小(0.0002)。

⑦ 然后根据指针摆动情况，调整比较臂步进电阻(0~0.01~0.1)。

⑧ 确定完比率臂步进电阻后，再根据指针摆动情况，调整比较臂滑盘电阻(0.0002~0.0108)至检流计指向零位，使电桥平衡。

5. 双臂电桥使用的注意事项

① 在测量电感电路的直流电阻时，应先按下 B 按钮，再按下 G 按钮，断开时，应先断 G 按钮，后断开 B 按钮。

② 在测量时，为了测试数据精确，应将电位接线和电流接线分开接，电位接线应靠近被测电阻。

③ 电桥使用完毕后，按钮 B 与 G 应断开，B_1 开关应扳向断位，避免浪费检流计放大器工作电源。

④ 电桥如长期不用，应将电池取出。

⑤ 测量范围见表6-4。

表6-4 测量范围

倍率	测量范围/Ω	倍率	测量范围/Ω
×100	1.1~11	×0.1	0.0011~0.011
×10	0.11~1.1	×0.01	0.00011~0.0011
×1	0.011~0.11		

第四节　数字接地电阻测试仪的使用方法

HT2571 数字式接地电阻测试仪专为现场测量接地电阻而精心设计制造，采用最新数字及微处理技术，3线或2线法测量接地电阻，具有独特的线阻校验功能、抗干扰能力和环境适应能力，可确保长年测量的高精度、高稳定性和可靠性。其广泛应用于电力、电信、气象、油田、建筑、防雷及工业电气设备等的接地电阻测量。

数字式接地电阻测试仪的外观见图6-21。

一、接地电阻测量

测量接地电阻的接线方法如图6-22所示。

① 沿被测接地极 $E(C_2、P_2)$ 和电位探针 P_1 及电流探针 C_1，依直线彼此相距20m，使电位探针处于 E、C 中间位置，按要求将探针插入大地。

② 用专用导线将地阻仪端子 E(C_2、P_2)、P_1、C_1 与探针所在位置对应联接。

③ 开启地阻仪电源开关"ON"，选择合适档位轻按一下键，该档指标灯亮，表头 LCD 显示的数值即为被测得的接地电阻值。

图 6-21　数字接地电阻测试仪外观

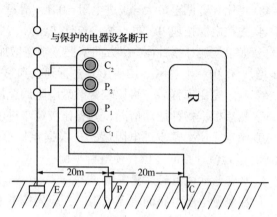

图 6-22　测量接地电阻的接线方法

二、土壤电阻率测量

测量土壤电阻率的接线方法如图 6-23 所示。

① 测量时在被测的土壤中沿直线插入四根探针，并使各探针间距相等，各间距的距离为 L，要求探针入地深度为 $L/20\,\text{cm}$，用导线分别从 C_1、P_1、P_2、C_2 各端子与四根探针相连接。若地阻仪测出电阻值为 R，则土壤电阻率按下式计算：

$$\Phi = 2\pi RL$$

式中　Φ——土壤电阻率，$\Omega \cdot \text{cm}$；

　　　L——探针与探针之间的距离，cm；

　　　R——地阻仪的读数，Ω。

用此法测得的土壤电阻率可近似认为是被埋入探针之间区域内的平均土壤电阻率。

② 测量接地电阻、土壤电阻率所用的探针一般用直径为 25mm、长 0.5～1m 的铝合金管或圆钢。

三、导体电阻测量

测量导体电阻的接线图如图 6-24 所示。

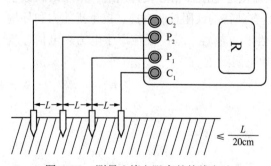

图 6-23　测量土壤电阻率的接线方法

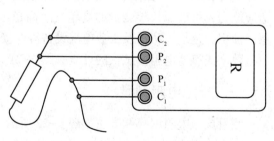

图 6-24　测量导体电阻的接线图

四、地电压测量

地电压测量如图 6-22 所示。

需拔掉 C_1 插头，E、P_1 间的插头保留，启动地电压(EV)档，指示灯亮，读取表头数值即为 E、P_1 间的交流地电压值。

五、测量完毕

按下电源"OFF"键，仪表关机。

第五节 钳形表的使用方法

一、钳形电流表的使用方法

1. 使用方法

钳形电流表最基本的是测量交流电流，虽然准确度较低(通常为 2.5 级或 5 级)，但因在测量时无须切断电路，因而使用仍很广泛。如需进行直流电流的测量，则应选用交直流两用钳形电流表。指针式钳形电流表的外观见图 6-25。

图 6-25 指针式钳形电流表外观

① 使用钳形电流表测量前，应先估计被测电流的大小，合理选择量程。使用钳形电流表时，被测载流导线应放在钳口内的中心位置，以减小误差。

② 钳口的结合面应保持接触良好，若有明显噪声或表针振动厉害，可将钳口重新开合几次或转动手柄。

③ 在测量较大电流后，为减小剩磁对测量结果的影响，应立即测量较小电流，并把钳口开合数次。

④ 测量较小电流时，为使该数较准确，在条件允许的情况下，可将被测导线多绕几圈后再放进钳口进行测量(此时的实际电流值应为仪表的读数除以导线的圈数)。

⑤ 使用时，将量程开关转到合适位置，手持胶木手柄，用食指勾紧铁芯开关，便于打开铁芯。将被测导线从铁芯缺口引入到铁芯中央，然后放松食指，铁芯即自动闭合。被测导线的电流在铁芯中产生交变磁通，表内感应出电流，即可直接读数。

⑥ 在较小空间内(如配电箱等)测量时，要防止因钳口地张开而引起相间短路。

2. 注意事项

① 使用前应检查外观是否良好，绝缘有无破损，手柄是否清洁、干燥。

② 测量时应戴绝缘手套或干净的线手套，并注意保持安全间距。

③ 测量过程中不得切换档位。

④ 钳形电流表只能用来测量低压系统的电流，被测线路的电压不能超过钳形电流表所规定的使用电压。

⑤ 每次测量只能钳入一根导线。

⑥ 若不是特别必要，一般不测量裸导线的电流。

⑦ 测量完毕应将量程开关置于最大档位，以防下次使用时，因疏忽大意而造成仪表的意外损坏。

二、ETCR2000 系列钳形接地电阻仪

ETCR2000 系列钳形接地电阻仪主要用于电力、电信、气象以及其他电气设备的接地电阻测量。使用这种方法测量时，不用辅助电极，不存在电极错误。重复测试时，结果的一致性非常好。国家有关部门对钳形接地电阻测试仪与传统电压电流法对比试验的结果说明，它完全可以取代传统的接地电阻测试方法，准确地测量出接地电阻。现场应用情况见图 6-26。

图 6-26　ETCR2000 系列钳形接地电阻仪现场应用

1. ETCR2000 系列钳形接地电阻仪的结构

ETCR2000 系列钳形接地电阻仪的结构如图 6-27 所示。

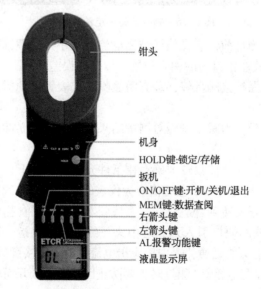

图 6-27　ETCR2000 系列钳形接地电阻仪的结构

2. 系列型号

ETCR2000系列钳形接地电阻仪见表6-5。

表6-5　系列型号

型号	电阻量程/Ω	量程/A	说明
ETCR2000+	0.01~1200		基础型
ETCR2000A+	0.01~200		实用型
ETCR2000B+	0.01~1200		防爆型
ETCR2000C+	0.01~1200	0~20	多功能

3. 主要技术参数

主要技术参数见表6-6。

表6-6　主要技术参数

项目	参数		
钳口尺寸/mm	65×32		
钳口张开尺寸/mm	32		
钳表尺寸(长×宽×厚)/mm	285×85×56		
钳表质量(含电池)/g	1160		
电阻量程/Ω	测量范围	分辨力	准确度
	0.010~0.099	0.001	±(1%+0.01)
	0.10~0.99	0.01	±(1%+0.01)
	1.0~49.9	0.1	±(1%+0.1)
	50.0~99.5	0.5	±(1.5%+0.5)
	100~199	1	±(2%+1)
	200~395	5	±(5%+5)
	400~590	10	±(10%+10)
	600~880	20	±(20%+20)
	900~1200	30	±(25%+30)
电流量程	0.00~9.95mA	0.05mA	±(2.5%+1)mA
	10.0~99.0mA	0.1mA	±(2.5%+5)mA
	100~300mA	1mA	±(2.5%+10)mA
	0.30~2.99A	0.01A	±(2.5%+0.1)A
	3.0~9.9A	0.1A	±(2.5%+0.3)A
	10.0~20.0A	0.1A	±(2.5%+0.5)A
电源	6VDC(4节5号碱性干电池 LR6)		

项目	参数
换档	全自动换档
单次测量时间	0.5s
液晶显示器	4 位 LCD 数字显示，长×宽为 47mm×28.5mm
数据存储	99 组
声光报警	"嘟—嘟—嘟—"报警声，按 AL 键开、关
报警临界值设定范围	电阻：1~199Ω；电流：1~499mA
防爆标志	ExiaⅡ BT3 Ga
企业生产标准	Q/(GZ)YTDZ1-2007
随机附件	钳表：1 件；测试环：1 件；电池 LR6：4 节；仪表箱：1 件

4. 电阻测量原理

ETCR2000 系列钳形接地电阻仪的基本原理是测量封闭回路的电阻(见图 6-28)。钳表在被测回路上感应一个电势 E，在电势 E 的作用下被测回路上产生一个电流 I。钳表对 E 及 I 进行测量，并通过欧姆定律即可得到被测电阻 R。

因此，ETCR2000 钳表所测的接地电阻是接地极对地电阻以及接地线电阻的总和。它还可以测量回路的连接情况。

我们在现场测量时必须注意被测装置的接地是否形成回路。如果没有回路，借助辅助地极和测试线也可以测出它的接地电阻值。

5. 正确开机

按下钳表的 POWER 按钮后，钳表即处于开机自检状态。待液晶屏上显示"0LΩ"后，自检状态结束。如钳表未能显示"0LΩ"，请按动钳表手柄，让钳口张合两次重新开机。

因此，当按下 POWER 按钮后到液晶屏显示"0LΩ"的这段时间内(自检时间约 1s)，钳表不可钳绕任何金属导体，不能翻转钳表，亦不可压按钳表的手柄和钳口，应使钳表处于自然闭合的静止状态。否则不能完成自检，将对测量误差带来很大影响。

开机正确，钳表显示"0LΩ"，可以用随机的测试环检验一下(见图 6-29)。钳表显示值应该与测试环上的标称值一致(5.1Ω)。显示值与标称值相差 0.1，是正常的。如测试环的标称值为 5.1Ω 时，显示 5.0Ω 或 5.2Ω 都是正常的。

6. ETCR2000 系列钳表在各种接地系统的应用

一般情况下，接地系统分为三种：多点接地系统、有限点接地系统、单点接地系统。下面介绍 ETCR2000 在这三种种接地系统的应用。

(1) 在多点接地系统中的应用

例如输电系统杆塔接地、通信电缆接地系统、某些建筑物等，它们通过架空地线(通信电缆的屏蔽层)连接，组成了多点接地系统(见图 6-30)。

当用钳表测量时，其等效电路如图 6-31 所示，其中，R_1 为待测的接地电阻。

R_0 为所有其他杆塔的接地电阻并联后的等效电阻。

由于接地点数量很多，从工程角度设定 $R_0 = 0$。这样，我们所测的电阻就应该是 R_1 了。多次不同环境、不同场合下与传统方法进行对比试验，证明上述设定是完全正确的。

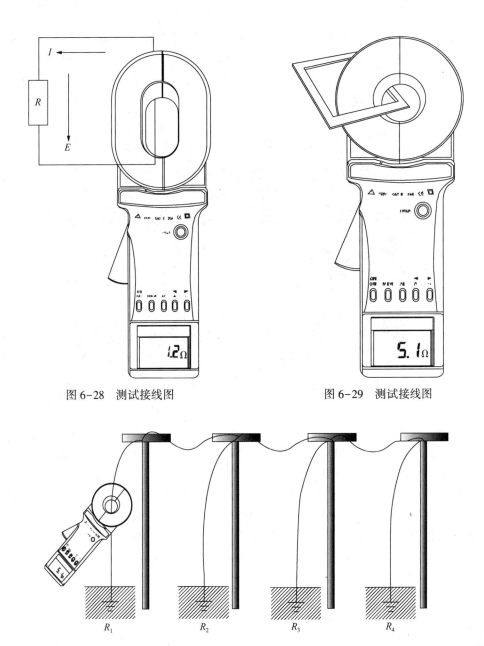

图 6-28　测试接线图　　　　　　　　　图 6-29　测试接线图

图 6-30　测量多点接地系统接地电阻的方法

　　对于多点接地系统，无需断开接地引线，无需辅助地极，只需用 ETCR2000 钳表钳住接地引线即可测出阻值。

（2）在有限点接地系统中的应用

　　有些杆塔接地系统是由数个杆塔通过架空地线彼此相连的；某些建筑物的接地也不是一个独立的接地网，而是由几个接地体通过导线彼此连接。这种 3 个以上 10 个以下的接地系统我们称为有限点接地系统。

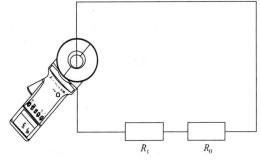

图 6-31　等效电路

这种情况也较普遍。在这种情况下，如果将图6-30中的R_0视为0，则会对测量结果带来较大误差。可以通过一组非线性方程组把阻值解算出来，但是人工解算它是十分困难的。为此，设备提供了"有限点接地系统解算程序软件"，用户可在PC机上进行机解（见图6-32）。

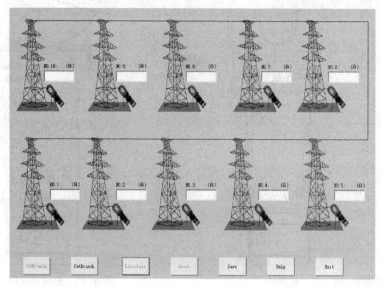

图6-32　软件操作界面

（3）在单点接地系统中的应用

从测试原理来说，ETCR2000系列钳表只能测量回路电阻，对单点接地是测不出来的。但是，用户完全可以利用一根测试线及接地系统附近的接地极，人为地制造一个回路进行测试。下面介绍两种用钳表测量单点接地的方法，此方法可应用于传统的数字式接地电阻表无法测试的场合。例如地下室内或楼层上的机房、避雷针、电梯、加油站、被混凝土覆盖的接地体，以及无法从系统中分离的接地体等。使用数字式接地电阻表测量接地电阻是非常困难的，但ETCR2000钳表利用辅助地极和一根测试线就可以测算出它们的接地电阻。

1）二点法（见图6-33）：

在被测接地体R_A附近找一个独立的接地较好的接地体R_B（例如临近的自来水管、建筑物等）。将R_A和R_B用一根测试线连接起来。

由于钳表所测的阻值是两个接地电阻和测试线阻值的串联值：$R_T = R_A + R_B + R_L$，其中，R_T为钳表所测的阻值，R_L为测试线的阻值。将测试线头尾相连即可用钳表测出其阻值R_L。

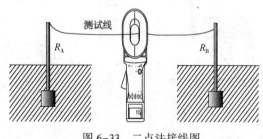

图6-33　二点法接线图

所以，如果钳表的测量值小于接地电阻的允许值，那么这两个接地体的接地电阻都是合格的。如果辅助地极接地良好（如消防栓、建筑物大地网等），由于辅助地极的接地电阻很小，所以被测地极的接地电阻近似于钳表所测的阻值。

2）三点法：

三点法可以准确测算出接地极的阻值。在被测接地体R_A附近找两个独立的接地体R_B和R_C。

第一步，将 R_A 和 R_B 用一根测试线连接起来（见图 6-34）。用钳表读得第一个数据 R_1。

第二步，将 R_B 和 R_C 连接起来（见图 6-35）。用钳表读得第二个数据 R_2。

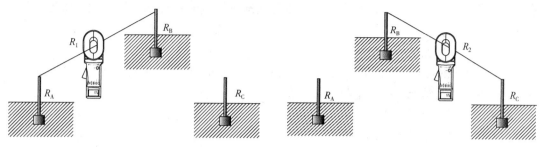

图 6-34 三点法接线图　　　　图 6-35 三点法接线图

第三步，将 R_C 和 R_A 连接起来（见图 6-36）。用钳表读得第三个数据 R_3。

上面三步中，每一步所测得的读数都是两个接地电阻的串联值。这样，就可以很容易地计算出每一个接地电阻值：

由于：$R_1 = R_A + R_B$，$R_2 = R_B + R_C$，$R_3 = R_C + R_A$。

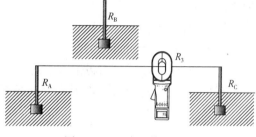

图 6-36 三点法接线图

所以：$R_A = (R_1 + R_3 - R_2) \div 2$。

这就是接地体 R_A 的接地电阻值。为了便于记忆上述公式，可将三个接地体看作一个三角形，则被测电阻等于邻边电阻相加减对边电阻除以 2。

其他两个作为参照物的接地体的接地电阻值为：

$$R_B = R_1 - R_A \qquad R_C = R_3 - R_A$$

7. 电力系统的应用

（1）输电线杆塔接地电阻的测量

通常输电线路杆塔接地构成多点接地系统，只需用 ETCR2000 钳表钳住接地引下线，即可测出该支路的接地电阻阻值（见图 6-37）。

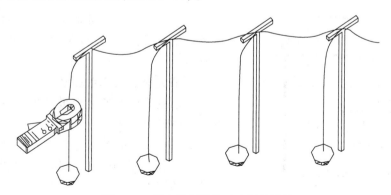

图 6-37 输电线杆塔接地电阻的测量

注：测试时如钳表显示"L 0.01Ω"，说明同一个杆塔有两根接地引下线并在地下连接，

测试时应将另一根引线解扣。

（2）变压器中性点接地电阻的测量

变压器中性点接地有两种情形：如有重复接地则构成多点接地系统；如无重复接地按单点接地测量。

（3）在发电厂变电所的应用

ETCR2000钳表可以测试回路的接触情况和连接情况。借助一根测试线，可以测量站内装置与地网的连接情况。接地电阻可按单点接地测量。

8. 在电信系统中的应用

（1）楼层机房接地电阻的测量

电信系统的机房往往设在楼房的上层，使用摇表测量非常困难。而用ETCR2000钳表测试则非常方便，用一根测试线连接消防栓和被测接地极（机房内都设有消防栓），然后用钳表测量测试线。

钳表阻值=机房接地电阻+测试线阻值+消防栓接地电阻

如果消防栓接地电阻很小，则：机房接地电阻≈钳表阻值−测试线阻值。

（2）机房、发射塔接地电阻的测量

机房、发射塔接地通常构成二点接地系统（见图6-38）。

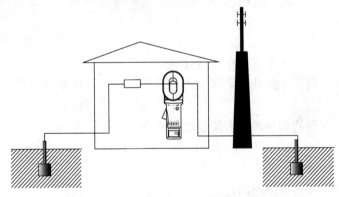

图6-38　机房、发射塔接地通常构成二点接地系统

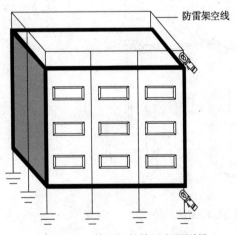

图6-39　接地极的接地电阻测量

如果钳表的测量值小于接地电阻的允许值，那么机房、发射塔的接地电阻都是合格的。如果钳表的测量值大于允许值，请按单点接地进行测量。

9. 在建筑物接地系统中的应用

如果建筑物的各接地极是独立的，各接地极的接地电阻测量见图6-39。

如果建筑物的各接地极在地下是连接的，测量的是金属回路的阻值。接地电阻测量请参考单点接地的测量。

10. ETCR2000B防爆型钳形接地电阻仪在加油站接地系统的应用

根据JJF5—2003《接地式防静电装置检测规

范》，加油站主要需测试如下设施的接地电阻及连接电阻。测试时使用的仪器必须满足 GB 3836—2000《爆炸性气体环境用电气设备》的要求，见表 6-7。

表 6-7　爆炸性气体环境用电气设备

检测项目	技术要求/Ω	检测项目	技术要求/Ω
储油罐接地电阻	≤10	加油机接地电阻	≤4
装卸点接地电阻	≤10	加油机输油软管连接电阻	≤5

ETCR2000B 钳表已通过防爆认证。其防爆标志为 Exia Ⅱ BT3 Ga。防爆合格证号为 CE13.2263。它可应用于相应的易燃易爆环境中。下面简述 ETCR2000B 防爆型钳形接地电阻仪在加油站接地系统的应用。

（1）储油罐、装卸点接地电阻的测量

在加油站接地系统中，储油罐接地极 A 与加油机相连接，装卸点接地极 C 是一个独立的接地极。再找一个独立的接地极作为辅助接地极 B（如消防栓等），按三点法用钳表分别测出 R_1、R_2 和 R_3，见图 6-40。

则可计算出：

储油罐接地电阻为：$R_A = (R_1 + R_2 - R_3) \div 2$。

装卸点接地电阻为：$R_C = R_2 - R_A$。

辅助地极接地电阻为：$R_B = R_1 - R_A$。

注：测 R_1 时，BC、AC 间不能有导线连接。测 R_2、R_3 时类推。

（2）加油机接地电阻的测量

如图 6-41 所示，找一个与加油机接地极互相独立的接地极，如装卸点接地极等。用测试线将两点连接起来，用钳表测出读数 R_T，则可计算出：加油机接地电阻为 $R = R_T - R_C$。其中，R_T 为钳表所测阻值，R_C 为装卸点接地电阻。

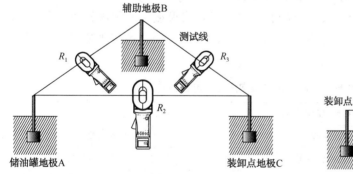

图 6-40　储油罐、装卸点接地电阻的测量

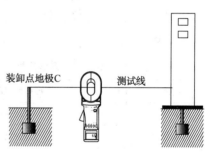

图 6-41　加油机接地电阻的测量

（3）加油机输油软管连接电阻的测量

如图 6-42 所示，用一根测试线将加油枪和加油机连接起来，用钳表测出读数 R_T，则可计算出加油机软管连接电阻为 $R = R_T - R_L$。其中，R_T 为钳表所测阻值，R_L 为测试线的电阻。

11. 钳表测量点的选择

测试接地电阻时测量点的选择（见图 6-43）是十分重要的。

① 在 A 点测量时钳表显示"0LΩ"，没有形成回路，测量点是错误的。

② 在 B 点测量时钳表显示"L0.01Ω"，测试的是金属回路的阻值，测量点是错误的。

③ 在 C 点测量才是正确的。

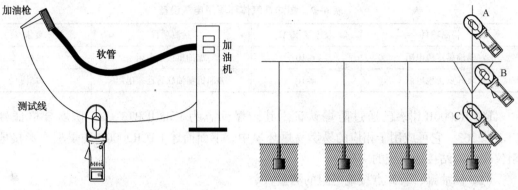

图 6-42　加油机输油软管连接电阻的测量　　　图 6-43　测试接地电阻时测量点的选择

12. 使用钳表的其他注意事项

① 开机前，扣压扳机一两次，确保钳口闭合良好。

② 正确开机，显示"0LΩ"符号后，才能钳测接地线。

③ 钳口接触平面必须保持清洁，不能用腐蚀剂和粗糙物擦拭。

④ 本钳表是精密仪器，避免钳表受冲击，尤其是钳口接合面。

⑤ 本钳表在测量电阻时钳头会发出连续的轻微"嗡"声，这是正常的，注意区别报警的"嘟"声。

⑥ 长时间不用本钳表，请取出电池。

⑦ C 型钳表可以测试接地线上的漏电流，但禁止用钳表钳测动力线电流，钳测大电流会对钳表的磁环造成不可逆转的损坏，甚至会造成钳表的报废。

13. 钳形接地电阻测试仪与数字式接地电阻测试仪的区别

目前市场上测试接地电阻使用最广泛的有两种仪表：钳形接地电阻测试仪和数字式接地电阻测试仪。这两种仪表测量原理不同，测试要求的条件不同，各有优缺点互相不能取代，见表 6-8。

表 6-8　钳形接地电阻测试仪与数字式接地电阻测试仪的区别

项目	钳形接地电阻测试仪	数字式接地电阻测试仪
测量方式	非接触测量	接触式测量
测量原理	测量回路电阻	额定电流变极法
测试条件	接地系统必须形成回路	必须有土壤铺设接地针
适合接地系统	特别适合多点接地系统	特别适合单点接地系统
	对单点接地可借助辅助地极测试	对 2 点以上接地系统需解扣后测试
效率	操作简单快捷	由于需铺设辅助接地针，操作较繁琐

① 用数字式接地电阻测试仪测试时，需确认接地引下线是否解扣（即被测接地极与接地系统是否脱离）。如未解扣，摇表测量的阻值是接地系统所有接地电阻的并联值，该并联值比接地极的接地电阻小很多，而且是没有什么意义的。根据 GB 50061—2010《60kV 以下

架空电力线路设计规范》，我们时常对同一个接地极将两种测试仪的测量值进行对比，如果测量方法都是正确的，测试的结果会基本一致。如果操作不当测试的结果会差异较大。

② 用数字式接地电阻测试仪测试时，特别是接地极地下干线较长时，要确认探棒的设置是否符合下述两个条件：探棒和接地极间的距离要符合说明书的要求，探棒和接地线或接地网要成垂直布局。否则测量结果是不准确的。

③ GL/T 621—1997《交流电气装置的接地》规定："接地极或自然接地极的对地电阻和接地线电阻的总和，称为接地装置的接地电阻。"一般情况下数字式接地电阻测试仪只能测量接地极的对地电阻，而无法测量接地线的电阻。钳形接地电阻测试仪测量的接地电阻是接地极的对地电阻以及接地线电阻的总和，完全满足国家标准的要求。

④ 如果接地系统只有几个接地极，用钳形接地电阻测试仪测量会有一些误差，一般会偏大一些。

第六节　游标卡尺、外径千分尺、万能角度尺的使用方法

一、游标卡尺（机械）的使用方法

1. 游标卡尺结构

游标卡尺结构如图 6-44 所示，当量爪间所量物体的线度为 0.1mm 时，游标副尺向右应移动 0.1mm。这时它的第一条刻度线恰好与尺身的 1mm 刻度线对齐。同样当游标副尺的第五条刻度线跟尺身的 5mm 刻度线对齐时，说明两量爪之间有 0.5mm 的宽度……依此类推。

在测量大于 1mm 的长度时，整的毫米数要从游标副尺"0"线与尺身相对的刻度线读出。

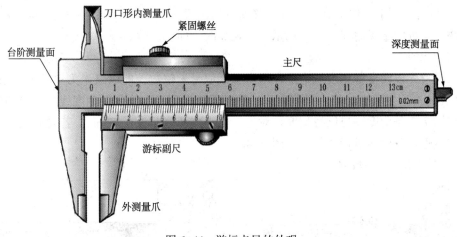

图 6-44　游标卡尺的外观

2. 使用方法

① 游标卡尺使用方法如图 6-45 所示，用软布将量爪擦干净，使其并拢，查看游标副尺和主尺身的零刻度线是否对齐，如果对齐就可以进行测量。

② 如没有对齐则要记取零误差：游标副尺的零刻度线在尺身零刻度线右侧的叫正零误差，在尺身零刻度线左侧的叫负零误差（这件规定方法与数轴的规定一致，原点以右为正，原点以左为负）。

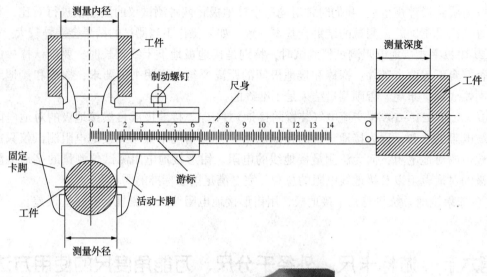

图 6-45 使用方法

③ 测量时，右手拿住尺身，大拇指移动游标副尺，左手拿待测外径(或内径)的物体，使待测物位于外测量爪之间，当与量爪紧紧相贴时，即可读数。

3. 读数方法

读数时首先以游标零刻度线为准在尺身上读取毫米整数，即以毫米为单位的整数部分，即副尺"0"位左边主尺上的第一条刻度线。然后看游标副尺上第几条刻度线与主尺的刻度线对齐，如第 7.2 条刻度线与尺身刻度线对齐，则小数部分即为 0.72mm，若没有正好对齐的线，则取接近对齐的线进行读数，见图 6-46。

即 L=整数部分+小数部分。

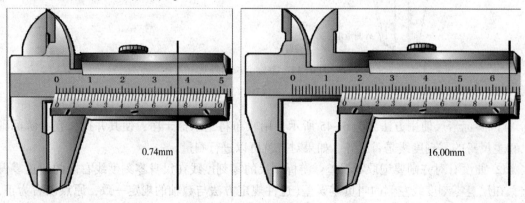

| 0.74mm | 16.00mm |

图 6-46 读数方法

判断游标副尺上哪条刻度线与尺身刻度线对准，可用下述方法：选定相邻的三条线，如左侧的线在尺身对应线之右，右侧的线在尺身对应线之左，中间那条线便可以认为是对准了。

如果需测量几次取平均值，不需每次都减去零误差，只要从结果减去零误差即可。

4. 游标卡尺的精度

实际工作中常用精度为 0.05mm 和 0.02mm 的游标卡尺。它们的工作原理和使用方法与本书介绍的精度为 0.1mm 的游标卡尺相同。精度为 0.05mm 的游标卡尺的游标上有 20 个等分刻度，总长为 19mm。测量时如游标上第 11 根刻度线与主尺对齐，则小数部分的读数为 11/20mm = 0.55mm，如第 12 根刻度线与主尺对齐，则小数部分读数为 12/20mm = 0.60mm。

一般来说，游标上有 n 个等分刻度，它们的总长度与尺身上 $(n-1)$ 个等分刻度的总长度相等，若游标上小刻度长为 x，主尺上小刻度长为 y 则 $nx = (n-1)y$，$x = y-(y/n)$，主尺和游标的小刻度之差为 $\Delta x = y-x = y/n$；y/n 叫游标卡尺的精度，它决定读数结果的位数。由公式可以看出，提高游标卡尺的测量精度在于增加游标上的刻度数或减小主尺上的小刻度值。一般情况下 y 为 1mm，n 取 10、20、50，其对应的精度为 0.1mm、0.05mm、0.02mm。精度为 0.02mm 的机械式游标卡尺由于受到本身结构精度和人的眼睛对两条刻线对准程度分辨力的限制，其精度不能再提高。

5. 游标卡尺的保管

游标卡尺使用完毕，用棉纱擦拭干净。长期不用时应将它擦上黄油或机油，两量爪合拢并拧紧紧固螺钉，放入卡尺盒内盖好。

6. 注意事项

① 游标卡尺是比较精密的测量工具，要轻拿轻放，不得碰撞或跌落地上。使用时不要用来测量粗糙的物体，以免损坏量爪，不用时应置于干燥地方防止锈蚀。

② 测量时，应先拧松紧固螺钉，移动游标不能用力过猛。两量爪与待测物的接触不宜过紧。不能使被夹紧的物体在量爪内挪动。

③ 读数时，视线应与尺面垂直。如需固定读数，可用紧固螺钉将游标固定在尺身上，防止滑动。

④ 实际测量时，对同一长度应多测几次，取其平均值来消除偶然误差。

二、外径千分尺的使用方法

1. 外径千分尺的结构

外径千分尺(见图 6-47)常简称为千分尺，它是比游标卡尺更精密的长度测量仪器。它的量程是 0~25mm，分度值是 0.01mm。外径千分尺的结构由固定的尺架、测砧、测微螺杆、固定套管、微分筒、测力装置、锁紧装置等组成。固定套管上有一条水平线，这条线上、下各有一列间距为 1mm 的刻度线，上面的刻度线恰好在下面二相邻刻度线中间。微分筒上的刻度线是将圆周分为 50 等分的水平线，它是旋转运动的。

根据螺旋运动原理，当微分筒(又称可动刻度筒)旋转一周时，测微螺杆前进或后退一个螺距——0.5mm。这样，当微分筒旋转一个分度后，它转过了 1/50 周，这时螺杆沿轴线移动了 1/50×0.5mm = 0.01mm，因此，使用千分尺可以准确读出 0.01mm 的数值。

2. 外径千分尺的零位校准

① 使用千分尺时先要检查其零位是否校准，因此先松开锁紧装置，清除油污，特别是

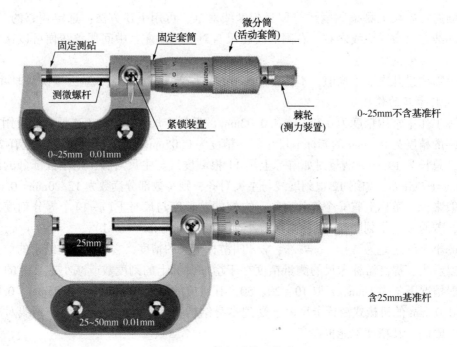

固定测砧　　固定套筒　　微分筒
　　　　　　　　　　　　　（活动套筒）

测微螺杆

紧锁装置

棘轮
（测力装置）

0~25mm不含基准杆

0~25mm　0.01mm

25mm

含25mm基准杆

25~50mm　0.01mm

图 6-47　外径千分尺外观

测砧与测微螺杆间接触面要清洗干净。检查微分筒的端面是否与固定套管上的零刻度线重合，若不重合应先旋转旋钮，直至螺杆要接近测砧时，旋转测力装置，当螺杆刚好与测砧接触时会听到喀喀声，这时停止转动。如两零线仍不重合（两零线重合的标志是：微分筒的端面与固定刻度的零线重合，且可动刻度的零线与固定刻度的水平横线重合），可将固定套管上的小螺丝松动，用专用扳手调节套管的位置，使两零线对齐，再把小螺丝拧紧。不同厂家生产的千分尺的调零方法不一样，这里仅是其中一种调零的方法。

② 检查千分尺零位是否校准时，要使螺杆和测砧接触，偶尔会发生向后旋转测力装置两者不分离的情形。这时可用左手手心用力顶住尺架上测砧的左侧，右手手心顶住测力装置，再用手指沿逆时针方向旋转旋钮，可以使螺杆和测砧分开。

3. 外径千分尺的读数

读数时，先以微分筒的端面为准线，读出固定套管下刻度线的分度值（只读出以毫米为单位的整数），再以固定套管上的水平横线作为读数准线，读出可动刻度上的分度值，读数时应估读到小刻度的十分之一，即 0.001mm。如果微分筒的端面与固定刻度的下刻度线之间无上刻度线，测量结果即为下刻度线的数值加可动刻度的值；如微分筒端面与下刻度线之间有一条上刻度线，测量结果应为下刻度线的数值加上 0.5mm，再加上可动刻度的值。

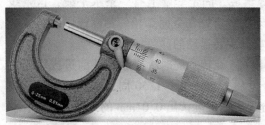

图 6-48　读数示例（3.901mm）

读数示例如图 6-48 所示。

有的千分尺的可动刻度分为 100 等分，螺距为 1mm，其固定刻度上不需要半毫米刻度，可动刻度的每一等分仍表示 0.01mm。有的千分尺，可动刻度为 50 等分，而固定刻度上无半毫米刻度，只能用眼进行估计。对于已消除零误差的千分尺，当微分筒的前端面恰好在固定刻度下刻度线的两线中间时，若可动刻度的读数在 40～50 之间，则其前沿未超过 0.5mm，固定刻度读数不必加 0.5mm；若可动刻度上的读数在 0～10 之间，则其前端已超过下刻度两相邻刻度线的一半，固定刻度数应加上 0.5mm。

4. 外径千分尺的零误差的判定

校准好的千分尺，当测微螺杆与测砧接触后，可动刻度上的零线与固定刻度上的水平横线应该是对齐的，如果没有对齐，测量时就会产生系统误差——零误差。如无法消除零误差，则应考虑它们对读数的影响。若可动刻度的零线在水平横线上方，且第 x 条刻度线与横线对齐，即说明测量时的读数要比真实值小 $x/100$mm，这种零误差叫作负零误差［见图 6-49（a）］，它的零误差为 -0.03mm；若可动刻度的零线在水平横线的下方，且第 y 条刻度线与横线对齐，则说明测量时的读数要比真实值大 $y/100$mm，这种零误差叫正零误差［见图 6-49（b）］，它的零误差为 +0.05mm。

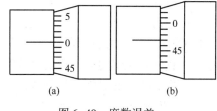

图 6-49　度数误差

对于存在零误差的千分尺，测量结果应等于读数减去零误差，即物体长度＝固定刻度读数＋可动刻度读数－零误差。

三、万能角度尺的使用方法

1. 万能角度尺的结构

万能角度尺的结构见图 6-50。

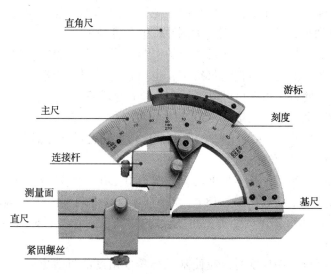

图 6-50　万能角度尺的结构

2. 适用范围

测量范围一般为 0～320°、0～360°等。

3. 校准零位

测量时应先校准零位。万能角度尺的零位，是当角尺与直尺均装上，而角尺的底边及基尺与直尺无间隙接触，此时主尺与游标的"0"线对准。调整好零位后，通过改变基尺、角尺、直尺的相互位置可测试 0～320°范围内的任意角。

4. 使用方法

测量时，根据产品被测部位的情况，先调整好角尺或直尺的位置，用卡块上的螺钉把它们紧固住，再来调整基尺测量面与其他有关测量面之间的夹角。这时，要先松开制动头上的螺母，移动主尺作粗调整，然后再转动扇形板背面的微动装置作细调整，直到两个测量面与被测表面密切贴合为止。然后拧紧制动器上的螺母，把角度尺取下来进行读数。

1) 测量 0°~50°之间角度：

角尺和直尺全都装上，产品的被测部位放在基尺和直尺的测量面之间进行测量。

2) 测量 50°~140°之间角度：

可把角尺卸掉，把直尺装上去，使它与扇形板连在一起。工件的被测部位放在基尺和直尺的测量面之间进行测量。也可以不拆下角尺，只把直尺和卡块卸掉，再把角尺拉到下边来，直到角尺短边与长边的交线和基尺的尖棱对齐为止。把工件的被测部位放在基尺和角尺短边的测量面之间进行测量。

3) 测量 140°~230°之间角度：

把直尺和卡块卸掉，只装角尺，但要把角尺推上去，直到角尺短边与长边的交线和基尺的尖棱对齐为止。把工件的被测部位放在基尺和角尺短边的测量面之间进行测量。

4) 测量 230°~320°之间角度：

把角尺、直尺和卡块全部卸掉，只留下扇形板和主尺(带基尺)。把产品的被测部位放在基尺和扇形板测量面之间进行测量。

5. 万能角度尺的读数

万能角度尺的读数方法和游标卡尺相同，先读出游标零线前的角度是几度，再从游标上读出角度"分"的数值，两者相加就是被测零件的角度数值。

在万能角度尺上，基尺是固定在尺座上的，角尺是用卡块固定在扇形板上的，可移动尺是用卡块固定在角尺上的。若把角尺拆下，也可把直尺固定在扇形板上。由于角尺和直尺可以移动和拆换，使万能角度尺可以测量 0°~320°的任何角度。

角尺和直尺全装上时，可测量 0°~50°的外角度，仅装上直尺时，可测量 50°~140°的角度，仅装上角尺时，可测量 140°~230°的角度，把角尺和直尺全拆下时，可测量 230°~320°的角度(即可测量 40°~130°的内角度)。

在万能角度尺的尺座上，基本角度的刻线只有 0~90°，如果测量的零件角度大于 90°，则在读数时，应加上一个基数(90°，180°，270°)。当零件角度>90°~180°时，被测角度 = 90°+角度尺读数；>180°~270°时，被测角度 = 180°+角度尺读数；>270°~320°时被测角度 = 270°+角度尺读数。

用万能角度尺测量零件角度时，应使基尺与零件角度的母线方向一致，且零件应与量角尺的两个测量面的全长上接触良好，以免产生测量误差。

6. 万能角度尺的注意事项

① 使用前，用干净纱布擦干，再检查各部件的相互作用是否移动平稳可靠、止动后的读数是否不动，然后对"0"位。

② 测量时，放松制动器上的螺帽，移动主尺作粗调整，再转动游标背后的手把作精细调整，直到使万能角度尺的两测量面与被测工件的工作面密切接触为止。然后拧紧制动器上的螺帽加以固定，即可进行读数。

③ 测量完毕后，用干净纱布仔细擦干，涂上防锈油。

第七节　示波器的使用方法及注意事项

一、CA8015 示波器外观

CA8015 示波器外观见图 6-51。

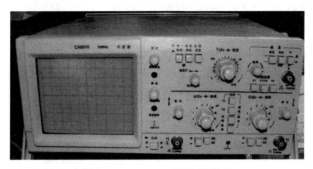

图 6-51　CA8015 示波器外观

二、CA8015 示波器的使用

1. 操作方法

（1）电源检查

CA8015 双踪示波器电源电压为 220V±10%。接通电源前，检查电源电压，如果不符合，则严格禁止使用。

（2）面板一般功能检查

① 有关控制件位置

CA8015 示波器各控制键位置见表 6-9。

表 6-9　CA8015 示波器各控制键位置

控制键名称	作用位置	控制件名称	作用位置
亮度	居中	触发方式	峰值自动
聚焦	居中	扫描速率	0.5ms/div
位移	居中	极　　性	正
垂直方式	CH1	触发源	INT
灵敏度选择	10mV/div	内触发源	CH1
微调	校正位置	输入耦合	AC

② 接通电源，电源指示灯亮，稍预热后，屏幕上出现扫描光迹，分别调节亮度、聚焦、辅助聚焦、迹线旋转、垂直、水平移位等控制件，使光迹清晰并与水平刻度平行。

③ 用 10∶1 探极将校正信号输入至 CH1 输入插座。

④ 调节示波器有关控制件，使荧光屏上显示稳定且易观察的方波波形。

⑤ 将探极换至 CH2 输入插座，垂直方式置于"CH2"，内触发源置于"CH2"，重复④操作。

（3）垂直系统的操作

1）垂直方式的选择：

当只需观察一路信号时，将"垂直方式"开关置"CH1"或"CH2"，此时被选中的通道有效，被测信号可从通道端口输入。当需要同时观察两路信号时，将"垂直方式"开关置"交替"，该方式使两个通道的信号被交替显示，交替显示的频率受扫描周期控制。当扫速低于一定频率时，交替方式显示会出现闪烁，此时应将开关置于"断续"位置。当需要观察两路信号代数和时，将"垂直方式"开关置于"代数和"位置，在选择这种方式时，两个通道的衰减设置必须一致，CH2 移位处于常态时为 CH1+CH2，CH2 移位拉出时为 CH1−CH2。

2）输入耦合方式的选择：

直流（DC）耦合：适用于观察包含直流成分的被测信号，如信号的逻辑电平和静态信号的直流电平，当被测信号的频率很低时，也必须采用这种方式。

交流（AC）耦合：信号中的直流分量被隔断，用于观察信号的交流分量，如观察较高直流电平上的小信号。

接地（GND）：通道输入端接地（输入信号断开），用于确定输入为零时光迹所处位置。

3）灵敏度选择（V/div）的设定：

按被测信号幅值的大小选择合适档级。"灵敏度选择"开关外旋钮为粗调，中心旋钮为细调（微调），微调旋钮按顺时针方向旋足至校正位置时，可根据粗调旋钮的示值（V/div）和波形在垂直轴方向上的格数读出被测信号幅值。

（4）触发源的选择

1）触发源选择：

当触发源开关置于"电源"触发时，机内 50Hz 信号输入到触发电路。当触发源开关置于"常态"触发时，有两种选择，一种是"外触发"，由面板上外触发输入插座输入触发信号；另一种是"内触发"，由内触发源选择开关控制。

2）内触发源选择：

"CH1"触发：触发源取自通道 1。

"CH2"触发：触发源取自通道 2。

"交替触发"：触发源受垂直方式开关控制，当垂直方式开关置于"CH1"时，触发源自动切换到通道 1；当垂直方式开关置于"CH2"时，触发源自动切换到通道 2；当垂直方式开关置于"交替"时，触发源与通道 1、通道 2 同步切换，在这种状态使用时，两个不相关的信号其频率不应相差很大，同时垂直输入耦合应置于"AC"，触发方式应置于"自动"或"常态"。当垂直方式开关置于"断续"和"代数和"时，内触发源选择应置于"CH1"或"CH2"。

（5）水平系统的操作

1）扫描速度选择（t/div）的设定：

按被测信号频率高低选择合适档级，"扫描速率"开关外旋钮为粗调，中心旋钮为细调（微调），微调旋钮按顺时针方向旋足至校正位置时，可根据粗调旋钮的示值（t/div）和波形在水平轴方向上的格数读出被测信号的时间参数。当需要观察波形某一个细节时，可进行水平扩展×10，此时原波形在水平轴方向上被扩展 10 倍。

2）触发方式的选择：

"常态"：无信号输入时，屏幕上无光迹显示；有信号输入时，触发电平调节在合适位置上，电路被触发扫描。当被测信号频率低于 20Hz 时，必须选择这种方式。

"自动"：无信号输入时，屏幕上有光迹显示；一旦有信号输入时，电平调节在合适位置上，电路自动转换到触发扫描状态，显示稳定的波形，当被测信号频率高于 20Hz 时，最常用这一种方式。

"电视场"：对电视信号中的场信号进行同步，如果是正极性，则可以由 CH2 输入，借助于 CH2 移位拉出，把正极性转变为负极性后测量。

"峰值自动"：这种方式同自动方式，但无须调节电平即能同步，它一般适用于正弦波、对称方波或占空比相差不大的脉冲波。对于频率较高的测试信号，有时也要借助于电平调节，它的触发同步灵敏度要比"常态"或"自动"稍低一些。

3）"极性"的选择：

用于选择被测试信号的上升沿或下降沿去触发扫描。

4）"电平"的位置：

用于调节被测信号在某一合适的电平上启动扫描，当产生触发扫描后，触发指示灯亮。

2. 测量电参数

（1）电压的测量

1）测量正弦波电压：

示波器的电压测量实际上是对所显示波形的幅度进行测量，测量时应使被测波形稳定地显示在荧光屏中央，幅度一般不宜超过 6div（偏移格数），以避免非线性失真造成的测量误差。

在示波器上调节出大小适中、稳定的正弦波形，选择其中一个完整的波形，先测算出正弦波电压峰值 U_{p-p}，即：

$$U_{p-p} = （垂直距离 div）×（档位 V/div）×（探头衰减率）$$

然后求出正弦波电压有效值 U 为：

$$U = \frac{0.71 \times U_{p-p}}{2}$$

2）测量正弦波周期和频率：

在示波器上调节出大小适中、稳定的正弦波形，选择其中一个完整的波形，先测算出正弦波的周期 T，即：

$$T = （水平距离 div）×（档位 t/div）$$

然后求出正弦波的频率 $f = \frac{1}{T}$。

调节函数信号发生器有关旋钮，使输出频率分别为 100Hz、1kHz、10kHz、100kHz，有效值均为 1V（交流毫伏表测量值）的正弦波信号。

改变示波器"扫速"开关及"Y 轴灵敏度"开关等位置，测量信号源输出电压频率及峰的峰值，记入表 6-10 中。

表 6-10　测量信号源输出电压频率及峰值记录表

信号电压频率	示波器测量值		信号电压毫伏表读数/V	示波器测量值	
	周期/ms	频率/Hz		峰值/V	有效值/V
100Hz					
1kHz					
10kHz					
100kHz					

3. 直流电平的测量

1) 设置面板控制件, 使屏幕显示扫描基线。

2) 设置被选用通道的输入耦合方式为"GND"。

3) 调节垂直移位, 将扫描基线调至合适位置, 作为零电平基准线。

4) 将"灵敏度微调"旋钮置校准位置, 输入耦合方式置"DC", 被测电平由相应 Y 输入端输入, 这时扫描基线将偏移, 读出扫描基线在垂直方向偏移的格数(div), 则被测电平:

$$V = 垂直方向偏移格数(\text{div}) \times 垂直偏转因数(\text{V/div}) \times 偏转方向(+或-)$$

式中, 基线向上偏移取正号, 基线向下偏移取负号。

4. 时间测量

时间测量是指对脉冲波形的宽度、周期、边沿时间及两个信号波形间的时间间隔(相位差)等参数的测量。一般要求被测部分在荧光屏 X 轴方向应占(4~6)div(见图6-52)。

(1) 时间间隔的测量

对于一个波形中两点间的时间间隔的测量, 测量时先将"扫描微调"旋钮置校准位置, 调整示波器有关控制件, 使荧光屏上波形在 X 轴方向大小适中, 读出波形中需测量的两点间水平方向格数, 则时间间隔:

$$时间间隔 = 两点之间水平方向格数(\text{div}) \times 扫描时间因数(\text{t/div})$$

(2) 脉冲边沿时间的测量

上升(或下降)时间的测量方法和时间间隔的测量方法一样, 只不过是测量被测波形满幅度的 10% 和 90% 两点之间的水平方向距离(见图6-53)。

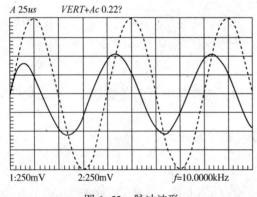

图 6-52 脉冲波形

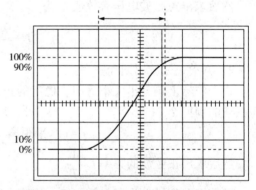

图 6-53 上升时间的测量

用示波器观察脉冲波形的上升边沿、下降边沿时, 必须合理选择示波器的触发极性(用触发极性开关控制)。显示波形的上升边沿用"+"极性触发, 显示波形下降边沿用"-"极性触发。如波形的上升沿或下降沿较快则可将水平扩展×10, 使波形在水平方向上扩展 10 倍, 则上升(或下降)时间:

$$t_r(或\ t_1) = \frac{水平方向格数(\text{div}) \times 扫描时间因数(\text{t/div})}{水平扩展倍数}$$

(3) 相位差的测量(见图6-54)

1) 参考信号和一个待比较信号分别接入"CH1"和"CH2"输入插座。

2) 根据信号频率, 将垂直方式置于"交替"或"断续"。

3) 设置内触发源至参考信号那个通道。

4) 将 CH1 和 CH2 输入耦合方式置"GND"，调节 CH1、CH2 移位旋钮，使两条扫描基线重合。

5) 将 CH1、CH2 耦合方式开关置"AC"，调整有关控制件，使荧光屏显示大小适中、便于观察两路信号(见图 6-54)。读出两波形水平方向差距格数 D 及信号周期所占格数 T，则相位差：$\Delta\phi = D(\mathrm{div}) \times 2\pi / DT$。

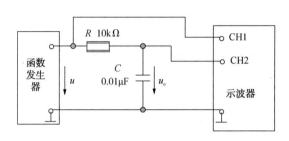

图 6-54　相位差的测量

调节函数信号发生器有关旋钮，使输出频率分别为 100Hz、1kHz、10kHz、100kHz。

5. 利用李萨如图形测量频率

设将未知频率 f_y 的电压 U_y 和已知频率 f_x 的电压 U_x(均为正弦电压)，分别送到示波器的 Y 轴和 X 轴，则由于两个电压的频率、振幅和相位的不同，在荧光屏上将显示各种不同波形，一般得不到稳定的图形，但当两电压的频率成简单整数比时，将出现稳定的封闭曲线，称为李萨如图形。根据这个图形可以确定两电压的频率比，从而确定待测频率的大小(见图 6-55)。

根据图 6-55，可以得出：

$$\frac{\text{加在 } Y \text{ 轴电压的频率} f_y}{\text{加在 } X \text{ 轴电压的频率} f_x} = \frac{\text{水平直线与图形相交的点数} N_x}{\text{垂直直线与图形相交的点数} N_y}$$

所以未知频率：

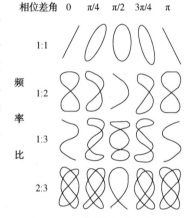

图 6-55　不同的频率比在不同相位差时的图形

$$f_y = \frac{N_x}{N_y} f_x$$

但应指出水平、垂直直线不应通过图形的交叉点。

测量方法如下：

1) 将一台信号发生器的输出端接到示波器 Y 轴输入端上，并调节信号发生器输出电压的频率为 50Hz，作为待测信号频率。把另一信号发生器的输出端接到示波器 X 轴输入端上作为标准信号频率。

2) 分别调节与 X 轴相连的信号发生器输出正弦波的频率 f_x 约为 25Hz、50Hz、100Hz、150Hz、200Hz 等。观察图形，微调 f_x 使其图形稳定时，记录 f_x 的确切值，再分别读出水平线和垂直线与图形的交点数。由此求出各频率比及被测频率 f_y，记录于表格中(见表 6-11)。

3) 观察时图形大小不适中，可调节"V/div"和与 X 轴相连的信号发生器输出电压。

表 6-11 频率比及被测频率

标准信号频率 f_x/Hz	25	50	100	150	200
李萨如图形(稳定时)					
频率比 = $\dfrac{\text{水平线交点数 } N_x}{\text{垂直线交点数 } N_y}$					
待测电压频率 $f_y = f_x \cdot N_x / N_y$					
f_y 的平均值/Hz					

第七章　自动化仪表

第一节　自动化仪表的分类与基础知识

一、自动化仪表的分类

1. 概述

自动化仪表是化工、炼油等化工类型生产过程自动化的简称。所谓化工生产过程自动化,就是在化工设备上配置一些自动化装置,代替操作人员的部分直接劳动,使生产在不同程度上自动地进行。

（1）自动检测系统

它是利用各种检测仪表(也叫测量仪表),对生产过程中的各种工艺变量自动连续地进行检测和显示,以供操作者观察和直接自动地进行监督和控制生产。自动检测系统常称为工业生产的"眼睛"。

（2）自动信号报警与联锁保护系统

在生产过程中,有时由于一些偶然因素的影响,导致工艺变量超出允许范围而出现不正常情况,轻则造成产品质量下降,重则发生设备或人身事故。为此,常对某些关键性变量设置自动信号报警与联锁保护装置。在事故即将发生之前,信号系统自动地发出声光报警信号,如工况已接近危险状态时,联锁系统立即采取紧急措施,自动打开安全阀或切断某些通路,必要时紧急停产,以防事故发生和扩大。它是生产过程中的一种安全装置。

（3）自动操纵系统

它是利用自动操纵装置,根据预先规定的步骤,自动地对生产设备启动或停运,或交替进行某种周期性操作。

（4）自动控制(也称自动调节)系统

化工生产过程大多数是连续性生产,各设备之间相互关联,其中某一设备的工艺生产条件发生变化时,有可能引起其他设备中某些变量波动,使生产偏离正常的工艺条件。为此,就需要用一些自动控制装置对生产中某些关键性变量进行自动控制,当它们受到外界扰动作用的影响偏离正常状态时,能自动地对生产过程施加影响,使工艺变量回到规定的数值范围内,保证生产正常进行。

在化工自动化领域中,自动检测系统和自动控制系统作为其核心部分,在化工生产中应用最为广泛。

2. 自动化仪表的分类

自动化仪表又称过程检测控制仪表,它是实现化工生产过程自动化的主要工具。自动化仪表的种类很多,按其功能不同,大致可分为四大类,即检测仪表、显示仪表、控制仪表和执行器。

（1）检测仪表

检测仪表按仪表所测量的工艺参数可以分为压力测量仪表、温度测量仪表、液位测量仪表、流量测量仪表和成分分析仪表。

（2）显示仪表

显示仪表按功能可分为指示仪、记录仪、累计器、信号转换器和信号报警器。

（3）控制仪表

控制仪表按功能和结构形式可分为基地式调节器、气动单元组合仪表、电动单元组合仪表、可编程调节器、集散控制系统（DCS）、可编程控制系统（PLC）、计算机控制系统、安全控制系统（FSC）等。

（4）执行器

执行器按驱动形式可分为气动调节阀、电动调节阀、液动调节阀。

二、自动化仪表的基本特性指标及质量指标

1. 基本特性指标

自动化仪表的基本特性主要指工作范围的特性、工作条件特性、响应特性、准确度特性及性能特性。

（1）测量范围、上下限及量程

每个用于测量的仪表都有其测量范围，它是该仪表按规定的精度进行测量的被测变量的范围。测量范围的最小值和最大值分别称为测量下限和测量上限，简称下线和上限。

仪表的量程可以用来表示其测量范围的大小，是其测量上限值与下限值的代数差，即：量程＝测量上限值–测量下限值。

（2）灵敏度和灵敏限

灵敏度是仪表对被测参数变化的灵敏程度。

灵敏限也称不灵敏区或死区，是指仪表指针或数字显示不发生变化时被测变量的最大变化范围。

回差是在正反行程上，同一输入的两相应输出值之间的最大差值。

（3）响应时间

当用仪表对被测量进行测量时，被测量突然变化后，仪表指示值总是要经过一段时间后才能准确地显示出来。

2. 仪表的质量指标

（1）允许误差

根据仪表的使用要求，规定一个在正常情况下允许的最大误差，这个允许的最大误差叫允许误差。

（2）基本误差

仪表的基本误差是指仪表出厂时，制造厂商保证的该仪表在正常工作条件下的最大误差。一般仪表的基本误差也就是该仪表的允许误差。

（3）准确度和准确度等级

在正常使用条件下，仪表测量结果的准确程度叫仪表的准确度。

准确度等级是衡量仪表质量优劣的重要指标之一。我国工业仪表等级一般分为 0.1、0.2、0.5、1.0、1.5、2.5、5.0 七个等级，并标志在仪表刻度标尺或铭牌上。准确度等级

习惯上称精度等级。

（4）变差

变差也叫回差，在外界条件不变的情况下，当对仪表的被测变量进行多次正反行程的测量时，仪表指示值中的最大差值叫作变差。即变差＝｜上形程示值－下行程示值｜。

（5）死区

死区是输入量的变化不致引起输出量有任何可察觉的变化的有限区间。

（6）稳定性

稳定性是指在规定的工作条件下，输入保持恒定时，仪表输出在规定时间内保持不变的能力。

（7）可靠性

它是衡量仪表能正常工作并发挥其功能的程度。可靠度体现在仪表正常工作平均无故障工作时间。

三、测量误差知识

1. 测量误差的基本概念

对于在生产装置上使用的各种仪表，总是希望它们测量的结果准确无误。但是在实际测量过程中，往往由于测量仪表本身性能、安装使用环境、测量方法及操作人员疏忽等主观因素的影响，使得测量结果与被测量的真实值之间存在一些偏差，这个偏差就称为测量误差。

2. 测量仪表的误差

误差的分类方法多种多样：按误差出现的规律可分为系统误差（规律误差）、偶然误差（随机误差）、疏忽误差（粗差）。按误差数值表示的方法分为绝对误差、相对误差、引用误差。按仪表使用条件可分为基本误差、附加误差。按被测变量随时间变化的条件可分为静态误差、动态误差。按与被测变量的关系可分为定值误差、累计误差。

（1）真值、约定真值、相对真值

真值是一个变量本身所具有的真实值。它是一个理想的概念，一般是无法得到的。所以在计算误差时，一般用约定真值或相对真值来代替。

约定真值是一个接近真值的值，它与真值之差可以忽略不计。实际测量中，以在没有系统误差的情况下，足够多次的测量值之平均值作为约定真值。

相对真值是当高一级标准器的误差仅为低一级的 1/3 时，可认为高一级的标准器或仪表的示值为低一级的相对真值。

（2）系统误差、偶然误差和疏忽误差的特点及产生的原因

1）系统误差又称为规律误差，在相同测量条件下，多次测量同一被测量值时，测量结果的误差大小和符号均保持不变或按一定规律变化。其主要特点是容易消除或修正。产生系统误差的主要原因是：仪表本身的缺陷，使用仪表的方法不正确，观测者的习惯或偏向，单因素环境条件的变化等。在找出产生误差的原因之后，便可以通过对测量结果引入适当的修正值而加以消除。

2）随机误差又称偶然误差，因它的出现完全是随机的。在相同测量条件下，对参数进行重复测量时，测量结果的误差大小与符号以不可预计的方式变化的误差。随机误差的大小反映对同一测量值多次重复测量结果的离散程度。随机误差是没有任何规律的，既不可

预防，也无法控制。其主要特点是不易发觉，不好分析，难于修正，但它服从于统计规律。一般情况下，产生正负误差的概率通常相等。因此可以采取多次测量求平均值的方法减小随机误差，取多次测量结果的算术平均值作为最终的测量结果。产生偶然误差的原因很复杂，它是由许多微小变化的复杂因素共同作用的结果。

3）疏忽误差又叫粗差，疏忽误差是测量结果显著偏离被测值的误差，没有任何规律可循。其主要特点是无规律可循，且明显地与事实不符合。产生这类误差的主要原因是测量方法不当，观察者的失误或外界的偶然干扰，但更多的是人为因素造成的，带有这类误差的测量结果毫无意义，应予以剔除。

（3）绝对误差、相对误差和引用误差

1）绝对误差。绝对误差是测量结果与真值之差，即绝对误差＝测量值−真值。

绝对误差有单位和符号，它的单位与被测量值相同。引入绝对误差后，测量结果可以修正，其修正值为负的绝对误差值。

绝对误差的大小可以反映仪表指示值接近真实值的程度，但不能反映不同测量值的可信程度。如测量炉温 100℃，人的体温 37℃，绝对误差均为 0.5℃，前者可以认为很准确了，后者的绝对误差就显得很大了。所以仅凭绝对误差的大小无法判断测量结果的可信程度。

2）相对误差。相对误差是检测仪表的绝对误差与被测量值的真实值之比，常用绝对误差与仪表示值之比，并以百分数表示，即：

$$相对误差＝（绝对误差/仪表示值）×100\%$$

相对误差越小，说明测量结果的可信度越高。相对误差可以用来判断测量结果的准确程度，如上例中，炉温的相对误差为 0.5/100×100%＝0.5%，人体温的相对误差为 0.5/37×100%＝1.35%。很显然，前一个测量结果更准确可信。

3）引用误差。引用误差是绝对误差与仪表的量程之比的百分数，可表示为：

$$引用误差＝（绝对误差/仪表量程）×100\%$$

仪表量程即该仪表测量范围的上限值与下限值之差。引用误差可以表示检测仪表的准确程度，引用误差小，表明仪表产生的测量误差相对较小，测量结果相对可信度高。在实际应用时，通常采用最大引用误差来描述仪表的性能，称为仪表的满度误差。

（4）基本误差和附加误差

仪表的基本误差是指仪表在规定的工作条件下，即该仪表在标准工作条件下的最大误差，一般仪表的基本误差也就是该仪表的允许误差。

附加误差是仪表在非规定的工作条件下使用时另外产生的误差，如电源波动附加误差、温度附加误差等。

四、仪表示值误差校验

1. 校验方法

仪表虽然种类繁多，结构各异，但常用的校验方法只有以下两种。

（1）信号比较法

这是一种常用的校验方法，用可调信号发生器向被校仪表和标准仪器加同一信号，将被校仪表的示值与标准仪表的示值进行比较，求出各点示值误差。如用手动压力泵同时给被校压力表和标准压力表输入信号。

（2）直接校验法

这种校验方法是用标准仪器直接给被校仪表加入信号，通过标准仪的实际信号示值与被校仪表的检定点所对应的标准真值相比较，然后求出被校仪表该检定点的误差。如用标准电阻箱校验配热电阻型温度指示仪。

2. 校验步骤

（1）校验前的准备工作

仪表的示值校验工作不论在现场还是在检定室内进行，都应做好如下准备工作：

1）熟悉仪表使用说明书中有关技术性能指标、接线方式、测试条件及注意事项等内容；正确选择标准仪器及配套设备，并对这些仪器和设备的可靠性进行检查，如标准仪器是否有检定合格证，检定日期是否在检定周期内等。

2）检查仪表的校验条件是否符合技术要求，如环境温度、相对湿度、电源电压、气源质量和外界干扰等。

3）检查仪表的外观及内部状况是否有异常情况，如刻度标尺、印刷电路板及其他紧固件是否松动，电路连接线是否开焊等；正确接好校验线路，经确认无误后送电。

（2）刻度点校验方法

仪表的校验点数一般规定不得少于5点，并要求均匀分布在测量范围的整数刻度线上。此外，对重要仪表还应追加校验"适用范围"（经常使用点的示值±仪表量程的10%左右）的示值误差，要求不超过仪表允许误差的1/2。

掌握正确的校验方法十分重要，这里强调几点在实际操作中容易被忽视的问题：

1）在进行上行程示值校验过程中，当指针将要靠近被校点刻度时，要注意缓慢加入信号，使指针与校验点刻度完全重合，切勿超过刻度线再返回。下行程示值校验时亦同理。

2）标准仪器的准确度等级高于被校仪表，能读取较多的有效数字。当被校仪表标尺刻度线分度不细，如果指针偏离刻度线，估算将产生较大的视觉误差，尤其在非线性刻度时误差更大。为此要注意必须将仪表指针平稳移动到刻度线上，然后在标准仪器上读取信号值；在校验过程中，要根据不同显示形式的标准仪器正确读数，避免产生视觉误差。

（3）误差计算

将上述从标准仪器中读取的实际示值代入误差计算公式，求出各被校点的绝对误差、变差和引用误差等。

第二节　仪表阀门种类与安装材料

一、仪表阀门

1. 仪表阀门的作用

仪表阀门是一种管路附件。它是用来改变通路断面和介质流动方向，控制输送介质流动的一种装置。仪表阀门种类繁多，作用各异。具体来讲，仪表阀门有以下几种作用：

1）接通或截断管路中的介质，如闸阀、截止阀、球阀、蝶阀等。

2）调节、控制管路中介质的流量和压力，如节流阀、调节阀、减压阀、安全阀等。

3）改变管路中介质流动的方向，如分配阀、三通旋塞、三通或四通球阀等。

4）阻止管路中的介质倒流，如各种不同结构的止回阀等。

5）指示和调节液面高度，如液面指示器、液面调节器等。

6）其他特殊用途，如温度调节阀、过流保护紧急切断阀等。

2. 阀门分类

（1）自动阀门

不需要外力驱动，依靠介质本身的能力便可自动动作的阀门，如安全阀、止回阀、减压阀等。

1）安全阀：

安全阀（见图7-1）在系统中起安全保护作用。当系统压力超过规定值时，安全阀打开，将系统中的一部分气体/流体排入大气/管道外，使系统压力不超过允许值，从而保证系统不因压力过高而发生事故。

2）减压阀：

减压阀（见图7-2）是气动调节阀的一个必备配件，主要作用是将气源的压力减压并稳定到一个定值，以便于调节阀能够获得稳定的气源动力用于调节控制。

3）止回阀：

止回阀（见图7-3）用于阻止介质倒流。

图7-1 安全阀　　　　图7-2 减压阀　　　　　　　图7-3 止回阀

（2）驱动阀门

借助手动、电力、液力或气力来操纵的阀门，如闸阀、截止阀、球阀、蝶阀、调节阀等。

1）闸阀：

闸阀（见图7-4）通过手轮与阀杆的螺纹的进、退，提升或下降与阀杆连接的阀板，达到开启和关闭的作用。

2）截止阀：

截止阀（见图7-5）又称截门阀，属于强制密封式阀门，所以在阀门关闭时，必须向阀瓣施加压力，以强制密封面不泄漏。

3）球阀：

球阀（见图7-6）启闭件（球体）由阀杆带动，并绕球阀轴线做旋转运动的阀门。亦可用于流体的调节与控制。

图 7-4　闸阀

图 7-5　截止阀

图 7-6　球阀

4）蝶阀：

蝶阀（见图 7-7）又叫翻板阀，是一种结构简单的调节阀，可用于低压管道介质的开关控制的蝶阀是指关闭件蝶板为圆盘，围绕阀轴旋转来达到开启与关闭的一种阀。蝶板由阀杆带动，若转过 90°，便能完成一次启闭。改变蝶板的偏转角度，即可控制介质的流量。

5）针型阀：

针型阀（见图 7-8）的阀芯就是一个很尖的圆锥体，好像针一样插入阀座，由此得名。针型阀比其他类型的阀门能够耐受更大的压力，密封性能好，所以一般用于较小流量，较高压力的气体或者液体介质的密封。

图 7-7　蝶阀

图 7-8　针型阀

6）调节阀：

调节阀主要用于调节管路中介质的压力和流量。可分为气动调节阀、电动调节阀，见图 7-9。

7）仪表阀组：

仪表阀组分为二阀组、三阀组、五阀组，见图 7-10。

① 二阀组：与压力变送器或压力表配套使用。其作用是将差压变送器正、负压室与引压点导通或切断，或将正、负压室切断或导通。

② 三阀组：由阀体、二个截止阀及一个平衡阀组成。

③ 五阀组：由高、低压阀、平衡阀及两个校验(排污)阀组组成。

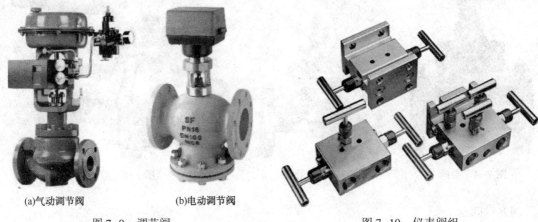

(a)气动调节阀   (b)电动调节阀

图 7-9　调节阀   图 7-10　仪表阀组

二、仪表常用安装材料

1. 仪表安装常用型钢

仪表盘安装需要基础槽钢，它是用薄钢板制作的，保温箱安装需用薄钢板作底座，仪表管道、电缆桥架安装需用角钢、扁钢、工字钢作支架，自制加工件需用圆钢，基本上各种型钢在仪表安装上都要用到。

1) 槽钢。截面形状为凹槽形的长条钢材。槽钢在仪表安装中，仪表盘是安装在槽钢基础上的，槽钢基础一般采用 10 号槽钢预制，采用打膨胀螺栓或浇灌混凝土的办法安装固定。

2) 角钢。两边互相垂直成角形的长条钢材，多用于制作安装支架。

3) 扁钢。截面为长方形并稍带钝边的钢材，多用于制作接地母排。

4) 镀锌管。内外壁同时镀有锌层，使钢管的防腐性能大大提高，达到普通钢管的 15 倍左右。多用于制作电缆保护管。

5) 无缝钢管是一种具有中空截面、周边没有接缝的圆形管材。多用于预制高压引压管。

6) 仪表安装常用接头有终端接头、中间接头、表体接头、快速接头等。

7) 仪表常用法兰有对焊法兰、突面平焊法兰、凹面法兰、法兰盖(盲板)等。

8) 仪表常用螺栓有单头螺栓、双头螺栓、内六角螺钉、圆头十字螺钉、膨胀螺栓、U 形管卡等。

9) 仪表常用连接管件有双头短接、单头短接、弯通、三通、活接、变通、直通等。

10) 仪表安装常用电气连接件有穿线盒、防爆挠性管、接线箱、电缆管卡防爆隔离密封接头等。

2. 仪表常用垫片

正确选用密封垫片是保证设备无泄漏的关键，工作中我们必须根据介质的物性、压力、温度和设备大小、操作条件、连续运转周期长短等情况，合理地选择垫片，扬长避短、充分发挥各种垫片的特点。

在垫片的使用中，压力和温度二者是相互制约的，随着温度的升高，在设备运转一段时间后，垫片材料会发生软化、蠕变、应力松弛现象，机械强度也会下降。每种垫片材料都有它的最高使用温度，超过此温度，就不能安全使用；当然，每种垫片也有最大使用压力，但是垫片不能同时在它的最高温度和最高压力下使用，其比值呈反比例状态，具体值需视垫片的材质而定。

（1）仪表专业常用垫片

1）紫铜垫。热偶与管嘴连接处、压力表用、双金属温度计用。

2）聚四氟乙烯垫。热偶与管嘴连接处、压力表用、双金属温度计用、法兰与管道连接处。

3）钢圈垫。法兰与管道连接处。

4）石棉垫。法兰与管道连接处。

5）金属缠绕垫。法兰与管道连接处、上下阀盖间的垫片。

6）柔性石墨垫。法兰与管道连接处。

7）O形橡胶垫。

（2）仪表专业常用垫片的特性和选用规则

现场选择螺纹连接的热电偶可选紫铜垫，热电阻垫可选聚四氟乙烯垫、紫铜垫；现场压力表、表体接头常用垫片可选聚四氟乙烯垫、紫铜垫。

1）压力表垫片的选用规则。首先了解现场压力管道的介质温度压力，确定使用什么材质的垫片；检查现场管嘴密封面是否平整、腐蚀，不允许有残渣、凹痕、径向划痕；检查垫片的表面是否平整，不允许有裂纹、折痕、剥落、毛边、厚薄不均等缺陷；压力表垫的厚度如果小于2mm，则垫片的回弹性和压紧力相对较小，不建议使用。

2）现场双金属温度计、铂电阻常用垫片可选用聚四氟乙烯垫片、紫铜垫片。

3）调节阀上下阀盖间常用的垫片可选用齿形垫、缠绕垫。

4）与管道连接法兰垫片的选用不光要看压力管道的介质、压力，还需要根据法兰的结构形式来确定所选垫片的材质。

（3）垫片不能重复使用

垫片经过拆卸之后可能已有损伤，尤其是肉眼不可见的损伤，对密封性能是有影响的；极特殊的情况下，不得已需要利旧一定要注意以下事项：

1）使用部位必须降低要求，如果是腐蚀性介质在内坚决不能使用，如果是循环水，压力较低的部位可以使用。

2）看垫片的外观，表面有划痕，板材有凹凸毛刺都不可以；检查密封面有没有贯通伤，如有则不能用。

第三节　仪表安装与施工机具

一、仪表安装工作的特点及常用术语

仪表安装就是把各个独立的部件，即仪表、管线、电缆及附属设备等按设计要求组成回路，使之完成检测或调节任务。也就是说，生产过程自动化仪表的安装是根据设计要求完成仪表与仪表、工艺设备及工艺管道之间、现场仪表与中央控制室之间的种种连接，这些连接可以用管道(如测量管道、气动管道、伴热管道等)连接，也可以用电缆(包括电线和补偿导线)连接。通常是两种连接的组合与并存。

生产过程自动化仪表在安装前要完成单体检测或调校任务，然后将各个部件组成一个回路或一个系统。

1. 仪表安装工作的特点

(1) 安装技术要求

这一特点主要由于仪表种类繁多、形式多样，以及安装对检测的准确性及系统运行质量可能造成重大影响。例如：一个元件安装不符合技术要求，有可能造成很大的检测误差。从控制系统本身而言，许多工厂由于仪表安装不合理，以致不能达到设计的预期目的。

(2) 工种掌握技能全

这一特点是显而易见的。例如：安装一块仪表盘，除需要焊工、钳工、管工、电工及仪表工等主要工种外，还需要土木工、油漆工等辅助工种。

(3) 基本知识得精通

由于仪表型号众多，品种繁杂，要一一掌握不容易，因此要求仪表安装人员必须掌握仪表工作原理、使用方法、注意事项等基本知识。

(4) 与工艺联系紧密

仪表是为工艺生产服务的，仪表的安装工作也只是整个安装工作的一个组成部分。在施工中，工艺是主体，仪表安装要从属于工艺，当它们发生矛盾时，往往仪表专业就得让路，例如：仪表管道与工艺管道相碰时就得改道。但是，在一些有关检测质量的重大原则上(如孔板及流量计安装的直管段的要求问题)，仪表安装仍应坚持有关的安装规范，要求工艺按照仪表的规范要求进行安装。安装中若出现类似情况，仪表安装人员应主动与工艺安装人员联系，使他们能考虑到仪表的特殊要求，事先予以配合。

(5) 施工工期短

由于仪表安装在整个安装工程中属于从属地位，因此它在现场的施工工期是不允许延长的。通常在主体安装完成70%之前，仪表往往还无法进入现场，但当仪表施工开始展开，工艺主体安装却又进入尾声。为了不影响工艺设备、管道的试压和试运转，工艺安装又催促仪表安装工作加紧进行。所以，仪表安装组织工作极其重要，特别是做好施工前的准备，制定合理的施工计划。

(6) 安全技术突出

因高空作业、露天作业、交叉作业多等原因，使得安全技术要求尤为突出。另外除工艺专业外，仪表安装还与其他专业有着密切的联系，例如：土建专业，仪表管线的穿孔、仪表管线预留及支承都要求土建做好预留和预埋，才不至于返工或影响施工进度。

2. 仪表安装术语

(1) 一次点

一次点是指检测系统或调节系统中，直接与工艺介质接触的点。如压力测量系统的取压点，温度检测系统中的热电偶(热电阻)安装点等。一次点可以在工艺管道上，也可以在工艺设备上。

(2) 一次元件

一次元件又称取源部件，通常指安装在一次点的仪表加工件，如压力检测系统中的取压短节，测温系统中的温度计直形连接头(又称凸台)。取源部件可能是仪表元件，如流量检测系统中的节流元件；也可能是仪表本身，如容积式流量计、转子流量计、电磁流量计等，但更多的是仪表加工件。

（3）一次阀门

一次阀门又称根部阀、取压阀，是指直接安装在取源部件上的阀门。

（4）一次仪表

一次仪表是指安装在现场且直接和工艺介质接触的仪表，如弹簧管压力表、双金属温度计等。

（5）二次仪表

二次仪表是指仪表值信号不直接来自工艺介质的各类仪表的总称。二次仪表的仪表示值信号通常由变送器变换成标准信号。

（6）现场仪表

现场仪表是安装在现场的仪表总称，是相对于控制室而言的。

（7）一次调校

一次调校通称单体调校，是指仪表安装前的调校。

（8）二次调校

二次调校又称二次联校、系统调校。是指现场仪表安装结束，控制室配管配线完成且校验通过后，对每个检测回路或自动调节系统的检验。校验方法是在系统回路上加模拟信号，然后检查组成系统回路的系统误差是否在允许范围内，如超差应对系统的全部仪表重新调试。

（9）仪表加工件

仪表加工件指全部用于仪表安装的金属、塑料机械加工件的总称。仪表与工艺设备、工艺管道之间，仪表与仪表管道之间，仪表与仪表阀门之间的配管、配线，及其附加装置之间金属的或塑料的机械加工件的总称。

3. 仪表安装的一般程序

仪表安装应根据 GB 50093—2002《自动化仪表工程施工及验收规范》进行。对复杂、关键的安装和试验工作，应编制施工技术方案（见图 7-11）。

（1）施工过程中的主要工作

1）配合工艺安装取源部件及流量仪表。

2）在线仪表安装。

3）仪表盘、柜、箱、操作台的安装就位。

4）仪表桥架、槽板安装，仪表管、线配置，支架制作安装，仪表管路吹扫、试压、试漏。

5）单体调试、系统联校、模拟试验。

6）配合工艺单体试车。

7）配合联动试车。

（2）安装程序

1）仪表控制室仪表盘的安装和现场一次点的安装。仪表控制室的安装工作有仪表盘基础槽钢的制作、安装和仪表盘、操作台的安装。核对土建预留孔和预埋件的数量和位置，考虑各种管路和槽板进出仪表控制室的位置和方式。

2）进行工艺管道、工艺设备上的一次点的配合安装及复核非标设备制作一次点的位

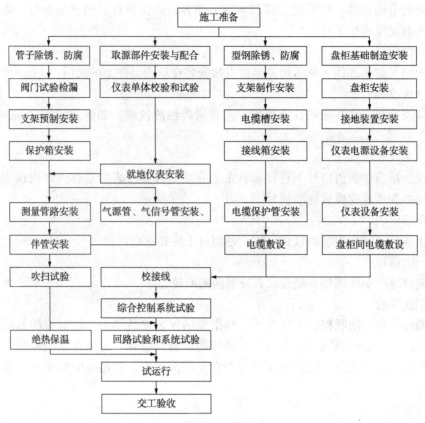

图 7-11　仪表施工程序方框图

置、数量、方位、标高以及开孔大小是否符合安装需要。

3）对出库仪表进行单体调试。这项工作具体工作时间比较灵活，可根据仪表设备到货时间来安排，考虑现场仪表各种管路的走向及标高，以及固定它的支架形式和支架的制作安装，保护箱、保温箱的底座的制作，接线盒、箱的定位。

4）现场仪表的配线和安装，包括保护箱、保温箱、接线箱的安装，仪表桥架、槽板的安装，保护管、导压管、气动管路的敷设，控制室仪表的安装、接线、校线。

5）仪表管路的吹扫和试压。此时节流装置不能安装孔板，调节阀和流量计必须拆下，替以临时连通管。吹扫完毕后再予以复位。

6）二次联校。安装基本结束后，三查四定并整改完毕后，控制室进行模拟试验，包括报警和连锁回路。DCS 或 PLC 系统进行回路调试。

二、仪表施工机具及设备

1. 套丝机

（1）手动套丝机

手动套丝机（见图 7-12）因为携带方便，无需用电源，而大量用于野外作业。使用方法为：

① 管道固定于支架上，前端留出一定长度用于套丝。

② 将与管道尺寸匹配的牙模头装在棘轮手柄上，套丝机与管道连接。

③ 开始套丝，左手用力推牙模头，右手操作棘轮手柄，使牙模头顺时针旋转（右手螺

纹)。

④ 在板牙吃进管道一圈后，可松开左手，靠板牙上的纹路自行进给。为防止断牙，应涂抹润滑油并均匀用力。及时清理切屑。为防止板牙温度过高，需加一些冷却液。

⑤ 当管道的边缘与板牙末端相平齐时，停止套丝。加工处的螺纹如有断扣或缺扣，不得超过总螺纹总长的10%。

⑥ 手动套丝机套管螺纹完毕后，要逆时针旋转套丝机刮掉毛刺，此时将棘轮手柄调节为反转，慢慢将牙模头退出管道，然后放松板牙取下套丝机。

（2）电动套丝机

电动套丝机（见图7-13）由机体、电动机、减速箱、管子卡盘、板牙头、割刀架、进刀装置、冷却系统组成。使用方法为：

图7-12　手动套丝机

图7-13　电动套丝机

① 电动套丝机工作时，先把管子放进卡盘，撞击卡紧。

② 按下启动按钮，管子就随卡盘转动起来，管子相对于板牙顺时针旋转。

③ 调节好板牙头上的板牙开口大小，然后顺时针扳动手轮使板牙以恒力贴紧转动的管子的端部，板牙刀就自动切削套丝，同时冷却系统自动为板牙刀喷润滑油，润滑油的作用是冷却、润滑、防锈。等丝扣加工到预定长度时，松开板牙刀，关闭电源，撞开卡盘，取出管子。

④ 使用切断功能时，把管子放进卡盘，撞击卡紧，按下启动按钮，放下割刀架，然后扳动手轮，使刀片移动至想要割断的长度点，渐渐旋转割刀手柄，使刀片挤压转动的管子，使用割刀切割管材时要跟随割刀均匀用力，转动数圈后管子被刀片挤压切断。

（3）板牙

电动套丝机在使用时，影响套丝质量的主要部件是板牙，板牙是套丝机最常见的易损件，根据螺纹不同，有不同规格的板牙（见图7-14）。

电动套丝机板牙按螺距分类有：英制板牙（BSPT）、美制板牙（NPT）、公制板牙（METRIC）。

按尺寸（英寸）分类有：1/4 ~ 3/8in（2

图7-14　板牙

分~3分板牙)、1/2~3/4in(4分~6分板牙)、1~2in(1~2寸板牙)、2½~3in(2½~3寸板牙)、2½~4in(2½~4寸板牙)、5~6in(5~6寸板牙)。

(4)套丝机安全操作规程

① 设备必须专人负责,操作工要经过培训,持证上岗。

② 使用套丝机前,要检查四片刀片是否按顺序安装,连接是否牢固,各运转部位润滑情况是否良好,有无漏电现象,空车试运转确认无误后,方准进入正常作业。

③ 加工钢筋时,必须使用无齿锯或钢锯切断钢筋,严禁使用套丝机切断钢筋,以防套丝不合格和损坏刀片。

④ 套丝时必须确保钢管或钢筋夹持牢固。

⑤ 套丝时必须保证冷却液的流量,并及时更换冷却液。

⑥ 机械在运转过程中,严禁清扫刀片上面的积屑杂污,发现工况不良应立即停机检查、修理。

⑦ 严禁超过设备性能规定的操作,以防发生事故。

⑧ 严格执行清洁、润滑、坚固、调整、防腐的"十字作业法方针",确保机械处于良好工况。

⑨ 严禁在机械运转过程中进行不停机的设备维修保养作业。

⑩ 工作完毕,要断电并锁好闸箱。

2. 液压弯管机

(1)手动液压弯管机

1)使用方法:

① 将手动液压弯管机开关拧紧,支承轮和模子与被弯工件接触部位涂润滑油脂。

② 根据所弯管材大小,选择相应的弯模,装在活塞杆顶端,将两个支承轮相应的尺寸槽面向着弯模,特别注意支承轮应放在翼板边面的所相应尺寸孔内。避免两支承轮位置不对称,造成损坏模子及机件。

③ 放好工件后将上翼板盖上,先用快泵使弯模压到工件,再用慢泵将工件压到所需角度,弯好后打开开关,工作活塞将自动复位,翻开上翼板,将工件取出。

2)使用手动液压弯管机的注意事项:

① 手动液压弯管机使用前首先要检查油箱内的油是否充足,如不足应加满。

② 工作前开关一定要关死,否则压力打不上,并把加油螺塞拧松,以便油箱通气。

③ 所弯管材的外径一定要与弯模凹槽贴合,否则工件会产生凹瘪现象或将模子胀裂。

④ 焊接管的焊缝在要处于弯曲处正外侧或正内侧。弯曲过程中两支承轮要同时转动且工件在支承轮的凹槽内滑动,如单面不动应停止操作。

⑤ 平时做好手动液压弯管机的清洁保养工作,加油要清洁。

⑥ 所谓弯管器的规格对应于所弯管子的外径。

⑦ 使用液压弯管器时,弯管器必须放平。

⑧ 弯管器操作前,首先检查弯管器各润滑点是否缺油,运动机构是否松动,安全防护装置是否可靠,待确认后方可操作。

⑨ 弯管器弯曲时,思想要集中,禁止将手或其他物品放入工作区。

⑩ 手持弯管器,它包括一个心轴,连接到心轴上的一个成形件,用来与心轴共同起作用,实现管的至少180°的弯曲。

（2）电动液压弯管机

电动液压弯管机由电动油泵、高压油管、快速接头、油缸、柱塞弯管部件(包括上花板、下花板、模头、辊轴)组成。由电动油泵输出的高压油，经高压油管送入工作油缸内，高压油推动油缸内柱塞，产生推力，通过弯管部件弯曲管子，见图7-15。

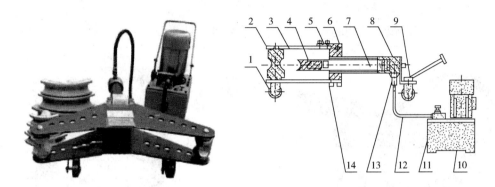

图7-15 电动液压弯管机及其结构示意图

1—车轮；2—辊轴；3—上花板；4—模头；5—连杆板；6—方挡块；7—柱塞；8—油缸；
9—支架；10—电动油泵；11—放油螺钉；12—高压油管；13—快速接头；14—下花板

1）电动液压弯管机使用方法：

① 参照电动油泵使用说明书，先将工作油缸旋入方挡块的内螺纹，使油缸后端装在支架上的车轮向下。

② 根据所弯管子的外径选择模头套在柱塞上，将两只辊轴所对应槽向着模头，然后放入相应尺寸的下花板的孔中，再将上花板盖上，将所弯管子插入槽中，再将高压油管端部的快速接头活动部分向后拉并套在工作油缸的接头上，将电动油泵上的放油螺钉旋紧，即可弯管。弯管完毕，放松放油螺钉，柱塞即自动复位。

2）注意事项：

① 参照电动油泵使用说明书。

② 在有载荷时切忌将快速接头卸下。

③ 机具是用油为介质的，必须保证油的质量做好机具的清洁保养工作，以免淤塞或漏油，影响使用效果。

3. 液压开孔器

1）使用方法：

① 液压开孔器如图7-16所示，开孔工件在开孔前，先用手电钻打一个 ϕ11.5mm 的引道孔。

② 将活塞拉杆旋进活塞缸的螺孔中，然后将垫圈套进活塞拉杆再套进凹模。再将活塞拉杆伸进工件的引道孔，最后拧紧凸模，使凸模的刀口和加工面紧密结合，凸模、工件、凹模三者可靠地固定。

③ 按顺时针方向关闭回油阀，然后反复按揿加力手柄，使活塞泵开始工作，油压上涨，凹凸模之间剪切力增加，模具在工件上剪孔，直到剪通为止。

④ 按逆时针方向打开回油阀，使油压全部卸载。经过上述4步操作程序就完成了开孔操作。

⑤ 拧下凸模，清除凹模中废板，擦干净模具。

2）注意事项：

① 使用开孔器开孔时，开孔器应与工作面成垂直状态。

② 双梯边桥架不可以用普通液压开孔器开孔，以免损坏开孔器。

③ 使用电动开孔器开孔时，应该用水降温。

4. 冲击电锤安全操作规程

电锤是附有气动锤击机构的一种带安全离合器的电动式旋转锤钻，见图7-17。

图7-16　液压开孔器

图7-17　冲击电锤

① 金属外壳要有接地或接零保护，塑料外壳应防止碰、磕、砸，不要与汽油及其他溶剂接触。

② 钻孔时不宜用力过大过猛，以防止工具过载；转速明显降低时，应立即把稳，减少施加的压力；突然停止转动时，必须立即切断电源。

③ 安装钻头时，不许用锤子或其他金属制品物件敲击。

④ 手拿电动工具时，必须握持工具的手柄，不要一边拉软导线，一边搬动工具，要防止软导线擦破、割破和被轧坏等。

⑤ 外壳的通风口（孔）必须保持畅通，必须注意防止切屑等杂物进入机壳内。

5. 台钻

1）台钻（见图7-18）使用方法：

① 根据需要加工孔径大小，更换好符合要求的钻头，检查电源开关是否完好。

② 把需要加工的材料在钻台上放好（对好距离），夹紧，调整好转速。然后打开电源开关（有的有喷水装置的），抓住控制柄（或摇臂），慢慢下移到加工件上，下压钻孔到一定要求后慢慢上提到转头复位即可。

③ 钻头变钝以后应当用砂轮来打磨。

2）台钻的安全操作规程：

① 安装、拆卸钻头应使用专用钥匙扳手，不允许采用敲击的方法。

② 台钻属于低转速高功率的设备。钻孔时，扶钻件手严禁戴

图7-18　台钻

手套，防止钻孔时手套搅到钻头，造成人身伤亡。

③ 在进行钻孔操作时，工件下面可以垫一木板。钻床需完全停车后方可变速，不可用嘴吹除铁屑。

④ 较小的工件在被钻孔前必须先固定牢固，这样才能保证钻时使工件不随钻头旋转，保证作业者安全。

⑤ 钻薄板孔时，钻头应刃磨，中间的尖定位，稍高一点，边上两尖切削，稍低，并采用较小进给量。

⑥ 在钻通孔时，将要钻穿前，必须减少走刀量。孔即将钻通时，应适当减小进给量。

⑦ 切屑缠绕在工件或钻头上时，应提升钻头。使之断屑，并停钻后用专门工具清除切屑。

⑧ 必须在钻床工作范围内钻孔，不应使用超过额定直径的钻头。

⑨ 更换皮带位置变速时，必须切断电源。

⑩ 工作中出现任何异常情况，应停车再处理。

6. 电动切割机

1）电动切割机（见图7-19）使用方法：

① 使用前检查设备状态，锯片是否松动，锯片防护罩是否有杂物，无齿锯片有缺损或裂纹禁止使用。

② 使用之前，先打开总开关，空载试转几圈，待确认安全无误后才允许启动。

③ 操作前必须查看电源是否与电动工具上的常规额定220(380)V AC 电压相符，以免错接到电源上，不得使用额定功率低于 4800r/min 的锯片。

④ 切割作业时，作业人员必须戴防护镜或防护面具，工作时应站在砂轮机的侧面，防止飞溅伤人。

⑤ 锯片要放置平稳，夹持牢固，锯件不得超过规定范围。严禁用脚踩锯件。

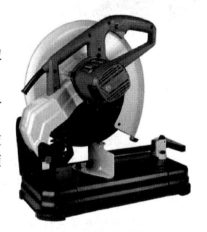

图 7-19　电动切割机

⑥ 不得进行强力切锯操作，在切割前要待电机转速达到全速。

⑦ 固定好待切割料，按下启动按钮，按下操作手柄使切割片贴在切割材料上，无齿锯在启动前不得与锯件接触，切割时用力咬均匀，不可用力过猛，锯切过程中不得停止。不得试图切锯未夹紧的小工件或带棱边严重的型材。

2）安全操作规程：

① 对电源闸刀开关、锯片的松紧度、锯片护罩或安全挡板进行详细检查，操作台必须稳固，夜间作业时应有足够的照明亮度。

② 不允许任何人站在锯后面，停电、休息或离开工作地时，应立即切断电源。

③ 锯片未停止时不得从锯或工件上松开任何一只手或抬起手臂。

④ 护罩未到位时不得操作，不得将手放在距锯片 15cm 以内。不得探身越过或绕过锯机，操作时身体斜侧 45°为宜。

⑤ 出现有不正常声音时，应立刻停止检查；维修或更换配件前必须先切断电源，并等锯片完全停止。

⑥ 下雨时，禁止露天使用电动切割机。使用切割机如在潮湿地方工作时，必须站在绝

缘垫或干燥的木板上进行。登高或在防爆等危险区域内使用必须做好安全防护措施。

⑦ 工作地点 2m 以内，不准有易燃易爆物品，火星飞溅必须挡在 2m 以内。

⑧ 无齿锯片有缺损或裂纹禁止使用。更换锯片时，必须停电更换。

⑨ 作业周围 3m 内不准有他人作业，以免造成误伤。

⑩ 电动切割机在使用前必须保护接地。

⑪ 使用电动切割机切割较厚的型钢和管材，切屑较多时选用粗质切割片。切割槽钢时，要将槽钢垂直固定切割。

图 7-20　电动砂轮磨光机

7. 电动砂轮磨光机

1）电动砂轮磨光机：适用于大型笨重、不易搬动机件和铸件的表面去除飞边、毛刺、磨光焊缝及去锈抛光等作业，见图 7-20。电动角向磨光机适用于金属件清理、去毛及焊缝砂光等。手持式磨光机由于重量轻、体积小，操作简单，可打磨型钢、钢管、支架切口的圆角等，所以在工程中应用广泛。

2）安全操作规程：

① 使用磨光机时，必须戴防护镜；打开开关之后，要等待砂轮转动稳定后才能工作。

② 使用磨光机进行打磨作业时，应使用砂轮片的外边沿打磨。

③ 长发职工一定要先把头发扎起来。

④ 磨光机打磨时，碎屑飞出的方式是顺转向沿切线方向飞出，切割方向不能向着人。

⑤ 手持式磨光机在打磨时由于碎屑飞出的方式是顺转向沿切线方向飞出，为确保安全必须有防护罩。

⑥ 手持式磨光机在打磨时，不得用力过大。

⑦ 长期使用后，机器应在空载速度下运行一段时间，以便冷却电动机。否则，当电动机产生的热量不能充分由冷却风扇排出时，就会发生过载，电动机易烧毁。

⑧ 工作完成后清洁工作环境。

⑨ 磨光机进行维护保养前应先切断电源。

8. 手电钻

1）手电钻（见图 7-21）安全操作规程：

① 手电钻外壳必须有接地或者接零中性线保护。

② 手电钻导线要保护好，防止轧坏、割破，防止油水腐蚀电线。

③ 使用时一定不能戴手套，防止卷入设备给手带来伤害，穿胶布鞋；在潮湿的地方工作时，必须站在橡皮垫或干燥的木板上工作，以防触电。

④ 使用中发现电钻漏电、振动、高热或者有异声时，应立即停止工作，检查修理。

图 7-21　手电钻

⑤ 电钻未完全停止转动时，不能卸、换钻头。

⑥ 停电休息或离开工作地时，应立即切断电源。

⑦ 不可以用来钻水泥和砖墙。否则，极易造成电机过载，烧毁电机。关键在于电机内缺少冲击机构，承力小。

2）手电钻操作时的注意事项：

① 用前检查电源线有无破损。若有，必须包缠好绝缘胶带，使用中切勿受水浸及乱拖乱踏，也不能触及热源和腐蚀性介质。

② 对于金属外壳的手电钻必须采取保护接地措施。

③ 使用前要确认手电钻开关处于关断状态，防止插头插入电源插座时手电钻突然转动。

④ 电钻在使用前应先空转 0.5~1min，检查传动部分是否灵活，有无异常杂音，螺钉等有无松动，换向器火花是否正常。

⑤ 打孔时要双手紧握电钻，尽量不要单手操作，应掌握正确操作姿势。

⑥ 不能使用有缺口的钻头，钻孔时向下压的力不要太大，防止钻头折断。

⑦ 清理钻头废屑，换钻头等这些动作，都必须在断开电源的情况下进行。

⑧ 对于小工件必须借助夹具来夹紧，再使用手电钻。

⑨ 操作时进钻的力度不能太大，以防钻头或丝攻飞出来伤人。

⑩ 在操作前要仔细检查钻头是否有裂纹或损伤，若发现有此情形，则要立即更换。

⑪ 要先关上电源，等钻头完全停止再把工件从工具上拿走。

⑫ 在加工工件后不要马上接触钻头，以免钻头可能过热而灼伤皮肤。

⑬ 使用中若发现整流子上火花大，电钻过热，必须停止使用，进行检查。如清除污垢、更换磨损的电刷、调整电刷架弹簧压力等。

⑭ 为了避免伤害手指，在操作时要确保所有手指彻底离开工件或钻头。

⑮ 不使用时应及时拔掉电源插头。电钻应存放在干燥、清洁的环境。

9. 打号机

（1）打号机的用途

① 如图 7-22 所示，打号机全称是线号印字机，又称线号打印机，用于在 PVC 套管、热缩管、专用不干胶标签带上打印字符，主要应用在电力相关行业，用于区分标志标识。一般用于电控、配电、开关设备二次线标识，是电控、配电设备及综合布线工程配线标识的专用设备，可满足电厂、电气设备厂、变电站、电力行业电线区分标志标识的需要。广泛应用的是电脑线号印字机（或称电子线号印字机），属于热转印打印机，本身自带键盘，操作简单，使用方便。

图 7-22　打号机

② 打号机作用强大，记忆能力强，可以打印多种材料，操作简便快捷，具有适合在多种场合使用、多种输入法切换方便、存储空间可无限拓展等优点。

（2）打号机的使用方法

① 取出线号机后，将机器放于平坦的地方。

② 打开线号机上盖，将半切刀上的胶带撕下，以免影响半切刀的正常切割。

③ 如果是打印贴纸，请将贴纸拉出，让贴纸超出半切刀的位置2cm。

④ 如果是打印套管，请将贴纸拿出，将套管穿过套管调整器。安装好调整器后，使套管超出半切刀的位置。

⑤ 装好套管之后，将色带盒装入，把色带盒右边的旋钮旋转至12点钟方向。至此，色带和套管或贴纸已经安装完毕，在机器上选择相应的材料及输入文字即可打印。

（3）注意事项

① 打号机核心零部件是打印头，打印前一定要保证打印材料的清洁，不然容易划伤打印头。

② 其他的易损的有胶辊、齿轮、切刀。打印的时候最好有人看管，进管的时候不要受外力影响，切刀的深度不要调得太深。打印量大自然对胶辊、齿轮、切刀的磨损比较大。

③ 此类机器受环境温度和材料硬度影响较大，一般冬季要用材质稍软点的套管，浓度相对要调高一点，这样可以打印更清晰，而夏季浓度要调低点，不然容易粘色带。

④ 不同品牌的打号机使用方法稍有差异，在使用打号机的时候，应熟读相关品牌的说明书。

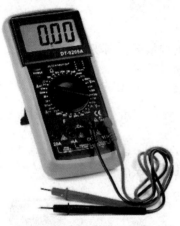

图 7-23　数字万用表

10. 万用表

使用数字万用表前，应认真阅读有关的使用说明书，熟悉电源开关、量程开关、插孔、特殊插口的作用。将电源开关置于"ON"位置。万用表一般可用来测量直流电流、电压和交流电压、电流（见图7-23）。

1）交、直流电压的测量：

根据需要将量程开关拨至 DCV（直流）或 ACV（交流）的合适量程，红表笔插入 V/Ω 孔，黑表笔插入 COM 孔，并将表笔与被测线路并联。

2）交、直流电流的测量：

将量程开关拨至 DCA（直流）或 ACA（交流）的合适量程，红表笔插入 mA 孔（< 200mA 时）或 10A 孔（> 200mA 时），黑表笔插入 COM 孔，并将万用表串联在被测电路中即可。测量直流量时，数字万用表能自动显示极性。

3）电阻的测量：

将量程开关拨至 Ω 的合适量程，红表笔插入 V/Ω 孔，黑表笔插入 COM 孔，万用表串联在无源电路中。如果被测电阻值超出所选择量程的最大值，万用表将显示"1"，这时应选择更高的量程。

4）使用数字万用表的蜂鸣器时，应串联在无源电路中。用万用表测量电阻时，被测电阻不能带电。继电器线圈电阻能用万用表测量。

5）数字万用表在长时间不用时应该取出内装电池，并将转换开关打到交流电压的高电压档或空档上。

11. 标准电阻箱

（1）电阻箱的结构

将若干个标准电阻装在一个箱中，利用换接设备可以得到各种不同电阻的装置称为电阻箱。标准电阻箱是电阻值可变的电阻单位的度量器。其电阻值可在已知范围内按一定的阶梯而改变。开关式直流电阻箱的电阻元件均接于各个触点之间，而且固定于各旋转接触，电刷则在触点上移动。

在此种电阻箱里被利用的电阻是介于起始触点和在使用时电刷所触及的触点之间的电阻。阻值在 0.01Ω 以上的标准电阻箱一般用锰铜丝绕制（见图7-24）。

图 7-24　标准电阻箱

（2）使用

① 供直流电路中作精密调节电阻之用。

② 调校温度变送器。

③ 采用精密电阻箱调校携带式直流单臂电桥等。

④ 正确使用电阻箱时，应首先旋转一下各组旋钮开关。

⑤ 对与直流电阻箱的接线端子，电阻箱上的接线端子无正负之分。

⑥ 盘式电阻箱各盘均在零位时，其实际阻值不一定正好为零，这残存的阻值叫作电阻箱的零值电阻。

⑦ 直流电阻箱输出 100Ω 时，电阻箱各盘位数组合为 $10\times9\Omega + 1\times9\Omega + 0.1\times9\Omega + 0.01\times10\Omega$。

⑧ 电阻箱不可用于调压或冲击负荷大的场合，以防止过电流损坏仪器。

（3）储存

① 电阻箱在使用过程中应定期采用药棉用少量的一点点润滑油涂在开关的接触片和电刷上就可以。（注：绝对不能够涂多，多了没用。油脂过多会引起接触不良）

② 使用和储存地方的温度应在 $10\sim30℃$，相对湿度不大于 80%，周围空气中不应含有腐蚀性气体。

③ 标准电阻箱属于标准仪器，必须进行定期检定。

图 7-25　活塞式压力机

12. 活塞式压力计

（1）工作原理

活塞式压力计（见图7-25）是基于静压平衡原理工作的，按其结构一般可分为单活塞、双活塞两种。活塞式压力计的精度很高，一等活塞式压力计的最大允许误差为 $\pm0.02\%$。

（2）准备工作

① 压力计应放在便于操作的工作台上，利用调整螺钉来校准水平，必须使气泡水平仪的气泡位于中间位置。

② 压力计的工作环境温度为 $(20\pm2)℃$，周围空气不得含有腐蚀性气体。

③ 砝码应放在干燥地点。

④ 使用前，首先用油清洗压力计各部分，然后在手摇泵和测量系统的内腔注满传压介质(传压介质不允许混有杂质和污物)，并将内腔中的空气排除。

（3）使用方法

① 调校先把压力计上的水平气泡调至中心位置，然后检查油路是否畅通，若无问题，便可装上被校压力表，进行调校。

② 打开油杯阀门，左旋手轮，使压力泵油缸充满油液。

③ 活塞式压力计在为压力表升压时，进油口关闭，压力表前的阀打开，活塞手轮顺时针旋转，产生初压使托盘升起，直到与定位指示筒的墨线刻度相齐为止。

④ 右旋手轮，同时增加砝码，注意增加砝码时，需用手轻轻拨转砝码。活塞式压力计上的砝码标数是指压力。

⑤ 检验完毕，左旋手轮，逐步卸去砝码，最后打开油杯阀门，卸去全部砝码。

（4）注意事项

① 压力计除活塞杆和活塞筒是精密零件，不得轻易拆卸外，其他各部分应定期清洗。清洗及安装时都必须谨慎小心，防止脏物或擦布纤维混入。

② 油液必须过滤，不许混有杂物脏物；使用一定时间后，必须更换新油。

③ 不用时必须盖上防尘罩，以免尘埃进入压力计内。

④ 活塞式压力计的砝码丢失，不能用相同规格的另一台活塞式压力计的砝码替代。

第四节　仪表电缆桥架与安装

一、仪表电缆桥架

1. 电缆桥架种类

仪表电缆在一般条件下，不采取直埋的方法，而是架空敷设。在电缆集中的场合大多使用槽板或桥架。

1) 使用电缆桥架，电缆的敷设、维修和寻找故障都很方便。常用的电缆桥架按材质分主要有玻璃钢和钢制槽架。钢制电缆槽架又分槽式、梯级式、托盘式和组合式四种。

2) 钢制槽式电缆桥架又称电缆槽板，是一种全封闭式电缆桥架，它对控制电缆的屏蔽干扰和重腐蚀环境中电缆的防护有较好的效果，是自动化仪表电缆敷设普遍采用的桥架。

2. 电缆桥架规格

桥架直通的槽板通常长 2m，有些情况需用大跨距的长 6m 或 9m 的，但必须用加强型，以保证支撑强度。根据宽×高有不同的规格，常用的有 50mm×25mm、100mm×50mm、150mm×75mm、200mm×100mm、250mm×150mm、300mm×150mm、400mm×200mm、500mm×200mm、600mm×200mm、800mm×200mm。除直通槽板外还有槽板加工件，包括：终端封头、水平弯通、水平三通、上垂直三通、下垂直三通、水平四通、上垂直四通、垂直上弯通、垂直下弯通、垂直左上弯通、垂直右上弯通、垂直左下弯通、垂直右下弯通、异径接头。槽板敷设根据需要还可以加装电缆隔板，将不同信号电缆隔离开来。连接直通槽板和加工件的是连接板和连接螺栓。

3. 电缆槽的制作与安装

1) 电缆桥架安装前，应进行外观检查。电缆槽及其配件应选用制造厂的标准产品，其结构形式、规格、材质、涂漆等均应符合设计规定。

2）当弯头、三通、变径等配件需要在现场制作时，宜采用切割机、锯弓等对成品直通电缆槽进行加工，不能使用电焊或气焊切割。电缆槽切割后应满足施工要求，如切割后发现有裂痕或变形，应放弃使用。切割后的电缆槽均需打磨，使边缘光滑无毛刺、无裂缝。电缆槽弯曲半径不应小于在该电缆槽中敷设的电缆最小弯曲半径，变径应平整、准确、无毛刺。

3）现场制作的配件宜采用螺栓连接。特殊情况可用焊接，焊接时应采用断焊接，并应有防变形措施，接缝应相互错开，焊完后配件应平整牢固，焊缝应打磨平滑。

4）加工成形后的配件应及时除锈、涂刷底漆和面漆。

5）电缆槽内的隔板应成 L 形，且低于电缆槽高度，边缘应光滑。若隔板与槽体采用焊接固定时，应在 L 形底边的两侧采用交替定位焊固定，隔板之间的接口应用定位焊连成整体，并及时做好防腐处理。

6）电缆槽底板应有漏水孔，漏水孔宜按"之"字形错开排列，孔径为 5~8mm。若需要现场开孔时，应从里向外进行施工，并应做防腐处理。

7）电缆槽及其构件安装前应进行外观检查，其内、外应平整，内部应光洁、无毛刺，尺寸应准确，配件应齐全。

8）电缆槽安装在工艺管架上时，宜在工艺管道的侧面或上方。对于高温管道，不应平行安装在其上方。

9）电缆槽的安装顺序应先主干线，后分支线，先将弯头、三通和变径定位，后直线段安装。

10）电缆槽宜采用半圆头防锈螺栓连接，螺母应在电缆槽的外侧，固定应牢固。

11）电缆槽不宜采用焊接连接。若采用焊接方式连接时，应按下列要求施工：

① 焊接应牢固，不得有明显的变形。

② 扁钢连接件与槽的侧面焊接时，应在扁钢件两侧采用对称点焊，每侧不少于 2 点，焊缝长宜为 30mm。

③ 扁钢连接件与槽的底面焊接时，应在扁钢件两侧采用交错点焊，焊缝长约 30mm，侧焊缝间距宜为 150mm。

④ 焊接后，打掉药皮，清除飞溅。焊缝与母材应圆滑过渡，并补涂防锈漆和面漆。

12）电缆槽在支架上的固定方式，应按设计规定进行。

13）电缆槽安装直线长度超过 30m 时，宜采取热膨胀补偿措施。

14）电缆槽安装应保持横平竖直、排列整齐，底部接口应平整无毛刺。成排电缆槽安装时，弯曲部分弧度应一致。电缆槽变标高时，底板、侧板不应出现锐角和毛刺。

15）电缆槽的上部与建筑物和构筑物之间应留有便于操作的空间。

16）电缆槽的开孔，应采用机械加工方法，开孔后，边缘应打磨光滑，并及时做防腐处理。保护管引出口的位置应在电缆槽高度的 2/3 左右。当电缆直接从开孔处引出时，应采用措施保护电缆。

电缆槽垂直段大于 2m 时，应在垂直段上、下端槽内增设固定电缆用的支架。当垂直段大于 4m 时，还应在其中部增设支架。

17）夏季最合适安装电缆槽。电缆槽连接时中间要留有 2~5mm 的缝隙。电缆桥架由室外进入建筑物内时，桥架向外的坡度不得小于 1/100。

18）槽式电缆桥架的端口宜封闭。

4. 支架制作与安装

（1）支架制作

制作支架时，应将材料矫正、平直，采用机械切割方法，切口表面应平整，不应有卷边和毛刺。制作好的支架应牢固、平直、尺寸准确，并按设计要求及时除锈、涂防锈漆。

（2）支架安装

支架安装时应符合以下规定：

① 支架安装在允许焊接的金属结构上和有预埋件的水泥框架上，应采用双面焊接固定。支架安装在允许焊接的工艺管道上时，应预先焊接一块与其材质相同的加强板，然后将支架焊在加强板上，以增加支架的受力面积，保证支架的强度。在有防火要求的钢结构上焊接支架时，应在防火施工之前进行。

② 在无预埋件的水泥框架上采用膨胀螺栓固定。

③ 在不允许焊接支架的管道上，应采用 U 形螺栓、抱箍或卡子固定。

④ 支架应固定牢固、横平竖直、整齐美观，在同一直线段上的支架间距应均匀。

⑤ 支架不应安装在高温或低温管道上。支架安装在有坡度的电缆沟内或建筑结构上时，其安装坡度应与电缆沟或建筑结构的坡度相同。支架安装在有弧度的设备或结构上时，其安装弧度应与设备或结构的弧度相同。

⑥ 电缆桥架的金属支架间距宜为 1.5~3m。电缆槽及保护管安装时，金属支架之间的间距不宜超过 2m。在拐弯处、伸缩缝两侧、终端处及其他需要的位置应设置支架。垂直安装时，可适当增大距离。

⑦ 电缆直接明敷时，水平方向支架间距宜为 0.8m，垂直方向宜为 1m。

5. 电气保护管

1）电气保护管也是仪表专业安装较多的一种管子，它是用来保护电缆、电线和补偿导线的。为美观，多采用镀锌的有缝管（即电气管）（见表 7-1）、镀锌焊接钢管和硬聚氯乙烯管。专业的电气管管壁较薄，硬聚氯乙烯管只在强腐蚀性场所使用，通常采用镀锌钢管（见表 7-2）。

表 7-1　电气管的规格

公称直径/in	1/2	5/8	3/4	1	11/4	1½	2
公称直径/mm	15	18	20	25	32	40	50
外径/mm	12.7	15.87	19.05	25.4	31.75	38.1	50.8
壁厚/mm	1.6	1.6	1.8	1.8	1.8	1.8	2
内径/mm	9.5	12.67	15.45	21.6	28.15	34.5	46.8
重量/(kg/m)	0.451	0.562	0.765	1.035	1.335	1.611	2.40

表 7-2　镀锌钢管的规格

公称直径/in	1/2	3/4	1	11/4	1½	2
公称直径/mm	15	20	25	32	40	50
外径/mm	21.25	26.75	33.5	42.25	48	60

壁厚/mm	2.75	2.75	3.25	3.25	3.5	3.5
内径/mm	15.75	21.25	27	35.75	41	53
重量/(kg/m)	1.44	2.01	2.91	3.77	4.85	6.16

2）保护管的选用要从材质和管径两个方面去考虑。材质取决于环境条件即周围介质特性，而管径则由所保护的电缆、电线的芯数和外径所决定。配管时要注意保护管内径和管内穿线的电缆数，通常电缆的直径之和不能超过保护管内径的一半。

3）保护管不应有显著的变形，内壁应清洁、无毛刺、管口应光滑、无锐边。

4）保护管弯制应采用冷弯法，薄壁管应采用弯管机冷弯。弯制保护管时，应符合下列规定：

① 弯度不应小于 90°。

② 弯曲半径应符合下列要求：

a. 当穿无铠装的电缆且明敷设时，不应小于保护管外径的 6 倍。

b. 当穿铠装电缆以及埋设于地下或混凝土内时，不应小于保护管外径的 10 倍。

c. 保护管弯曲处不应有凹陷、裂缝和明显的椭圆。

d. 单根保护管的直角弯不得超过 2 个。

5）保护管的直线长度超过 30m 或弯曲角度的总和超过 270°时，中间应加装穿线盒。保护管敷设时有两个弯(每个弯都大于 90°)时，每增加 15m 加一直通穿线盒。保护管敷设时有三个弯，每个弯的间距都在 5~10m 之间，且每个弯都大于 90°时，直管段超过 10m 加一接线盒。遇梁柱时，应采取弯管或弯头的形式绕过，不得在钢结构上开孔，混凝土可采用预埋保护管方法(见图 7-26)。

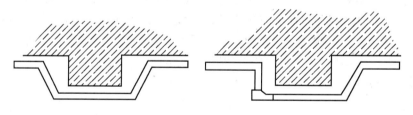

图 7-26　穿线盒安装位置

6）保护管沿塔、容器的梯子安装时，不应与电气保护管处在同一侧，且宜沿梯子左侧或内侧安装。

7）保护管若横跨塔、容器的梯子安装时，应安装在梯子的后面，其位置应在人上梯子时接触不到的地方。

8）当保护管直线长度超过 30m 时，应考虑加热膨胀补偿措施。且沿塔、槽、加热炉或过建筑物伸缩时，应采取下列热膨胀补偿措施(见图 7-27)。

① 弯管形成自然补偿。

② 在两管连接处，预留适当的间距。

③ 增加一段软管。

④ 增加一个鹤首弯。

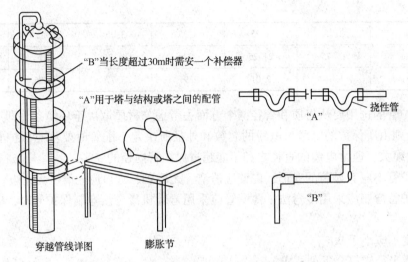

"B"当长度超过30m时需安一个补偿器

"A"用于塔与结构或塔之间的配管

挠性管

"A"

"B"

穿越管线详图　　　膨胀节

图 7-27　保护管的热膨胀补偿措施

9）保护管之间及保护管与连接件之间，应采用螺纹连接。保护管套丝可用手动套丝机、自动、半自动套丝机。保护管套丝端不能太长，一般为 2~3cm。管端螺纹的有效长度应大于管接头长度的 1/2，螺纹有效咬合部分不应少于 5 个螺距。保护管之间或保护管与接线盒、分线盒、穿线盒之间的螺纹处应涂抹电力复合脂或导电性防锈脂，目的是保持良好的导电性，并保持管路的电气连续性。保护管切割一般采用砂轮切割机，切割时手臂力量要均匀，使管口截面平整无凹洼，保护管切割后要打磨，应光滑、无毛刺。当钢管埋地敷设时，宜采用套管焊接，管子对口应处于套管的中心位置，对口应光滑，焊接应牢固，焊口应严密，并应做防腐处理。

10）保护管与就地仪表盘、仪表箱、接线箱、穿线盒等部件连接时，应有密封措施，并将管固定牢固。保护管管口应低于仪表设备进线口约 250mm，以保证保护管内的积液不会流进仪表进线孔。与检测元件或就地仪表之间宜采用挠性管连接，当不采用挠性管连接时，管末端应加工成喇叭口或带护线帽。保护管从上向下敷设时，在最低点应加排水三通。仪表及仪表设备进线口应用电缆密封接头密封（见图 7-28）。

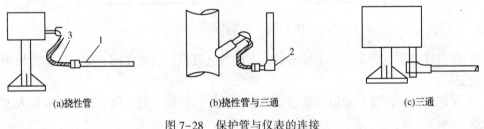

(a)挠性管　　　　　　(b)挠性管与三通　　　　　　(c)三通

图 7-28　保护管与仪表的连接

1—用卡子固定；2—三通；3—挠性管

11）暗配保护管应按最短距离敷设，在抹面或浇灌混凝土之前安装，埋入墙或混凝土的深度与其表面的净距离应大于 15mm，外露的管端应加木塞封堵或用塑料布包扎保护螺纹。

12）埋地保护管与公路、铁路交叉时，管顶埋入深度应大于 1m；与排水沟交叉时，管顶离沟底净距离应大于 0.5m，并延伸出路基或排水沟外 1m 以上；保护管与地下管道交叉时，与管道的净距离应大于 0.5m，过建筑物墙基应延伸出散水坡外 0.5m。仪表保护管暗敷时，与易燃介质管道交叉安装时最小间距为 0.5m。与高温介质管道平行安装时最小间距为 2m。与高温介质管道交叉安装时最小间距为 0.5m。保护管安装时应距工艺设备、管道绝热层最少 200mm。

13）保护管引出地面的管口宜高出地面 200mm；当从地下引入落地式仪表盘(箱)内时，管口宜高出地面 50mm，多根保护管引入时，应排列整齐，管口标高一致。线箱入口加有防爆作用的 Y 形密封接头时，与接线箱的间距应不大于 0.45m。

14）明配保护管安装位置应选择在不影响操作、不妨碍设备检修、运输和行走的地方。保护管应横平竖直，成排安装时应排列整齐美观、间距均匀一致，长度小于 2m 的保护管，在固定支架时，应固定两点，保护管安装在金属钢结构上时，支架应采用焊接固定，如果支架焊接在有防火要求的钢结构上时，应在防火施工之前进行。安装在混凝土时，支架应采用膨胀螺栓固定，保护管支架安装在允许焊接的工艺管道上时，支架应通过加强板固定在工艺管线上，保护管支架安装在不允许焊接的工艺管道上时，应采用 U 形卡或镀锌 U 形螺栓固定。

15）保护管穿越楼板和钢平台时，应符合下列要求：

① 开孔准确，大小适宜。

② 不得切割楼板内钢筋或平台钢梁。

③ 穿过楼板时，应加保护套管；穿过钢平台时应焊接保护套或防水圈。

16）明敷设电缆穿过楼板、钢平台或隔墙处，应预留保护管，管段宜高出楼面 1m；穿墙保护管的套管两端延伸出墙面的长度应小于 30mm。

17）在户外和潮湿场所敷设保护管，应采取下列措施：

① 在可能积水的位置或最低处，安装排水三通。

② 保护管引入接线箱或仪表盘(箱)时，宜从底部进出。

18）保护管间的常用连接件有镀锌管接头、锁紧螺母、管箍、穿线盒等。保护管用的管件应内壁清洁、无毛刺，丝扣清晰完好，有防腐层且内径与保护管相匹配。

19）保护管进槽盒时，应采用开孔器开孔，开孔位置在槽盒侧面距槽盒上边缘 1/3 处，开孔后必须打磨，最后必须防腐。保护管管端丝扣在槽内外两侧用锁紧螺母将保护管固定在槽的侧板上，并在管口处加护线帽。

6. 防爆挠性管的安装要求

电气保护管与仪表连接处采用挠性软管，又称蛇皮管，是用条形镀锌铁皮卷制成螺旋形而形成的。为了更好地在腐蚀性介质(空气)中使用，在软管外层包上一层耐腐蚀性材料。

常用的防爆挠性管的公称内径有 13mm、20mm、25mm、32mm 和 38mm 等几种规格。一般长度有 700mm 和 1000mm 两种规格。也可根据需要在订货时注明长度让厂家按要求制作。防爆挠性管与防爆型仪表或电气设备连接时，应采用防爆密封圈挤紧或用密封填料进行封固。防爆挠性管螺纹连接齿合扣数不小于 5 扣。户外防爆挠性管应选用金属材质。在非防爆区也可以使用金属软管或防爆软管进行连接。

7. 保护管管卡

1）电气保护管管卡用厚 1.5~2mm 铁板制成，有的镀锌。DN80 以上的保护管不适合采用保护管管卡。

2）U 形卡是使用最为普遍的管卡。它适用于各种电气管和各种镀锌水煤气管。

仪表 U 形卡一般按敞口大小分类。DN50 以下的镀锌钢管用的 U 形卡,制作材料一般采用圆钢 $\Phi5$。DN50 以上的 U 形卡采用的圆钢要粗一些。DN50 的管卡敞口距离一般大于 50mm。

U 形卡适宜于卡单根管,使用灵活、方便。

8. 仪表电缆穿线盒

穿线盒是电缆电线穿管敷设时,在仪表电气保护管的连接处、分支处和拐弯处必须采用的连接管件。穿线盒的连接形式通常为螺纹连接。

常用穿线盒按其应用场合可分为普通穿线盒和防爆穿线盒;按其用途可分为直通穿线盒、弯通穿线盒和三通穿线盒;按管径可分为 DN15、DN25 和 DN40 的穿线盒等。

铝合金穿线盒广泛应用于自控、电气线路的敷设中。仪表电缆敷设时,保护管长度太长,不利于电缆的敷设,如直线长度超过 30m 时,应加直通穿线盒;一条保护管弯管不能超过 2 个,若超过 2 个,就得用弯通穿线盒;电缆要分支,可用三通或四通穿线盒。

二、仪表常用电缆

1. 仪表电缆的分类

仪表电缆通常可分为三类即控制电缆、动力电缆和专用电缆。

(1) 控制电缆

控制电缆是仪表专业使用的主要电缆。仪表系统中的信号线是根据导线的机械强度、检测回路、控制回路对线路阻抗匹配的要求决定信号线截面积的大小。由于对线路电阻有较高要求,故控制电缆全是铜芯。它主要用在电动单元仪表连接,热电阻连接,DCS 外部连接,系统信号,联锁、报警线路。其标准截面大多采用 $1.5mm^2$ 和 $2.5mm^2$,偶尔使用 $0.75mm^2$ 和 $1.0mm^2$ 的。一般规定,从现场至控制室的报警联锁信号线、电磁阀控制电路导线截面积不小于 $1.5mm^2$。

电缆结构形式应根据安装环境和条件进行选择:在塑料或表面涂有油漆,而不能可靠接地的容器和管道上可选用屏蔽型电缆;在易燃易爆地区,或管内介质是易燃易爆介质,应选用防爆型电缆;在火灾危险场所,宜选用阻燃型电缆;对需要伴热的管道,宜选用伴热电缆。

控制电缆有 2 芯、3 芯、4 芯、5 芯、6 芯、8 芯、10 芯、14 芯、19 芯、24 芯、30 芯和 37 芯 12 种规格。二线制接线仪表通常采用 2 芯和 3 芯电缆;热电阻采用三线制连接,使用 3 芯和 4 芯电缆;四线制接线仪表常用 4 芯和 5 芯电缆。槽板作为电缆架设的主要形式,中间常采用接线箱,使主槽板中电缆与从现场来的通过保护管的电缆连接,因此主槽板中的电缆可采用 30 芯和 37 芯电缆。

(2) 动力电缆

动力电缆是指仪表盘柜、操作台及仪表设备用电源电缆,它不同于电气专业的电力系统,电力系统中电缆芯截面积的大小是根据导线绝缘材料的允许温升及导线上允许电压降来决定的。仪表电源都是市电,而且多用 220V AC,极少场合采用 380V AC。这种系统对电缆要求不高,只需考虑电路电流不超过电流额定值,不超过总负荷值即可,不必考虑线路电阻。

(3) 专用电缆

专用电缆也很普遍,在高速、长线传输时,如:PLC、I/O、RS485/422、DCS、PRO-

FIBUS 等应该使用专用电缆。大多数是屏蔽电缆，有时采用同轴电缆。网络通信电缆一般为同轴电缆，有特殊的专用接头及特殊的固定长度。专用电缆有的是检测设备配备的，有的需现场配备。

用于以电子计算机为主的自动控制系统，尤其适用于计算机集散控制系统，传递生产装置过程变量的检测、控制、联锁、报警等模拟和数字信号。

使用屏蔽电线和电缆的目的是为了防止强电、强磁场对传输信号的干扰。仪表工作在强电强磁场的环境下可能性很大，有时候受电波干扰，因此要使用屏蔽电缆(见表 7-3)。

表 7-3　屏蔽电缆型号、名称及用途

型号	名称	主要用途
BVP	铜芯聚乙烯绝缘金属屏蔽铜芯导线	防强电干扰的场合
	铜芯聚乙烯绝缘金属屏蔽铜芯软线	弱电流电器及仪表连接
BVVP	铜芯聚乙烯绝缘金属屏蔽护套铜芯导线	同 BVP 但能抗机械外伤
	铜芯聚乙烯绝缘金属屏蔽护套铜芯软线	防强电干扰的场合

(4) 补偿导线：

① 补偿导线是仪表电缆的一种，是热电偶的连接线，是为补偿热电偶冷端因环境温度变化而产生的电势差。用来将热电偶冷点(参比端)延伸到温度恒定的地方与显示仪表相连接的一种导线。常用热电偶的补偿导线见表 7-4。

表 7-4　常用热电偶的补偿导线

配用热电偶分度号	补偿导线型号	补偿导线正极		补偿导线负极		补偿导线在 100℃的热电势及允许误差/mV	
		材料	颜色	材料	颜色	A(精密级)	H(普通级)
S	SC	铜	红	铜镍	绿	0.645±0.023	0.645±0.037
K	KC	铜	红	铜镍	蓝	4.095±0.063	4.095±0.105
K	KX	镍铬	红	镍硅	黑	4.095±0.063	4.095±0.105
E	EX	镍铬	红	铜镍	棕	6.317±0.102	6.317±0.170
J	JX	铁	红	铜镍	紫	5.268±0.081	5.268±0.135
T	TX	铜	红	铜镍	白	4.277±0.023	4.277±0.047

注：补偿导线型号头一个字母与热电偶分度号相对应；第二个字母 X 表示延伸型补偿导线，字母 C 表示补偿型补偿导线。

② 补偿导线有单芯线(硬线)和多芯线(软线)两种。单芯线应用广泛，多芯线适用于测温点较集中的场合，且要用分线箱或接线箱。

(5) 注意事项

① 不同信号和分度号的热电偶要使用与分度号一致的补偿导线，否则不但得不到温度补偿反而产生更大的误差。

② 补偿导线在连接时必须注意极性，必须与热电偶极性一致，严禁接反。在使用前要仔细核对型号和分度号，且中间、终端和始端连接不能接错极性。

③ 在电磁干扰较强的场合，要采用带屏蔽层的补偿导线，屏蔽层接地。

④ 补偿导线需穿管敷设或在槽板内敷设。

2. 电缆敷设的方法及要求：

（1）电缆敷设前应做好下列准备工作

① 电缆槽或桥架已安装完毕，内部应平整、光洁、无毛刺、干净无杂物；控制室机柜、现场接线箱及保护管已安装完毕。

② 先核对其规格、型号、长度等应符合设计要求，外观良好，无扁瘪，保护层无破损；再对电缆进行绝缘导通测试，仪表电缆在使用前要测试电缆芯与外保护层以及绝缘层之间的绝缘电阻，用500MΩ摇表进行绝缘测试，5MΩ以上可以使用。编制电缆分配表，对敷设长度宜进行实测，其实际长度应与设计长度基本一致，否则，应按实际测量的电缆敷设长度及电缆到货长度编制。

③ 根据现场电缆分布情况和电缆分配表，按先远后近，先集中后分散的原则，安排电缆敷设顺序；电缆首尾两端应挂有设计规定的标识。

（2）电缆敷设的方法

① 电缆应集中敷设。敷设过程中，应由专人统一指挥。电缆敷设完毕应及时加好盖板，不得机械损伤和烧伤电缆。

② 敷设电缆时的环境温度应符合塑料绝缘电缆不低于0℃，橡皮绝缘电缆不低于-15℃。

③ 电缆敷设应合理安排，不得交叉，防止电缆之间或电缆与其他硬物之间相摩擦。

④ 在同一电缆槽内的不同信号、不同电压等级和本质安全防爆系统的电缆，应用金属隔板隔离，并按设计的规定分类、分区敷设。本质安全型回路的导线，最好采用单独的汇线槽，若必须布置在同一汇线槽内时要注意屏蔽。

⑤ 电缆在电缆槽或桥架内应排列整齐，在垂直电缆槽内敷设时，应用支架固定，并做到松紧适度。电缆在拐弯、两端、伸缩缝、热补偿区段、易震等部位应留有余量。有屏蔽层结构的软电缆，允许弯曲半径应不小于电缆外径的6倍。多芯控制电缆的弯曲半径不应小于其外径的10倍，铠装电缆的最小弯曲半径不应小于其保护管外径的10倍。

⑥ 仪表信号线路、安全联锁线路电缆、仪表用交流和直流供电线路在电缆槽分层敷设时，电缆应按从上到下分层排列。

（3）电缆敷设的要求

① 除需要延长已经使用的电缆或消除使用中的电缆故障外，控制电缆不应有中间接头。

② 仪表电缆敷设时不应该有中间断头，如果有采用转接箱或压接处理。电缆中间接头的芯线应焊接或压接，如采用焊接时，应用无腐蚀性的焊药。并用热塑管热封，外包绝缘带，挂上标志牌，并在隐蔽记录中标明位置。同轴电缆和高频电缆要用专用接头。

③ 仪表用电缆、电线、补偿导线的敷设与保温的工艺设备、工艺保温层表面之间的距离要大于200mm，明敷设的信号电缆与具有强电场和强磁场的电器设备之间的净距离宜大于1.5m；当屏蔽电缆穿金属保护管以及在电缆槽内敷设时宜大于0.8m。

④ 本安线路与非本安线路在电缆沟中敷设时，间距应大于50mm。

⑤ 电缆直接埋地敷设时，其上、下应铺100mm厚的砂子，砂子上面盖一层砖或混凝土护板，覆盖宽度应超过电缆边缘两侧50mm，电缆埋设深度大于700mm。

⑥ 设备附带的专用电缆，应按产品技术文件的要求敷设。

⑦ 不同电压等级的电缆不应敷设在同一电缆槽内，不可避免时，应用金属板隔离。

⑧ 信号线宜采用屏蔽电缆，采用双冗余结构的网络通道电缆应单独隔离敷设。

⑨ 仪表电缆与电力电缆交叉时，宜成直角；平行敷设时，两者之间的距离应符合设计文件规定。

⑩ 补偿导线敷设时要跟其他型号电缆分开敷设。

第五节　仪表盘安装与仪表伴热

一、仪表盘的预制与安装

1. 仪表盘基础预制

（1）盘柜底座预制的方法

① 仪表盘（柜、操作台）的型钢底座预制前，制作底座的型钢应矫正平直，不能用气焊切割槽钢，而应当用砂轮切割机按尺寸切割；底座焊接时要防止变形，焊缝要打光磨平。

② 仪表基础用槽钢等型钢，在安装前应进行除锈、防腐、槽钢调直等工作。仪表盘（操作台）型钢底座制作前，必须检查型钢底座油漆是否完好，防止生锈。

③ 仪表盘（柜、操作台）的型钢底座应按设计文件的要求制作，其外形尺寸应与仪表盘、柜、操作台尺寸相符，其直线度允许偏差为 1mm/m，当底座总长度超过 5m 时，全长的直线度允许偏差不超过 5mm。

④ 型钢根据仪表盘柜的尺寸下好料，进行组对，应平直、牢固，外形尺寸与盘、柜尺寸应一致，成型后应进行除锈、防腐、打磨处理。

（2）仪表盘基础安装

① 要和土建专业一起核对具体位置，预埋件等要符合设计要求。

② 盘基础安装时，应按照施工图安装，外形尺寸和仪表盘柜相吻合，确认标高、材质、规格型号、安装位置是否符合设计要求。

③ 盘柜底座固定在楼板和地面上，可用膨胀螺丝固定，在框架上可用焊接。

④ 仪表盘（柜、操作台）的型钢底座应在地面施工完成前安装找正，其上表面宜高出地面，安装固定应牢固。型钢底座安装时，用水平仪检验，上表面应保持水平，其水平度允许偏差为 1mm/m，当槽钢底座总长度超过 5m 时，全长允许偏差不超过 5mm。

⑤ 根据设计要求及盘柜固定孔的中心距离，在基础的上方用电钻等开孔（绝对不能用电气焊开孔）。

⑥ 仪表盘柜底座安装时，要检查底座的尺寸符合设计要求。

2. 仪表盘柜安装

1）盘柜的规格尺寸必须符合图纸要求。

2）检验盘箱柜尺寸，仪表盘仪表开孔尺寸、操作台仪表开孔尺寸要符合设计（或实物）要求。

3）盘柜在室内运输时，要用橡胶板或石棉板等保护地面。运输时，要用力均匀，不能损坏地面及静电地板面，就位后及时固定。

4）仪表盘柜安装应牢固，可采用盘卡或螺栓连接。螺栓应选用镀锌螺栓。

5）同系列规格相邻两盘柜的顶部高度差不得大于 2mm；当连接超过两处时，其顶部高度最大偏差不应大于 5mm。

6）独仪表盘柜安装时，垂直度允许偏差应为 1.5mm/m，水平度允许偏差应为 1mm/m。

7）相邻两仪表盘柜安装时，接缝处正面的平面度偏差不得大于 1mm，接缝处间隙不得大于 2mm，当连接超过五处时，正面的平面度最大偏差不应大于 5mm。

8）仪表盘箱柜开孔，必须按照设计尺寸（或实物尺寸），用锯弓（或电锯）开孔，不能使用电（气）焊切割，以免变形。

9）在振动场所安装的仪表盘要采取防振措施。

10）盘柜的保护接地小于 10Ω，工作接地小于 4Ω。

二、配线

1. 仪表电缆处理

（1）电缆终端

① 电缆敷设好后，为了使其成为一个连续的线路，各段线必须连接为一个整体，这些连接点就称为电缆接头。电缆线路中间部位的电缆接头称为中间接头，而线路两末端的电缆接头称为终端头。

② 电缆终端按安装的场所可分为户内式和户外式两种；按制作安装材料又可分为热缩式、干包式和环氧树脂浇注式；按线芯材料可分为铜芯和铝芯。电缆终端形状一般分为管式和环式。电磁阀的接线材料最好采用环式终端。

③ 电缆终端的主要作用是使线路通畅，使电缆保持密封，并保证电缆接头处的绝缘等级，使其安全可靠地运行。

④ 电缆终端的选择根据电缆芯线的截面积来选择。电缆终端的安装通常采用压接。电缆终端在压接前电缆头要插入终端压接部位的根部以增强牢固性。

（2）热缩管

① 热缩管主要用于绝缘电缆及处理电缆接头。热缩管除具有耐高、低温，耐老化和优良的电绝缘性外，还具有热收缩性，可用于各种电气设备的连接、保护和绝缘。

② 制作热缩电缆头时，热缩管的剪口要平，大小选用要适当（热缩管内径应大于被包覆物外径），热烘时，受热要均匀，缩口应圆滑整齐。

③ 使用时，将一定内径的热收缩管裁截至所需要的长度（长度大于实际长度），将热收缩管套在被包覆物上，打开热风枪预热 5min；将热风枪热风对准收缩管从一端旋转烘烤收缩，缓慢移向另一端，套管与被包物紧密结合，用刀片切除多余部分。

④ 热缩管的选择不但要根据电缆的外径，还要看热缩管收缩适用的范围。

（3）电缆绑扎带

① 绑扎带可用于电缆的捆扎、束线和导线紧固系统。绑扎带适用于电线、电缆、光纤的安装、绑扎，也可用于其他用途的绑扎、固定等。

② 绑扎带按其用途不同，一般有螺旋管式、塑料包带及一次性塑料绑扎带等。一次性塑料绑扎带的规格是指绑扎带的长度和宽度，单位为 mm。

③ 电缆绑扎带有塑料的，也有金属制作的。电缆绑扎带规格的选择应根据电缆的根数来选择。如仪表 2 芯分支电缆固定时，宜选长度为 100mm 规格的绑扎带。

（4）电缆头的制作

① 仪表电缆头制作工程中，从开始剥削电缆皮到制作完毕，应连续一次完成，防止电缆受潮。

② 为了保证电缆的绝缘性能，在剥切电缆时应注意不能损伤电缆的芯线绝缘层，剥去外部护套的橡皮绝缘芯线应加绝缘护套，但屏蔽线也需要加绝缘护套。

③ 带铠装的电缆在制作电缆头时应用钢线或喉箍卡将钢带和接地线固定。

④ 在制作本安电缆头时，屏蔽层连接线应有绝缘层。缠绕材料一般使用蓝色胶带。

（5）电缆标识的要求

① 做电缆标识牌时，要注明电缆的型号及规格、电缆的编号，要注明电缆的起端和终端位置。

② 电缆在接线前要进行绝缘检查、导通检查，校对芯线编号。

③ 电缆有中间接头时，将同极性线芯相缠绕，采用压接。补偿导线中间接头不能采用焊接的方法连接，只能采用压接。

2. 仪表盘（箱、操作台）内的配线

1）仪表盘、柜、箱内配线应在外部电缆电线的导通检查及绝缘电阻检查合格后进行。

2）仪表盘、柜、箱内的线路宜敷设在汇线槽内，在小型接线箱内也可明线敷设。当明线敷设时应根据接线图综合考虑排列顺序，不宜交叉且分层合理。电缆电线束应用塑料绑扎带扎牢，绑扎带间距宜为 100~200mm。

3）本质安全型回路的导线，最好采用单独的汇线槽，若必须布置在同一汇线槽内时要注意屏蔽。

4）仪表盘、柜、箱内的线路不应有接头，其绝缘保护层不应有损伤。

5）仪表盘、柜、箱接线端子两端的线路，均应按设计图纸标号。标号应正确，字迹清晰且不易褪色。

6）接线端子板的安装应牢固。当端子板在仪表盘、柜、箱底部时，距离基础面的高度不宜小于 250mm。当端子板在顶部或侧面时，与盘、柜、箱边缘的距离不宜小于 100mm。多组接线端子板并排安装时，其间隔净距离不宜小于 200mm。

7）屏蔽电缆的屏蔽层应露出保护层 15~20mm，用铜线绑扎两圈。

8）剥去外部护套的橡皮绝缘芯线及屏蔽线，应加设绝缘护套。

3. 仪表的接线

1）接线前应校线，线端应有标号。

2）剥绝缘层时不应损伤线芯。

3）电缆与端子的连接应均匀牢固、导电良好。

4）多股线芯端头宜采用接线片，电线与接线片的连接应压接。

5）同一个接线端子上的连接芯线不应超过 2 根。且接在同一个接线端子上的 2 根芯线线径规格相同。

6）应将电缆固定牢固，不使端子板受力。

7）导线与接线端子板、仪表、电气设备等连接时，应留有余度。

8）备用芯线应接在备用端子上，或按可能使用的最大长度预留，并应按设计文件要求标注备用线号。

三、仪表伴热管的安装

1. 伴热管的特点

仪表伴热管简称伴管。它的特点如下：

1）功能单一，就是伴热。

2）材质单一，一经选定，整个系统只有一种材质，即普通碳钢或紫铜。

3）介质单一，无一例外。全为低压蒸汽，一般压力为 0.2MPa。

4）管径单一，一经选定，整个系统只有一种规格，即 φ14×2、φ18×2、φ10×1、φ8×1 的无缝钢管或铜管。

5）安装要求不高。除保温箱内的伴热裸露，需要弯制整齐、美观外，其余部分都被保温物质覆盖住，安装要求不高。所以说，它是仪表安装四种管道中最为简单的一种管线。

2. 伴热管安装中的注意事项

（1）伴热管介质

分清伴热管是直接伴热还是间接伴热。伴热管的目的是保证管道内凝点较高的介质始终处于流动状态。基于这种原因，对沸点较低的介质，只要保证它不凝固，正常流动即可，不必使介质汽化。介质汽化，会对流量测量、压力测量带来不可忽视的误差。这类介质属于间接伴热，又称轻伴热。但对凝点较低的介质，如伴热温度不够，要影响介质的流动性，这样的介质必须采取直接伴热，也称重伴热。

重伴热是使伴管紧贴着伴热的导压管，保温也要仔细检查。轻伴热是使伴热管与被伴导压管有一间隔，大约 10mm。具体要视管内介质的物理性质和低压蒸汽的压力而定。直接伴热与间接伴热的区分很重要，它直接影响系统的正常检测和控制，而这个问题往往被施工者所忽视。

（2）伴热低压蒸汽的引入位置

伴热低压蒸汽的引入往往是"就近引入"。但有时，在附近没有低压蒸汽。解决这类问题的最好办法是在伴热管集中的地方安装一个低压蒸汽分配器，引入低压蒸汽，然后，再从分配器接出去。这要比单从低压蒸汽总管引入到伴热管方便。

（3）冷凝水要集中排放

这个问题往往被设计者所忽视，"就地排放"是最轻松的做法，就地排放的结果是开始到处是蒸汽（疏水器有可能损坏），然后是水，最后是冰（寒冷季节）。在框架平台上积起来的冷凝水或冰会给操作工作带来很大困难。集中排放，分片排入地沟或地漏，会使装置干净整洁，也使操作工作方便得多。

（4）伴热管的试压

伴热管要试压，试压要求与蒸汽管道试压要求相同。强度试验压力为工作压力的 1.5 倍。伴热管试压只作强度试验，不必作严密性和气密性试验。强度试验时要连阀门和疏水器一起试。如果连上保温箱，保温箱内的伴热管（弯管）也要一起试。这段管若有泄漏，要影响保温箱内仪表的正常运行，应特别注意。试压时，要拆下仪表，使其免受损害。伴热管可固定在所伴导压管的支架上。

（5）伴热管敷设时对阀门与仪表的处理

伴热管不能中间脱节，否则脱节的这一段容易凝固。容易脱节的地方有仪表阀门、孔板的根部阀。对阀门不管是直接伴热还是间接伴热，都可以紧靠着，不至于使阀内的液体汽化。不靠紧，要影响保温。对仪表的伴热管，只考虑介质接触部分。如变送器，考虑到进入变送器的导压管，压力变送器为一条，流量、液面用的差压变送器为两条。特殊情况可考虑正、负压室的伴热。对压力表，指示液面计（如玻璃板液面计）只要伴热管配到仪表接头即可。

四、仪表保温箱

1. 仪表保温

（1）结构组成

仪表保温箱由箱体、仪表安装支架等部件组成。仪表保温箱与仪表保护箱的结构基本相同，区别在于仪表保温箱内还装有电器加热器、电伴热带或者蒸汽加热装置，壳体夹装泡沫保温层、耐热海绵保温层或者耐高温石棉保温层。

电热保温箱由箱体、加热器、仪表托架等三大部分组成，其结构形式与保护箱相同，所不同的是箱内装有电器加热装置，电器加热装置是由电热管、温度控制器组成，箱体侧面装有插座，当接通电源后，箱内加热到所需温度时，再由温度控制器接通电源继续升温。

（2）仪表保温施工要求

① 仪表保温常用材料为石棉绳和玻璃纤维布。用石棉绳把伴热管和被伴管缠起来，然后用玻璃纤维布仔细地包起来，用细铁丝捆扎。最后按设计要求，刷上调和漆即可。

② 保温箱的保温材料一般为泡沫塑料板，这种多孔的塑料板隔热效果很好。具有线膨胀系数和体积膨胀系数的保温材料，施工时应根据保温材料膨胀系数的大小，预留一定的膨胀缝，如线膨胀系数不大，则体积膨胀系数约为线膨胀系数的 3 倍。

③ 保温材料要注意保存好，一定要注意防水防潮的问题。不要在雨天进行保温层施工。

2. 保温箱的安装

1）箱体应垂直安装，用螺丝栓紧固。用于室外安装的应配安装底架，底架为现场配制，底架高度为 200~400mm，用 L40mm×40mm×4mm 角铁弯制而成。

2）在安装紧固螺栓时，可将箱底活动部分保温层取出，以便于安装。安装完毕后将其装还原处。

3）电缆由箱底电缆接头引至箱内接线端子排。

4）其他管线由后侧穿管板处引入。

5）变送器安装在箱内 $\phi50mm$ 的安装管上。该安装管及两侧立柱可移动，以便安装时任意调整位置。

6）技术要求：

① 电伴热材料的应用必须符合电气规范要求。

② 电伴热防冻智能防冻控制技术要符合热工设计。

③ 电伴热控制和配电必须有：温度调节、漏电保护、接地保护、过流过压保护。

④ 确保电伴热冬季处于运行待命状态，运行结束后确保系统运行关闭。

第六节　温　度　测　量

一、概述

1. 温度的概念

温度是表征物体冷热程度的物理量。温度不能直接测量，只能通过其他物体随温度变化的某些特征来间接地进行测量。而用来量度物体温度数值的标尺叫温标。

1）摄氏温标：在标准大气压下，冰的熔点为0℃，水的沸点为100℃，中间划分100等份，每等份为1摄氏度，符号℃。

2）热力学温标：也称为开尔文温标，它规定分子运动停止时的温度为绝对零度，符号为K。

2. 测温仪表的分类

温度测量仪表按测温方式可分为接触式和非接触式两大类；按用途可分为基准温度计和工业温度计；按工作原理可分为热电式、电阻式、膨胀式、辐射式等。

1）接触式和非接触式测温仪表的优缺点：

①接触式测温仪表比较简单、可靠、测量准确度较高。但因其测温元件与被测介质需要进行充分的热交换，需要一定时间才能达到热平衡，所以存在测温的延迟现象。

②非接触式仪表测温是通过热辐射原理来测量温度的，测温元件不需与被测介质接触，测温范围广，不受测温上限的限制。但受到物体外界因素的影响，其测量误差较大。

2）测温方法：

①应用热电效应测温。两种不同的导体形成的热电偶，其回路电势与两接点处温度有关。利用热电效应制成的热电偶温度计在工业生产中应用广泛。

②应用热电阻效应测温。利用导体和半导体的电阻随温度变化的性质，可制成热电阻式温度计，如铂热电阻、铜热电阻和半导体热敏电阻温度计等。

③应用热膨胀原理测温。利用液体或固体受热时产生热膨胀的原理，可以制成膨胀式温度计，如玻璃液体温度计、双金属温度计等。

④应用热辐射原理测温。利用物体辐射能随温度变化的性质可以制成辐射温度计。由于测温元件不与被测介质相接触，故属于非接触式温度计。

图7-29　热电偶温度计

二、温度测量仪表

1. 热电偶温度计

（1）热电偶的测温原理

热电偶温度计是由两根不同的导体或半导体材料将一端焊接或绞接而成，焊接的一端称热偶的热端，又称为测量端；与导体连接的一端称为热电偶的冷端，又称参考端。组成热电偶的两根导体称为热电极。热电偶温度计如图7-29所示。

热电偶的热端插入到被测量温度的生产设备中，冷端置于设备的外面，如果两端所处的温度不同，则在热电偶回路中产生热电势，热电势的大小，取决于热端与冷端的温度差。

（2）热电偶的结构

热电偶主要由热电极、绝缘管、保护套管、接线盒四部分构成。

1）热电极：热电极为感温元件，用于感受被测的温度，另一端在接线盒内接线柱上与外部接线连接，输出感温元件产生的热电势。

2）绝缘管：绝缘管套在热电极上，用以防止热电极短路。一般用耐火陶瓷。绝缘管的形式有单孔、双孔和多孔。

3）保护套管：热电极套上绝缘管后装入保护套管。保护套管的作用是使热电极与被测介质隔离，免受化学侵蚀和机械损伤。保护套管应具有耐高温，耐腐蚀，气密性、导热性和机械强度好的特点。

4）接线盒：热电偶的接线盒用来固定接线座和连接外接导线，起着保护热电极和连接外接导线的作用。

（3）热电偶的冷端补偿

由于热电偶的材料一般比较贵重(特别是采用贵金属时)，而测温点到仪表的距离都很远，为了节省热电偶材料，降低成本，通常采用补偿导线把热电偶的冷端(自由端)延伸到温度比较稳定的控制室内，连接到仪表端子上。

另外，热电偶热电势的大小与其两端的温度有关，其温度-热电势关系曲线是在冷端温度保持为0℃时的情况下得到的，在实际测量中，由于热电偶冷端暴露在空间受到周围环境温度的影响，所以冷端温度不可能保持在0℃不变，也不可能固定在某一个温度不变，必然会引起测量误差，为了消除这种误差，必须进行冷端温度补偿。在使用热电偶补偿导线时，必须注意型号匹配，极性不能接错，补偿导线与热电偶连接段的温度不能超过100℃。

2. 热电阻温度计

（1）热电阻的测温原理

热电阻温度计是利用导体或半导体的电阻值随温度变化的性质来测量温度的，主要是基于金属导体的电阻值随温度的增加而增加这一特性来进行温度测量的，如图7-30所示。

（2）热电阻的结构

热电阻主要由电阻体、绝缘管、保护套管和接线盒等几部分组成。

电阻体是由细铂丝或铜丝绕在玻璃管、石英、云母管支架上构成的。连接电阻体引出端和接线盒之间的线称为内引线，它位于绝缘管内，铜电阻内引线也是铜，铂电阻的内引线为镍丝或银丝，其接触电势较小，以免产生附加电势。

图7-30　热电阻温度计

（3）铂热电阻和铜热电阻

1）铂热电阻。铂热电阻工作范围一般为-200~850℃，常用的铂热电阻分度号为Pt100。

2）铜热电阻。铜热电阻测温范围一般为-50~150℃，常用的铜热电阻分度号为Cu100。

（4）热电偶、热电阻安装使用注意事项

1）按照被测介质的特性及操作条件，选用合适材料、厚度及结构的保护套管和垫片。

2）热电偶、热电阻安装的地点、插入深度、方向和接线符合测量技术的要求。

3）热电偶与补偿导线接头处的环境温度最高不应超过100℃。

4）使用于0℃以下的热电偶，应在其接线座下灌蜡密封，使其与外界隔绝。

5）热电偶、热电阻式温度计在$DN<80$mm的管道上安装时可以采用扩大管。

6）在肘管上安装温度计，安装时必须使温度计轴线与肘管直管段的中心线重合。

7）热电阻安装时，为了消除连接到线电阻变化的影响，必须采用三线制接法。

8）安装方式：

① 直形连接头：直插。

② 45°角连接头：斜插。

③ 法兰：直插。

④ 高压套管(有固定套管和可换套管)。

3. 膨胀式温度计

(1) 玻璃液体温度计

玻璃液体温度计是利用液体受热或体积随温度膨胀的原理工作的，是应用最广泛的一种温度计，其结构简单、使用方便、准确度高、价格低廉。其主要由玻璃温包、毛细管、工作液体和刻度标尺组成，如图 7-31 所示。

(2) 双金属温度计

双金属温度计中的感温元件是由两片膨胀系数不同的金属片叠焊在一起制成的。双金属片受热后由于两金属片的膨胀长度不同而产生弯曲变形。温度越高产生的膨胀长度差越大，因而引起弯曲的角度就越大，一般将双金属片制成螺旋管。当被测温度发生变化时，双金属片自由端发生位移，使指针轴转动，由指针指示出被测温度值，见图 7-32。

图 7-31　玻璃液体温度计

图 7-32　双金属温度计

安装使用注意事项：

① 双金属温度计保护管插入被测介质中的长度必须大于感温元件的长度(一般插入长度应大于 100mm，0~50℃量程的插入长度大于 150mm)，以保证测量的准确性。

② 双金属温度计在使用和安装时，应避免碰撞保护管，切勿使保护管弯曲变形。

③ 温度计经常工作的温度值在最大量程的 1/2~3/4 处。安装时应夹持六角部分将螺纹旋紧，严禁用旋转表头的方法拧紧螺纹。

④ 当测量或控制 200℃ 以上介质温度时，除安装接头保证密封外，还需注意热辐射对仪表的影响。仪表正常使用环境温度为-20~60℃，超过此温度范围需加保护措施。

⑤ 双金属温度计插入深度应位于管道中心；若管径 $DN≤50$，应加装扩大管。

4. 温度变送器

(1) 一体化温度变送器及其特点

一体化温度变送器是一种小型密封式厚膜电路仪表(见图 7-33)，采用电源与信号共用的二线制工作方式。

主要特点有：

① 仪表输出为 4~20mA 直流电流信号；直流 24V 供电时，最大负载为 600Ω；因而既可以安装在热电偶或热电阻接线盒内，构成一体化仪表，也可单独安装在控制室或测温现场等方便使用的部位。

② 由于该仪表能和热电偶构成一体化，所以安装比较方便。而且不用补偿导线，降低了使用成本。

③ 由于仪表结构为全密封形，因而抗震动、防潮湿、防止有害气体的侵蚀能力较强。但使用环境温度不得超出 0~60℃。

（2）智能温度变送器

智能温度变送器是以微处理器为核心部件构成的温度变送器，其性能特点如下：

图 7-33　一体化温度变送器

① 万能输入方式。一种型号的温度变送器可以接收各种分度号的热电偶信号、热电阻信号、毫伏信号，所以应用灵活，备品备件可大幅减少。

② 使用智能终端可对变送器实行远距离组态、调整，可进行试运行、启动及日常操作，大大提高了工作效率。

③ 输出信号多样，既有数字输出信号，又有 4~20mA 模拟输出信号。由于变送器内部有非线性温度传感器的特征曲线，所以输出信号即与毫伏及电阻传感器信号成正比，也与温度呈线性关系。

④ 精度高。常用的热电偶和热电阻的误差最大不超过 ±1℃，D/A 转换器的精度为 ±0.025% 满量程，只要冷端温度补偿好，总的温度相应更精确。

⑤ 既有本安防爆结构，又有隔爆结构。可直接安装在现场，因而可节省补偿导线，具有一体化温度变送器的特点。

图 7-34　温度开关

5. 温度开关

根据工作环境的温度变化，在开关内部发生物理形变，从而产生某些特殊效应，产生导通或者断开动作的一系列自动控制元件，如图 7-34 所示。

1）机械式温度开关：蒸气压力式温控器、液体膨胀式温控器、金属膨胀式温控器。

2）电子式温度开关：电阻式温控器和热电偶式温控器。

3）接点形式：

① 常闭型：温度上升，触点断开，温度下降，触点接通。

② 常开型：温度上升，触点接通，温度下降，触点断开。

三、温度仪表校验安装

1. 温度检测仪表的安装

（1）注意事项

① 工业热电阻、热电偶的安装地点要选择在便于施工维护，而且不易受到外界损伤的

位置。安装位置尽可能保持垂直，以防止保护管在高温下变形。

② 工业热电阻、热电偶的接线盒不可碰到被测介质的容器壁，接线盒的温度不宜超过100℃，并尽可能地保持稳定不变。

③ 在被测介质有流速的情况下，应使其处于管道中心线上，而且与被测流体的方向相对。

④ 有弯的应尽量安装在管道弯曲处。

⑤ 在必须水平安装时，应装有用耐火黏土或耐热金属制成的支架加以支撑，而且接线盒出线孔向下，以防止因密封不良而使水汽等浸入。

⑥ 承受压力的温度检测元件，其密封面必须密封良好。

⑦ 测温元件的插入深度可按实际情况决定，但浸入被测介质中的长度应大于保护管外径的 8~12 倍。

⑧ 测温元件露在设备外的部分要尽量短并加保温层，减小热量损失和测量误差。

⑨ 测温元件安装在负压管道或容器上时，安装处要密封良好。

⑩ 测温元件接线盒的盖子应尽量向上，防止被水浸入。

⑪ 测温元件装在具有固体颗粒和流速很高的介质中时，为了防止长期受冲刷而损坏，可在它的前面加装保护板。

⑫ 测温元件在管道上安装时，要在管道上加装插座，插座要与管道牢固相连，并且材料一致。

（2）操作步骤

① 将热电偶、热电阻的保护套管内脏物清理干净。

② 将密封垫片两侧均匀涂上一层黄油，放入保护套管凹台内。

③ 用防爆活动扳手将热电偶、热电阻旋进保护套管内并拧紧。

④ 打开热电偶、热电阻接线盒盖。

⑤ 连接导线用防爆软管连接到热电偶、热电阻的接线盒内。

⑥ 将热电偶、热电阻与导线正确连接，盖好接线盒盖。

（3）一体化温度变送器的安装

① 温度变送器安装时，必须区别分度号，不得误用；集中安装时，应排列整齐；固定牢固、平正；接线正确；线端连接应牢固、导电良好；接线盒引入口不应朝上，应密封；线号标志正确清晰。

② 一体化温度变送器由温度变送器和电偶或热电阻构成一体化，所以安装比较方便，基本上与电偶或热电阻相同。

③ 外壳应该牢固接地，电源以及信号输出应该采用屏蔽电缆传输，压线螺母应旋紧以保证气密性。在安装时一定要用扳手或者其他的工具拧紧螺母，不要用手直接拧动表头，以防将内部线路拧断。

2. 温度检测仪表的校验

（1）外观检查

仪表外观整洁完好，铭牌上的产品名称、型号规格、量程、分度号、生产日期、生产厂家、产品编号等内容应清晰完整，可调部件灵活有效。

（2）校验条件

1）环境温度：20℃±5℃；相对湿度：小于85%。

2）周围除地磁场外，应无影响其正常工作的外磁场。

3）按仪表说明书正确接线，除制造厂另有规定外，一般需通电预热 10min。

（3）标准器

1）精密电阻箱。

2）数字多用表。

3）恒温槽。

4）标准铂电阻温度计。

（4）校验步骤：

1）热电阻校验：

① 将测温仪表插入到恒温油（水）浴箱中；

② 按标准进行接线，如图 7-35 所示。

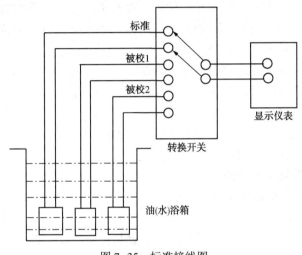

图 7-35　标准接线图

③ 基本误差校验：

热电阻校验可以多支同时进行，根据使用需要确定 3~5 个校准点。

增加恒温油（水）浴箱温度，当温度升到校准点并稳定后，进行电阻值测量。测量顺序如下：

上行程：标准→被校点 1→被校点 2→被校点 3→被校点 4→被校点 5

下行程：标准←被校点 1←被校点 2←被校点 3←被校点 4←被校点 5

测量过程中，温度变化每 10min 不超过 0.04℃。根据所测电阻值差热电阻分度表得到对应的温度值。对于用于 0℃ 以下的热电阻的校准一般取冰点温度进行校准，校准步骤同上。

2）温度变送器校验：

以电阻式温度变送器为例，用标准电阻箱的输出代替不同温度下的热电阻值，作为温度变送器输入来检查温度变送器性能。

① 线路连接：

按图 7-36 进行接线，准确连接后通电预热 10min，就可进行校验。

调试在输入端接入标准电阻箱，输出信号为电阻值，在输出端接上 24V DC 稳压电源并

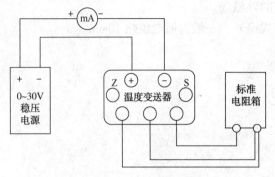

图 7-36　5 线路连接图

串接上标准电流表。

② 调校点的确定：

调校点应包括上、下限在内不少于 5 点，调校点应均匀地选择在温度量程所对应的变送器输出信号范围上，调校 0.2 级及以上等级的温度变送器调校点应不少于 7 个点。

③ 基本误差的调校：

首先根据仪表测量范围，分别输入对应于测量下限和上限的电阻值，检查仪表的零点和满量程输出是否符合要求，否则应对仪表的零点和满度反复进行调整，然后从测量范围的下限开始，平稳增加输入信号(上行程)，依次输入各调校点($I_实$)所对应的电阻值，读取温度变送器各调校点的输出电流值($I_测$)，再从测量范围的上限减少输入信号(下行程)，依次输入各校准点($I_实$)所对应的电阻值，读取温度变送器各校准点的输出电流值($I_测$)。

温度变送器调校时在测量过程中不允许调整零点和量程。

带传感器的温度变送器可以在断开传感器的情况下对信号转换器单独进行调校调整。

(5) 基本误差的计算

$$\Delta = (I_测 - I_实)/I \times 100\%$$

式中　$I_测$——温度变送器的电流输出测量值；

$I_实$——温度变送器校准点的电流值；

I——温度变送器的输出上限和下限之差。

(6) 结果

调校结果符合允差范围的温度变送器，粘贴合格标签。校验结果不符合允差范围的温度变送器，粘贴禁用标签，并注明不合格项目和内容。

第七节　压 力 测 量

一、压力测量仪表

1. 压力的概念

所谓压力，是指垂直均匀地作用在单位面积上的力，又称为压强。压力测量仪表是用来测量气体或液体压力的工业自动化仪表，又称压力表或压力计。压力的常用单位有帕(Pa)、千帕(kPa)、兆帕(MPa)。压力测量常有绝对压力、表压力、负压力和真空度之分。

1) 绝对压力：是指被测介质作用在容器单位面积上的全部压力。用来测量绝对压力的仪表称为绝对压力表。

2) 表压力：绝对压力与当地大气压力之差，称为表压力。即：$P_表 = P_绝 - P_大$。

3) 负压力：当绝对压力低于当地大气压力时，表压将出现负值，此时表压力称为负压力。负压力又称为真空，其值称为真空度。即：$P_负 = P_大 - P_绝$。

2. 压力检测仪表的分类

按测量原理压力测量仪表可分为液柱式、弹性式、电气式、活塞式等。

1）液柱式压力计：将被测压力转换成液柱高度差进行测量。

2）弹性压力计：将被测压力转换成弹性元件变形的位移进行测量。

3）电气压力计：将被测压力转换成各种电量进行测量。

4）活塞式压力计：将被测压力转换成活塞上所加砝码的质量进行测量。

3. 弹簧管式压力表

弹簧管式压力表是一根弯曲成圆弧形的、扁圆截面的金属管子，固定端开口，自由端封闭，见图7-37。当被测压力从固定端输入后，它的自由端会产生位移，通过位移的大小测量压力。

图7-37　弹簧管式压力表

（1）弹簧管式压力表的组成

单圈弹簧管式压力表主要有弹簧管、传动放大器(包括拉杆、扇形齿轮、中心齿轮等)、指示装置(指针和表盘)，以及外壳等几部分组成。

（2）弹簧管式压力表的形式

弹簧管式压力表按弹簧管结构，分为单圈弹簧管式压力表、多圈弹簧管式压力表；按其测量准确度不同，分为工业用普通压力表、校验用精密压力表；按其用途不同，分为耐腐蚀压力表、耐振压力表、隔膜压力表、氧气压力表、氨用压力表等专用压力表。它们的外形与结构基本相同，只是所用的材料有所不同。

图7-38　压力开关

4. 压力开关

压力开关是与电器开关相结合的装置，当到达预先设定的流体压力时，开关接点动作。主要应用于设备上输出报警或控制信号，能预防生产工程中重要装置的损坏，避免重大生产事故发生，见图7-38。

（1）压力开关的工作原理

当系统内压力高于或低于额定的安全压力时，感应器内碟片瞬时发生移动，通过连接导杆推动开关接头接通或断开；当压力降至或升至额定的恢复值时，碟片瞬时复位，开关自动复位。或者简单地说是当被测压力超过额定值时，弹性元件的自由端产生位移，直接或经过比较后推动开关元件，改变开关元件的通断状态，达到控制被测压力的目的。

（2）压力开关的类型

1）机械压力开关：

当压力增加时，作用在不同的传感压力元器件(膜片、波纹管、活塞)产生形变，将向上移动，通过栏杆弹簧等机械结构，最终启动最上端的微动开关，使电信号输出。开关元件有磁性开关、水银开关、微动开关等。

2）电子式压力开关：

用来替代电接点压力表和使用在工控控制要求比较高的系统上。这种压力开关内置精密压力传感器，通过高精度仪表放大器放大压力信号，通过高速MCU采集并处理数据，一般都是采用4位LED实时数显压力，继电器信号输出，上下限控制点可以自由设定，迟滞小，抗震动，响应快，稳定可靠，精度高，利用回差设置可以有效保护压力波动带来的反复动作，保护控制设备，是检测压力、液位信号，实现压力、液位监测和控制的高精度设备。特点是：电子显示屏直观，精度高，使用寿命长，通过显示屏设置控制点方便，但是相对价格较高，需要供电。

图 7-39　智能型压力
（差压）变送器

5. 智能型压力（差压）变送器

所谓智能型变送器，就是利用微处理器及数字通信技术对常规变送器加以改进，将专用的微处理器植入变送器，使其成为具备数字计算和通信能力的变送器，见图 7-39。

目前智能型变送器有两个层次：一种是真正的智能变送器，即现场总线型的全数字式智能变送器；另一种是混合式智能变送器，它既有数字信号输出，又有模拟信号输出。

HART 通信方式混合式智能变送器，借助两根模拟电流输出信号线，叠加上交流脉冲传递指令和数据，即可以传递 4~20mA 直流信号，也可以输出数字编码信号。

1）智能变送器的特点：

智能变送器除了具备常规变送器的优点外，还具备以下优点：

① 可实现 A/D、D/A 转换器，与编程器或 DCS 进行通信。

② 可对所测参数进行线性化处理，可直接作平方根运算。

③ 利用手操器可对变送器进行远程组态，并对组态参数进行存储和记忆。

④ 提供智能接口，对变送器做量程修改、零点迁移、零点量程校准、阻尼调整、工程单位变换。

⑤ 除有检测功能外，智能变送器还具有计算、显示、报警、控制、故障自诊断功能，与智能执行器配合使用，可就地构成控制回路。

⑥ 输出模拟、数字混合信号或全数字信号。

2）智能化仪表及其主要结构：

智能化仪表就是把单片机或单板机直接装入仪表内部，从而可以利用灵活多样的软件设计，简单可靠的硬件结构和不同组件的组合方式，实现完善的参数补偿和显示输出或数据打印，俗称"智能仪表"。主要结构有：

数模转换器 A/D；微处理器：由中央处理单元 CPU、存储器 ROM、RAM、EPROM、输入/输出接口电路 I/O 构成；软盘或按钮（清零按钮、功能按钮和打印按钮）；显示部分（多数用六位或八位 LED 显示器）；断电保护装置；整机电源。

二、压力测量仪表的安装与调试

1. 压力检测仪表的安装

（1）压力检测仪表量程的选择

在检测稳定压力时，一般压力表最大量程选择在接近或大于正常压力测量值的 1.5 倍；在检测脉动压力时，一般压力表最大量程选择在接近或大于正常压力测量值的 2 倍；在检测高压时，一般压力表最大量程应大于最大压力测量值的 1.7 倍；在测量机泵出口压力时，一般压力表最大量程选择接近机泵出口最大压力值；为了保证检测精度，最小压力测量值应高于压力表测量量程的 1/3。

(2) 仪表种类和型号的选择

仪表种类和型号要根据工艺要求、介质性质及现场环境等因素来确定。如仅需就地显示，还是要求远传；仅需指示，还是要求记录；仅需报警，还是要求自动调节；介质的物理、化学性质(如温度、黏度、腐蚀性、是否易燃易爆等)如何；现场环境条件(如温度、湿度、有无振动、有无腐蚀性等)怎样等。对于氧、氨、乙炔等介质，则应选用专用压力表。

(3) 压力检测仪表安装注意事项

1) 压力表应安装在能满足仪表使用环境条件，且易观察、易检修的地方。

2) 安装地点应尽量避免振动和高温影响。

3) 测量有腐蚀性、黏度较大、易结晶、有沉淀物的介质，应优先选取带有隔膜的压力表及远传膜片密封变送器。

4) 压力表的连接应加装密封垫片，一般低于 80℃ 及 2MPa 以下时，用聚四氟乙烯垫或橡胶垫；在 450℃ 及 5MPa 以下用石棉垫片或铝垫片；温度及压力更高时，用退火紫铜或铅垫。选择垫片材质时，还要考虑介质的性质。例如测氧气压力时，不能使用浸油垫片、有机化合物垫片；测量乙炔压力时，不得使用铜制垫片。

5) 仪表必须垂直安装，若装在室外时，应加装保温箱。

6) 当被测压力不高，而压力表与取压口又不在同一高度时，对由此高度差所引起的测量误差应进行修正。

7) 测量带有灰尘、固体颗粒或沉淀物等浑浊介质的压力时，取源部件应倾斜向上安装，在水平工艺管道上应顺流束成锐角安装。

8) 当测量温度高于 60℃ 的液体、蒸汽或可凝性气体的压力时，就地安装压力表的取源部件应加装环形弯或 U 形冷凝弯。

(4) 取压口的方位

1) 就地安装的压力表在水平管道上的取压口一般在顶部或侧面。

2) 引至变送器的导压管，其在水平管道上的取压口方位要求如下：

① 流体为气体时，在管道的上半部；流体为液体时，在管道的下半部，与管道截面水平中心线成 45° 夹角范围内。

② 流体为蒸汽时，在管道的上半部及下半部，与管道截面水平中心线成 45° 夹角范围内。

(5) 导压管的安装

1) 安装压力变送器的导压管应尽可能地短，并且弯头尽可能地少。在取压口附近的导压管应与取压口垂直，管口应与管壁平齐，不得有毛刺。

2) 导压管不能太细、太长，防止产生过大的测量滞后。一般内径应为 6~10mm，长度不超过 60m。

3) 水平安装的导压管应有(1∶10)~(1∶20)的坡度，坡向应有利于排液(测量气体压力时)或排气(测量液体压力时)。

4) 当被测介质易冷凝或易冻结时，应加装保温伴热管。

5) 测量气体压力时，应优选压力计高于取压点的安装方案，以利于管道内冷凝液回流至工艺管道；测量液体压力时，应优选压力计低于取压点的安装方案，使测量管道不易集聚气体。当被测介质可能产生沉淀物析出时，在仪表前的管路上应加装沉淀器。

6）为了检修方便，在取压口与仪表之间应装切断阀，并应靠近取压口。

（6）压力变送器安装注意事项

1）尽量避免变送器与腐蚀性或过热的被测介质直接接触。

2）要防止渣滓在导压管内沉积。

3）导压管要尽可能短一些。

4）两边导压管内的液柱压力应保持平衡。

5）导压管应安装在温度梯度和温度波动小的地方。

6）测量液体流量时，取压口应开在流程管道的侧面，以避免渣滓的沉淀。同时变送器要安装在取压口的旁边或下面，以便气泡排入流程管道之内。

7）测量气体流量时，取压口应开在流程管道的顶端或侧面。并且变送器应装在流程管道的旁边或上面，以便积聚的液体容易流入流程管道之中。

8）使用压力容室装有侧面泄放阀的变送器，取压口要开在流程管道的侧面。比如被测介质为液体时，泄放阀应安装在上面，以便排出渗在被测介质中的气体。被测介质为气体时，变送器的泄放阀应安装在下面，以便排放积聚的液体。压力容室转动180°，就可使其上面的泄放阀变到下面。

9）测量蒸汽流量时，取压口开在流程管道的侧面，并且变送器安装在取压口的下面，以遍冷凝液能充满在导压管里。应当注意，在测量蒸汽或其他高温介质时，其温度不应超过变送器的使用极限温度。

10）被测介质为蒸汽时，导压管中要充满水，以防止蒸汽直接和变送器接触，因为变送器工作时，其容积变化量是微不足道的，所以不需要安装冷凝罐。

11）变送器可以直接安装在测量点处，可以安装在墙上，或者使用安装板（变送器附件）夹拼在管道上。

12）变送器压力容室上的导压连接孔为螺纹孔，接头上的导压接孔为内锥管螺纹（或外螺纹），根据需要可以选择与引压接头锥管螺纹的过渡接头。压力变送器可以轻而易举地从流程工艺管道上拆下，方法是拧下紧固接头的两个螺栓。转动接头，可以改变其接孔的中心距离。

13）为了确保接头密封，在固紧时应按下面步骤操作：两只紧固螺栓应交替用扳手均匀拧紧，切勿一次拧紧某一只螺栓。有时为了安装上的方便，变送器本体上的压力容室可转动。只要压力容室处于垂直面，则压力变送器本体的转动不会产生零位的变化。如果压力容室水平安装时（例如在垂直管道上测量流量时），则必须消除由于导压管高度不同而引起的液柱压力的影响，即重新调零位。

（7）压力变送器的现场投用

1）检查变送器的电气回路接线是否正确，绝缘电阻是否符合要求。

2）检查取压导管连接是否正确、整齐、牢固。

3）关闭二次取压阀。

4）缓慢开启一次引压阀，再打开排污阀冲洗管路，冲洗完后关好排污阀。

5）仪表回路上电，打开二次阀，观察仪表指示是否正常。

6）检查是否有泄漏。

（8）装置运行中应如何更换弹簧管式压力表

1）拆卸压力表：

① 关闭压力表根部取压阀，打开取压阀上的放空阀，放空至压力表指示为零。

② 使用防爆扳手卡紧压力表接头，用另一把防爆扳手卡紧压力表，以逆时针方向旋转拆卸压力表。

2）安装压力表：

① 清理压力表螺纹上的杂物，在压力表接头处正确加装四氟垫片。

② 拧紧取压阀上的放空阀，略微打开取压阀进行吹扫。

③ 关闭取压阀，先手持压力表调整位置，使压力表按正确螺纹旋进针阀2~3扣。

④ 使用防爆扳手卡紧压力表接头，用另一把防爆扳手卡紧压力表，以顺时针方向旋转拧紧压力表。

⑤ 缓慢打开压力表取压阀，试漏。

⑥ 回收工具，清理现场。

3）操作安全提示：

① 拆卸时，注意要逐渐加力，不可用力过猛，人要避开压力表正上方。

② 拧紧时，注意要逐渐加力，不可用力过猛，拧紧后的压力表要垂直于管道，且盘面向外，便于观察。

③ 安装完毕后要注意缓慢打开取压阀。

2. 压力测量仪表的调试

1）弹簧管式压力表调试：

① 将被校表与标准表分别安装在压力校验计的两个接头上，打开压力表下两个针型阀。利用"示值比较法"对被校表绝对误差、变差进行校验；对指针偏转的平稳性及轻敲的位移量(轻敲表壳时指针位移量不得超过允许误差的一半)进行检查，在每个校验点应在轻敲表壳后进行两次读数，在全刻度范围内，校验点数不得少于五个。

注意：标准表的量程稍大于或等于被校表量程，同时标准表的允许误差应小于或等于被校表允许误差的1/3。

② 零位调整：

当弹簧管式压力表未输入被测压力时，其指针应对准表盘零位刻度线，否则，可用取针器将指针取下对准零位刻度线，重新固定。对有零位限制钉的表，一般要升压在第一个有效数字。

③ 量程调整：

在压力表的零点调准后，应检查其量程，当测量上限示值超过误差时，则应进行量程调整。方法是调整扇形齿轮与连杆的连接位置，即可调整量程。通常要结合零位调整反复数次才能达到要求。

④ 精度调整：

将测量范围等分五个校验点，进行刻度校验，先做上行程，后做下行程。同时作好调试数据记录表。

⑤ 误差计算及结果分析：

计算被校表的基本误差、变差，判断被校表是否合格，否则重新调整。调试后仍不合格应降级使用。

2）智能压力变送器参数调整：

① 手操器与变送器连接，连接时手操器电源应在关闭状态下。

② 打开手操器电源，进入 HART 协议。显示"测量"和"输出"两组数据画面。

③ 进入 HART 管理界面，读取变送器原零点、量程、阻尼值。

④ 选择要修改的标签，按要求修改零点、量程、阻尼值。

⑤ 保存。

注意：手持通信器和智能变送器不能通信的原因有通信电缆没有接好、连接电缆位置不对、变送器存在问题。出现此类问题时，需要检查一下手持通信器和变送器间的连接电缆是否连接牢固，插头是否插到底，夹子或固定螺钉有无松动，确保接触良好；检查变送器工作电压是否正常，电源极性是否接反；上述处理后手持通信器和变送器仍不能通信，可能变送器存在问题，可找一台好的变送器和通信器相连，如果能通信，则说明原先的变送器确实存在问题，或者是非智能的。

3）压力开关的调试：

① 选取量程、精度适合的标准压力表。

② 正确连接压力开关与压力源，并作静压密封试验。

③ 万用表档位旋至峰鸣处与压力开关输出端连接，微动开关选择常开点。

④ 将压力升至设定点，调整压力开关使万用表蜂鸣器接通，发出音响。

⑤ 将压力降至设定点以下，万用表蜂鸣器断开，消除音响。

⑥ 反复调整，直至符合要求位置。

⑦ 填写开关调试报告，调试结束。

第八节 流 量 测 量

一、流量的概念及测量仪表的分类

1. 流量的概念

流量是指单位时间内流经管道或设备某一截面的流体数量。按工艺要求不同，流量可分为瞬时流量和累计流量。

（1）瞬时流量

单位时间内流经管道某一截面的流体数量称为瞬时流量，它可以分别用体积流量和质量流量来表示。

单位时间内流过的流体以体积表示的，称为体积流量，常用 Q 表示。

单位时间内流过的流体以质量表示的，称为质量流量，常用 M 表示。

（2）累积流量

累积流量是指在一段时间内流经某截面的流体数量的总和，有时称为总量。可以用体积和质量来表示。

2. 流量测量仪表的分类

流量测量的方法很多，其测量原理和所采用的仪表结构形式各不相同，分类方法也不尽相同。按流量测量原理分类如下：

1）速度式流量计：主要是以测量流体在管道内的流动速度作为测量依据，根据 $Q = vA$ 原理测量流量，例如差压式流量计、转子流量计、靶式流量计、电磁流量计、涡轮流量计等均属此类。

2）容积式流量计：主要以流体在流量计内连续通过的标准体积 V_0 的数目 N 作为测量依据，根据 $V=NV_0$ 进行累积流量的测量，如椭圆齿轮流量计、刮板流量计等。

3）质量流量计：直接以测量流体的质量流量 q_m 为测量依据的流量仪表。它具有测量准确度不受流体的温度、压力、黏度等变化影响的优势，质量流量计有直接式质量流量计和间接式质量流量计。

二、流量测量仪表

1. 差压式流量计

差压式流量计由节流装置、导压管和差压变送器组成，见图 7-40。

变送器　三阀组　　　节流装置

图 7-40　差压式流量计

节流装置就是设置在直线管道中能使流体产生局部收缩的节流元件和取压装置的总称。流体流经节流元件时由于流体流束的收缩而使流速加快、静压力降低，其结果是节流元件前后产生一个较大的压力差。它与流量的大小有关，流量越大、压差也越大。因此，只要测出压差就可以测出流量。

常见的节流装置取压方式有角接取压和法兰取压。

（1）节流装置安装注意事项

① 节流装置安装时有严格的直管段的要求，一般需保证节流装置前 $10D$、后 $5D$ 的直管段长度。

② 节流装置前后长度 $2D$ 长的一段管道内壁上，不允许有任何凹陷和凸出部分。

③ 节流装置的端面应与管道的几何中心线垂直，其偏差不应超过 $\pm 1°$。法兰与管道内接口焊接处应加工光滑，不应有毛刺及凹凸不平现象；节流装置的几何中心线必须与管道的中心线相重合，偏差不得超过 $0.015D$。

④ 节流装置在水平管道上安装时，取压口方位取决于被测介质。

⑤ 节流装置的安装应在工艺管道清洗后试压前进行。

⑥ 有排泄孔时，排泄孔的位置对液体介质应在工艺管道的正上方，对气体介质应在工艺管道的正下方。

⑦ 环视与孔板有"+"号的一侧应在被测介质流向的上游侧。当用箭头标明流向时，箭头的指向应与被测介质的流向一致。

⑧ 节流装置的垫片应与工艺管道同一质地，并且不能小于管道内径。

⑨ 节流元件与法兰、加紧环之间的密封垫片，在夹紧后不得突入管道内壁。

⑩ 安装螺栓应对角紧固。

（2）引压管的安装

① 引压管尽量短距离敷设，总长不应超过 50m，最好在 16m 以内。引压管线拐弯处应是均匀的圆角。管径不得小于 6mm，一般为 10~18mm。

② 引压管的安装应保持垂直或水平，沿水平方向敷设时，应有不小于 1:10 的倾斜度，便于排除引压管中积存的气体（对液体介质）或凝液（对气体介质）。此外，还应加装气体、凝液、微粒的收集器和沉淀器等，便于进行定期排除。

③ 引压管应远离热源，并有防冻保温措施，便于差压信号畅通、准确传递。

④ 引压管密封要好，全部引压管均无泄漏现象。

⑤ 引压管中应安装相应的切断、冲洗、排污阀门。

（3）差压变送器的安装

① 变送器的安装主要应便于维修，选择周围环境条件（温度、湿度、腐蚀性、振动等）较好的地方安装变送器。

② 北方冬季应有保温箱加以保护。

③ 对于灰尘较大、腐蚀性较强的恶劣环境均应有保护箱加以保护。

④ 安装变送器的支架、引压管的连接均应按差压变送器说明书的规定和安装规程的要求进行安装。

（4）差压式流量计的应用

① 测量液体流量：

防止液体中有气体进入并积存在导压管内，其次还应防止液体中有沉淀物析出。为了达到上述两点，变送器应安装在节流装置的下方。但在某些地方达不到这些要求，或环境条件不具备时，需将变送器安装在节流装置的上方，则从节流装置开始引出的引压管先向下弯，而后再向上弯，形成 U 形液封。但在导压管的最高点应装集气器。对于被测介质有沉淀物析出时，则引压管到变送器前的最低点需装有沉降器。对于检测黏性及腐蚀性介质时，需装有隔离罐。

② 测量气体流量：

在安装时要防止液体污物或灰尘等进入导压管内，故变送器需安装在节流装置上方。如果条件不具备，只能安装在下方时，则需在引压管的最低处装有沉降器，以便排除凝液和灰尘。此外，当气体中含有污物和灰尘时，在维修中要定期吹洗，以保持管线的洁净。对于有腐蚀性气体时，还需装有隔离罐。

（5）差压式流量计的投运

当一台差压变送器安装完毕或经大检修后，均需开表投运。经安装、检修过的差压变送器系统在开表前需进行严格的冲洗，清除其管线内的铁屑、杂质灰尘等脏物。

① 检查变送器的电气回路接线是否正确，绝缘电阻是否符合要求。

② 仪表回路上电。

③ 检查取压导管是否连接正确、整齐，牢固无泄漏。

④ 关闭三阀组正负取压阀，打开平衡阀。

⑤ 缓慢开启一次引压阀，再打开排污阀冲洗管路，冲洗完后关好排污阀。

⑥ 打开三阀组的正压阀，关闭平衡阀，再打开负压阀门。

注意：对于带有凝液器或隔离器的测量管路，不可有正压阀、负压阀和平衡阀三阀同时打开的状态，即使时间很短也是不允许的，否则凝结水或隔离液将会流失，需重新充罐才可使用。三阀组的启动顺序是：打开正压阀→关闭平衡阀→打开负压阀；停运的顺序是：关闭负压阀→关闭正压阀→打开平衡阀。

2. 质量流量计

质量流量计直接测量通过流量计的介质的质量流量，还可测量介质的密度及间接测量介质的温度，见图 7-41。

图 7-41 质量流量计

（1）安装要求

① 传感器和变送器出厂前是配套标定的，安装时需一一对应。

② 传感器测量管内应保证充满被测介质。对不同性质的被测介质，有 T 形、⊥ 形及旗形三种安装方式。水平安装时，用于测量液体，不能安装在管道的最高点，外壳朝下，避免夹气；用于测量气体介质，不能安装在管道的最低点，外壳朝上避免积液。

③ 传感器法兰前后必须加装具有足够刚度和质量的支架，管道与支架间必须牢固可靠，夹头和管道之间不应垫胶皮、塑料和其他材料，避免管道振动干扰，引起测量误差。

④ 为保证流体均匀、均质地通过测量管，传感器应安装在节流装置、阻流元件之前，或安装在一定长度直管段之后。

⑤ 安装时传感器与管道要同轴对准，无论轴向还是径向，均应尽量做到无应力安装。如先焊接连接法兰，后焊接管道。

⑥ 传感器可以在两个流动方向工作，一般经接线盒上的箭头方向与流体的流动方向保持一致，变送器将通过一个正的 K 值来显示正向的流量。

⑦ 传感器、变送器及信号电缆应尽量避免电磁干扰，应远离大型电动机、电磁阀、变电站等。

⑧ 在同一管道上安装两台尺寸相同的传感器时，注意不应靠得太近，应大于传感器安装法兰间距的 4 倍，同时也不应采用交连的安装框架。

（2）投运步骤

① 启动：系统将开始工作，在变送器通电前，应该用大于或等于 50% 最大标称流量的介质注满传感器，除去传感器中所有空气，以保证测量顺利进行。检查电源电压是否符合铭牌上标明的值，即可启动变送器。

② 检查流量计算器显示：首先检验显示器的所有液晶段工作是否正常，然后检查标定时编程数据。所有以前记录的数据和程序信息均存在与显示器的内存中，可以用"选择/进入"键调出。

③ 两点调整：测量系统开始第一次工作，需要进行静态零点调整。为此传感器必须注满被测介质而不能有任何空气杂质，在温度和压力尽可能接近正常工作条件下，传感器的被测介质应完全停止流动，一般采用关闭传感器下游的截止阀的方法，使传感器的流量为零。

一旦零点调整好后，为了保证测量精度，传感器安装状态不应再做任何变动。系统状态如有改变，应该重新调整零点。

④ 各项检查调整工作结束后，打开传感器下游的截止阀，质量流量计测量系统进入正常工作状态。根据产品提供的密码锁定功能，将各种编程常数锁定。

3. 旋进漩涡流量计

旋进漩涡流量计采用先进的微处理技术，具有功能强，流量范围宽，操作维修简单，安装使用方便等优点。旋进漩涡流量计由传感器和转换器两部分构成，见图 7-42。

（1）旋进漩涡流量计使用注意事项

① 选择合理的安装场所，安装场所应避开强电力设

图 7-42 旋进漩涡流量计

备、高频设备、强电源开关设备；避开高温热源和辐射热源影响；避开高温和强腐蚀气氛影响；避开强烈振动并且安装、布线、维修方便；在传感器上游和下游，必须消除由于过长的管道所产生的振动。

② 仪表一般要求水平安装，被测流体的流向应与壳体上指示流向的箭头一致。亦可垂直或倾斜安装。当测量液体时，应确保传感器总是完全充满液体。为了检修时不致影响流体的正常传输，建议在仪表的安装段另增设旁路。

③ 旋进旋涡流量计对前后直管段的要求较低，原理上允许流量计前后不需要直管段，但一般要求仪表前有 3D 长度的直管段，仪表后有 1D 长度的直管段。特殊情况要求 5D 和 3D 长度。当单弯管或双弯管的弯管半径大于 1.8D 时，流量计前后可以不要直管段。

④ 测量气体或蒸汽时可采用温度压力补偿。

⑤ 当被测流体中含有杂质时，应在仪表前装上过滤器或过滤网。

⑥ 测量少量异相的气液两相流时传感器安装方法：

a. 测量液体时，管道中可能有少量的气相，其含量不超过规定的气-液两相流体，为防止气体在传感器内滞留，必须安装气体分离器。

b. 测量气体时，当管道被所测气体可能产生的冷凝液，及气体中存在未被除掉的不稳定液相时，为防止液体在传感器内滞留，最好垂直安装。

⑦ 当管道较长，可能发生振动时，应在流量计上游和下游安装固定支架，防止管道振动。

（2）旋进旋涡流量计安装注意事项

① 传感器按流向标志可在垂直、水平或任意倾斜位置上安装。

② 当管线较长或距离振动源较近时，应在流量计的上、下游安装支撑，以消除管线振动的影响。

③ 传感器的安装地点应有足够的空间，以便于流量计的检查和维修，并应满足流量计的环境要求。

④ 应避免外界强磁场的干扰。

⑤ 在室外安装使用时，应有遮盖物，避免烈日曝晒与雨水浸蚀，影响仪表使用寿命。

⑥ 管线试压时，应注意智能型流量计所配置压力传感器的压力测量范围，以免过压损坏压力传感器。

⑦ 应注意安装应力的影响，安装流量计上游和下游管道应同轴，否则会产生剪切应力。安装流量计的位置应考虑密封垫片的厚度，或在下游侧安装一个弹性伸缩节。

⑧ 安装流量计之前应先清除管道中的焊渣等杂物。

⑨ 流量计应设置旁通管路，以便不断流检修和清洗流量计。

⑩ 在垂直管道上安装时，流体流向必须是自下而上。

⑪ 流量计接线时信号电缆应尽可能远离电力电缆，信号传输采用三芯屏蔽线，并单独穿在金属套管内敷设。

⑫ 电缆屏蔽层应遵循"一点接地"原则可靠接地，接地电阻应小于 10Ω，并应在流量计侧接地。

⑬ 投入运行时，应缓慢开启流量计上、下游阀门，以免瞬间气流过急而冲坏起旋器。

⑭ 当流量计需要有信号远传时，应严格按"电气性能指标"要求接入外电源。

⑮ 用户不得自行更改防爆系统的接线方式和任意拧动各个输出引线接头。

⑯ 流量计运行时，不允许随意打开后盖改动仪表参数，否则影响流量计的正常工作。

⑰ 定时检查流量计法兰处的泄漏情况。

第九节 物 位 测 量

一、物位检测仪表

1. 差压式液位计

在工业生产中，有的地方使用压力式液位计来检测容器中的液位。但这种仪表仅适用于敞口容器，在密闭容器中检测液位时，会受容器内静压力的影响。使用差压式液位计，就可以消除容器内静压力的影响，检测设备内某点的液柱高度与设备内的压力无关。检测的方法是在设备的上、下部安装取压管，检测其压差，如能知道容器内液体的密度 ρ，则设备内的液位高度为：

$$H = \Delta p / \rho g$$

式中　H——设备内的液位，mm；

Δp——设备中上、下部的压差，Pa；

ρ——设备中液体的密度，g/cm^3。

从以上分析可知，液位的检测归结为压差的检测，知道了设备上、下部的压差，即可知道设备中的液位高度。

由于有固定压差存在，当设备内的液位在最低时，差压变送器的输出不是 4mA，当液位为最高时，差压变送器的输出不是 20mA。固定压差的存在，使其检测量限扩大，仪表的灵敏度下降，所以迁移称为差压式液位计的主要问题。

如差压式液位计的正压室以(+)表示与容器下部取压点相连通，而负压室以(−)表示与容器上部取压点相连通，这样可以测量密闭设备的液位。如被测液位的密度为 ρ_1，则作用于差压变送器正、负压室的压差为：

$$\Delta p = H \rho_1 g$$

当液位 $H=0$ 时，差压变送器输出为 4mA，当 H 为最大时，差压变送器输出为 20mA。

在液位测量中，如何判断"正迁移"和"负迁移"？当被测液位 $H=0$ 时，如果差压变送器的输入信号 $\Delta p>0$，则为"正迁移"；反之，当 $H=0$ 时，$\Delta p<0$，则为"负迁移"。

迁移只是同时改变量程的上、下限，而不改变量程的大小。此结论是很重要的，特别是在开表或调试中。

各种差压变送器均有明确说明其结构特点、有无迁移。国产差压变送器背面 A 记号表示为正迁移、B 记号表示为负迁移及迁移量大小。根据正负迁移的要求，进行不同迁移调整。

2. 双法兰式液位计

对于被测介质具有腐蚀性、含结晶颗粒、黏度大、易凝固的液体的液位，不能使用一般差压变送器进行液位测量，而应用单法兰或双法兰差压变送器对其进行检测。法兰式差压变送器能解决引压管线被腐蚀或堵塞的问题。变送器上的法兰直接与设备上的法兰连接。

双法兰式差压变送器上作为敏感元件的金属膜盒，经毛细管与变送器的测量室相连接，由膜盒、毛细管、测量室组成的封闭系统内充有硅油，作为传递压力的媒介。其毛细管的

图 7-43 双法兰式液位计

外部用金属蛇皮管加以保护(见图 7-43),结构原理类似于差压变送器,在检测密闭容器时同样需要进行迁移,提高其检测的灵敏度。

(1) 双法兰变送器安装时的注意事项

法兰变送器和普通变送器不同,它的毛细管、法兰膜盒是一个密闭系统,相当于一个温包。当周围环境温度发生变化时,系统内的填充液会发生膨胀或收缩,从而引起系统的压力变化,它作用到变送器的敏感元件,使仪表产生附加误差。而一般变送器中,引压管不是密闭系统,它由温度变化而引起的压力变化,可以由介质扩散到工艺流程,因而不影响仪表输出。

法兰变送器在安装时,一定不要使变送器和法兰膜盒系统暴露在阳光底下,以免太阳直晒,使环境温度发生剧烈变化;在寒冷的北方也要考虑硅油的凝结温度是否满足条件,防止冬季气温过低使硅油凝结。另外,双法兰的两根毛细管应处于同一环境温度下,这样,一定范围内的温度变化可以相互抵消。

(2) 双法兰液位变送器的安装操作

① 将变送器本体安装在变送器的安装托架上。

② 将安装托架用 U 形卡子安装在直径为 50mm 的管架上。

③ 将高、低压两侧法兰安装在配对法兰上,加密封垫片,对角拧紧安装螺栓。

④ 将高、低压两侧的毛细管束在一起并固定,防止风吹及振动等产生的影响。

⑤ 将信号电缆通过电缆保护管,引入变送器接线盒内。

⑥ 盖好接线盒盖,做好防水处理。

⑦ 回收工具,清理现场。

操作提示:高、低压两侧法兰应安装正确,不能装反。

3. 浮球液位开关

浮球液位开关使用磁力运作,无机械连接件,运作简单可靠。当浮球开关被测介质浮动浮子时,浮子带动主体移动,同时浮子另一端的磁体将控制开关动作杆上的磁体。杠杆的一端连空心浮球,另一端装平衡锤,所以是力矩平衡式仪表。浮球深入工艺容器,并一半浸在介质内,所以随着容器内的液面变化而上下移动,通过杠杆支点,在另一端(即平衡锤一端)产生相反方向的移动,从而推动微动开关,使接点断开或导通,见图 7-44。

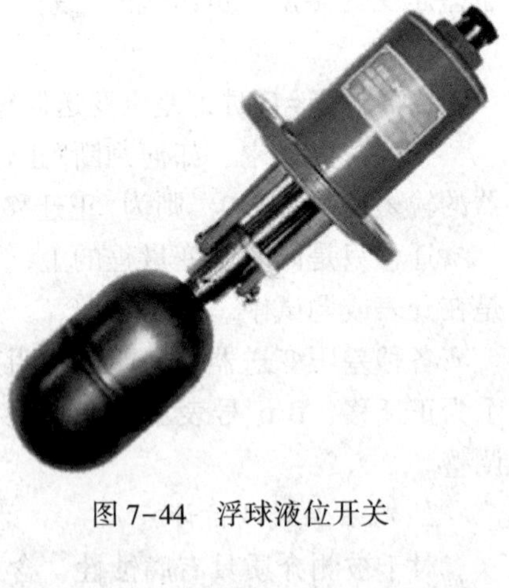

图 7-44 浮球液位开关

(1) 浮球液位开关调试

浮球液位开关在安装前只需要重新标定水位线,但无法对开关本身进行调整。这时用万用表测开关状态,在水线附近开关会随水位高低通断,这说明开关没问题,只要保证安装过程中与控制设备的水位线一致就好了。液位开关本身都会带两对以上的微动开关,分别输出两对常开两对常闭接点,在应用时通常是"接通报警"。

（2）浮球液位开关的安装步骤

① 查看浮球、连杆安装是否牢固，动作是否灵活；检查微动开关常闭、常开触点工作是否正常，微动开关绝缘是否合格。

② 对法兰片进行清理，加装密封垫(密封垫双侧涂抹黄油)。

③ 将浮球插入到安装孔内，注意浮球安装方向。

④ 对角紧固法兰螺栓。

⑤ 连接信号线(线号标签、接线牢固)。

⑥ 将接线盒盖螺丝拧紧，安装结束。

4. 翻板式液位计(见图7-45)

（1）翻板式液位计的工作原理

翻板式液位计的翻板是由导磁的薄铁皮制成的又称磁浮子液位计，每片宽10mm，垂直排列，并各自能绕框架上的小轴反转。翻板的一面涂红漆，另一面涂银灰漆。工作时，液位计的连通管经法兰与容器相连，构成一连通器。连通管中间有浮标，它随着液位的变化而变化。当液位上升时，磁钢将

图7-45　翻板式液位计

吸引翻板，并将它们逐个反转，使红的一面在外边；下降时，又将它们反过来，使灰色的一面在外边。即以颜色表示液位高低，十分醒目。

在基本型配上液位报警器和远传装置就可以实现远距离液位上下限报警、限位控制或联锁；配上变送器的装置将液位的变化转换成线性标准电信号4~20mA DC(两线制)，实现液位的远距离指示、检测或控制。其远传装置量程可达0~500mm至0~6000mm。

翻板式液位计具有结构简单、检测功能齐全、读数直观、醒目、测量范围大等优点。尤其对在大量程、强腐蚀性、易燃、易爆等场合，更为实用。

（2）安装与投运

1）浮子室内不允许有异物进入如焊渣、石块、铁屑等。

2）液位计必须垂直安装于容器上，其最大不垂直度≤3°，以保证磁性浮子在主管内上下运动自由。

3）浮子装入浮子室时，不可将浮子上下颠倒。

4）浮子液位计做耐压试验时，应将浮子取出，若要对浮子进行耐压试验，应单独进行，且加压的速度尽量缓慢，试验压力为其工作压力。

5）当容器做耐压试验时，应切断液位计上限阀门。

6）液位计安装完毕后，需要用校正磁钢对显示板小磁板由上到下导引一次，使零位以上显示白色。

7）液位计投入运行时，应先打开上阀门，然后慢慢打开下阀门，避免容器内的受压介质快速进入浮子室，使浮子急速上升，造成磁板翻转不及或混乱。

8）液位计需进行清洗时要关掉上下阀门，打开排污阀及封头螺丝进行清洗；如果需要清洗浮子，则应拆下下盖，取出浮子即可清洗。

9）远传装置发生故障时，应检查相应元件，元件损坏可更换。

10）定期检查液位计的使用及安全情况，检查接线是否牢固，上下法兰有无泄漏。

（3）磁翻板液位计调试

1）就地磁翻板液位计调试：

安装后，应先打开上部引压阀门，然后慢慢打开下阀门，让介质平稳进入主体管，观察磁性红白板翻转是否正常，然后关闭下引管阀门，打开排污阀，让主导管内液位下降，据此方法操作三次，确定正常后即可投入使用。

2）远传磁翻板液位计调试：

有两种方式：一种是在装置下拨动浮子，使之模仿液位的最低点和最高点；另一种是直接在装置上调节液位的最低点和最高点。由于第一种方式容易产生不可估算的误差，推荐采用直接在装置上调试液位的最高点和最低点的方法。

① 零位调整：模仿液位的最低点并使之与就地显示部分的刻度对应起来，同时调整"调零"电位器，使校验仪指示电流为4.00mA。

② 量程调整：模仿液位的最高点，同时调整"量程"电位器，使校验仪指示电流为20.00mA。按①、②步骤反复调整，直至符合要求位置。

③ 精度调整：将测量范围内的五个校验点进行刻度校验，先做上行程，后做下行程，填写调试记录。

④ 误差计算及结果分析：计算被校表的引用误差、变差，判断被校表是否合格，否则重新调试。

图 7-46　雷达液位计

5. 雷达液位计（见图 7-46）

雷达液位计是基于时间行程原理的测量仪表，雷达波以光速运行，运行时间可以通过电子部件被转换成物位信号。探头发出高频脉冲在空间以光速传播，当脉冲遇到物料表面时反射回来被仪表内的接收器接收，并将距离信号转化为物位信号。

（1）雷达液位计安装注意事项

① 安装雷达液位计时，应避开进料口、进料帘和漩涡，因为液体在注入时会产生幅值比被测液位反射的有效回波大得多的虚假回波。同时，漩涡引起的不规则液位会对微波信号产生散射，从而引起有效信号的衰减，所以应避开它们。

② 测量液位的场合，宜垂直向下安装。雷达的波束中心与容器壁的距离应大于由束射角、测量范围计算出来的最低液位处的波束半径。

③ 对于有搅拌器的容器，雷达液位计的安装位置不要在搅拌器附近，因为搅拌时会产生不规则的漩涡，它会造成雷达信号的衰减。

④ 当雷达液位计用于测量腐蚀性和易结晶的物体时，为了防止介质对传感器的影响，一般采用带有聚四氟乙烯测量窗和分离法兰式的结构。

（2）雷达液位计的安装操作

① 检查接线端子是否良好，是否有腐蚀或脏物。

② 检查各防爆结合面是否有划痕碰伤。

③ 在压力法兰与安装法兰结合面之间，加密封垫片并双面涂上少量黄油。

④ 对角拧紧法兰安装螺栓。

⑤ 将信号远传导线接到接线端子上，保证接触良好，无松动。

⑥ 安装完毕后，应随工艺设备一同试压，并进行校对工作。

操作提示：雷达液位计的防爆结合面不得有划痕碰伤。

6. 超声波液位计

超声波液位计是由微处理器控制的数字液位仪表。在测量中超声波脉冲由传感器（换能器）发出，声波经液体表面反射后被同一传感器接收，通过压电晶体或磁致伸缩器件转换成电信号，并由声波的发射和接收之间的时间来计算传感器到被测液体表面的距离。由于采用非接触的测量，被测介质几乎不受限制，可广泛用于各种液体和固体物料高度的测量。

超声波液位计由三部分组成：超声波换能器、处理单元、输出单元。

超声波液位计安装、使用与维护见图7-47。

图 7-47 超声波物位计安装

1）传感器探头必须垂直于物料表面。

2）在一个罐内不能安装两个超声波探头，因为两个信号会互相干扰。

3）使用防护罩以防止日晒或雨淋。安装在有粉尘、污染严重的场合，探头天线要定期清理。

4）超声波从探头发射出来碰到物体均会产生回波，除正常的液面反射波外，还会有其他物体的反射波，它会干扰仪表的测量，因而要对干扰回波进行抑制。

第十节　执　行　器

一、调节阀的结构和分类

调节阀作为自动调节系统的终端执行机构，接收控制信号，实现对工艺流程的调节。它的动作灵敏度直接影响调节质量，因此在日常维护中总结分析调节阀安全运行的因素及其对策显得尤为重要。

1. 调节阀结构

调节阀是构成控制系统中用动力操作去改变流体流量的装置。调节阀由执行机构和调节机构两部分组成，见图7-48。

执行机构起推动作用，而调节机构起调节流量的作用。执行器是一种直接改变操纵变量的仪表，是一种终端元件。

执行机构是将控制信号转换成相应长的动作来控制阀内节流件位置或其他调节机构的

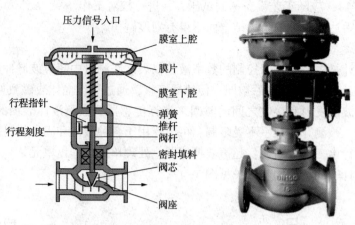

压力信号入口
膜室上腔
膜片
膜室下腔
行程指针
弹簧
推杆
行程刻度
阀杆
密封填料
阀芯
阀座

图 7-48　调节阀

装置。信号或驱动力可以为气动、电动、液动或这三者的任意组合。阀是调节阀的调节部分，它与介质直接接触，在执行机构的推动下，改变阀芯与阀座之间的流通面积，可达到调节流量的作用。

　　阀由阀体、上阀盖组件、下阀盖和阀内件组成。上阀盖组件包括上阀盖和填料函。阀内件是指与流体接触并可拆卸的，起到改变节流面积和截流件导向等作用的零件的总称，例如阀芯、阀座、阀杆、套筒、导向套等，都可以叫阀内件。

　　2. 调节阀的分类

　　调节阀按阀体结构划分一般可分为九大类：单座阀、双座阀、套筒阀、三通阀、角形阀、隔膜阀、蝶阀、球阀、偏心阀等。

　　1）调节阀按行程划分一般可分为两大类：直行程阀、角行程阀。

　　2）调节阀按其所配执行机构使用的动力，一般可分为三大类：气动调节阀、电动调节阀、液动调节阀。以压缩空气为动力源的调节阀称为气动调节阀。以电为动力源的调节阀称为电动调节阀。

　　调节阀的产品类型很多，结构多种多样，而且还在不断地更新和变化。一般说来，阀体部件是通用的，既可以和气动执行器匹配，也可以与电动执行机构或其他执行机构配合使用。

二、执行机构

　　1. 气动执行机构

　　把输入的标准气压信号转换为推杆的直线位移（阀杆行程）。执行机构根据通入压力位置不同分为正作用式和反作用式两类。当信号压力增加时，推杆向下动作的叫正作用执行机构（气压信号从上膜盖引入）；反之，信号压力增加时，推杆向上动作的叫反作用执行机构（气压信号从下膜盖引入）。

　　2. 电动执行机构

　　电动执行机构由电动机带动减速装置，在电信号作用下产生直线运动和角度旋转运动。与气动薄膜执行机构相比，电动执行机构具有驱动能源简单方便、推力大、刚度大的特点，但其结构复杂，价格高，受防爆限制，其应用远不如气动执行机构广泛，在化工生产中很少选用。

3. 智能型电动执行机构

1) 智能型电动执行机构采用变频减速，其运行速度是根据位置量变化的。当给定值与当前位置量值差距较大时，电动执行机构以较快速度运行至给定值附近，然后以较慢速度到达给定点，这样调节精度值高，避免对系统阀门的冲击。

2) 智能型电动执行机构可以实时显示电动执行机构的运行情况，实时显示当前力矩，实时显示当前位置。

3) 智能型电动执行机构可以故障自诊断，并给出相应的报警信号。

4) 智能型电动执行机构采用含总线技术的多种控制方式。

三、调节机构

1. 直通单座调节阀的结构、优缺点

直通单座调节阀阀体内只有一个阀芯和阀座。它由上阀盖、下阀盖、阀体、阀座、阀芯、阀杆、填料、衬套和压板等零部件组成。阀有正装和反装两种类型，当阀芯向下移动时，阀芯与阀座之间的流通面积减小，称为正装；反之，称为反装。

气开式调节阀随信号压力的增大流通面积也增大，而气关式则相反，它是随信号压力的增大流通面积减小。

优缺点：优点是泄漏小。缺点是允许压差小、易堵卡、笨重；流通能力小。

2. 直通双座调节阀的结构、优缺点

直通双座调节阀阀体内有两个阀座和两个阀芯，阀芯为双导向。

优缺点：优点是允许压差大。缺点是泄漏量大、易堵卡、太笨重。

3. 球阀

（1）O形球阀

球体上开有一个直径和管道直径相等的通孔，阀杆可以把球体在密封座中旋转，从全开位置到全关位置的转角为90°。

（2）V形球阀

它的球体阀芯上开有一个V形口，利用球心转动与阀座相割打开的面积来调节流量，其调节特性是球阀中最好的。

4. 蝶阀

蝶阀又称翻板阀，结构简单，它由阀体、阀板、阀板轴和密封等部件组成。蝶阀最适合大口径、大流量，要求开启、关闭速度快，且具有良好的流体控制特性，不干净介质的场合。

四、调节阀的测试、安装

1. 静压性测试

静压性是指阀门行程和输入信号之间的静态关系。

（1）基本误差

在规定的参比条件下，实际行程的特性曲线与规定行程的特性曲线之间的最大差值。

（2）始、终点偏差

始点偏差也称为零点误差，终点偏差也称为终点误差。仪表在规定的使用条件下工作时，当输入是信号范围的上、下限时，调节阀相应行程值的误差称为始、终点偏差。

（3）额定行程偏差

仪表在规定的使用条件下工作时，输入超过信号范围上限值的规定值时的误差。

（4）回差

同一输入信号上升和下降的两个行程值的最大差值。

（5）死区

输入信号正反方向变化不一致引起行程有任何可察觉变化的有限区间。

2. 气密性测试

（1）气密性的定义

播磨式和活塞式执行机构的气室，在保证的试验气压下，在规定的时间内不漏气的性能称为气密性。

（2）气密性试验装置

空气压缩机用于供气，空气经过滤器之后送到执行机构进行压力试验。在规定的时间内，执行机构的空气压力降低量不允许超过规定值。可在执行机构的各密封处涂上肥皂水，观察有无气泡漏出，来判断气密性的好坏程度。

（3）气密性要检查的密封点

① 上、下膜盖与薄膜的连接密封处。

② 限位杆、托盘与薄膜的连接密封处。

③ 每个 O 形圈的密封处。

④ 每个气室的壁面、各个焊接点。

3. 密封性测试

（1）密封性的定义

调节阀密封填料函及其他连接处，在规定的试验压力和时间内，不让介质泄漏的性能，称为密封性。

（2）测试注意事项

① 在阀门的进口侧输入试验压力，另一端一定要密封，使试验压力保持稳定。

② 实验过程中，阀杆动作频率为 3 次/min 以上。

③ 试验期间要用试验锤轻轻敲打有关部位，特别是密封部位。

④ 用水实验时不渗漏水珠，用空气试验时不冒泡(密封部位涂有肥皂水)。

4. 调节阀的安装准则

（1）确保安全性

1）防止泄漏：

安装过程中不允许阀门产生泄漏。调节阀在使用过程中，如果在填料函、法兰垫片等部位形成缝隙和小孔就可能产生泄漏。在安装过程中，填料的选择、密封方法的选择、压力的降低、用密封性好的阀门，都是安装人员必须考虑的因素。

2）安装放空阀或排放阀：

任何一个管路设计和安装，均应在调节阀的每一侧安装放空阀或排放阀，可以方便维护人员操作。

3）安全的管线：

管线中的沙粒、水垢金属屑及其他杂质会损坏调节阀的表面，使其关闭不严。在安装调节阀之前，全部安装管线和部件都要吹扫并彻底净化；如果被排放的流体是危险气体，放空管线要连接到安全地点；在安装螺纹连接的管件时，要避免密封剂掉到安装管道中；在调节阀上游和下游附近的蒸汽管道应当保温；在压力波动严重的管道系统中，建议使用管道缓冲器。

（2）确保使用性能

安装调节阀时，要尽量使其性能不受动态影响。阀门的入口为直管段，这样流体进入阀门的压力稳定，阀门在每一个开度都能保证有稳定不变的流量；阀前阀后均应安装压力表，便于观察；阀门入口的直管段越长越好，如果可能，出口配管的直管段也要足够长。

（3）安装位置好，易于接近

调节阀安装时必须考虑到调节阀在现场维修和日常拆卸维修的可能性，要考虑维护调节阀所需的空间间隙和方便性。

5. 调节阀的安装

1）安装过程中应始终遵守气动调节阀安装指导和注意点。

2）调节阀的工作环境温度要在-30~60℃，相对湿度不大于95%。

3）调节阀前后位置应有直管段，长度不小于10倍的管道直径(10D)，以避免阀的直管段太短而影响流量特性。

4）在安装阀门之前，先阅读指导手册。

5）确认管道清洁，管道中的异物可能会损坏阀门的密封表面甚至阻碍阀芯、球或蝶板的运动而造成阀门不能正确地关闭。为了减小危险情况发生的可能性，需在安装阀门前清洗所有的管道。

6）确认已清除管道污垢，金属碎屑、焊渣和其他异物。另外，要检查管道法兰以确保有一个光滑的垫片表面。如果阀门有螺纹连接端，要在管道阳螺纹上涂上高等级的管道密封剂。不要在阴螺纹上涂密封剂，因为在阴螺纹上多余的密封剂会被挤进阀体内。多余的密封剂会造成阀芯的卡塞或脏物的积聚，进而导致阀门不能正常关闭。

7）安装之前，检查并除去所有运输挡块、防护用堵头或垫片表面的盖子，检查阀体内部以确保不存在异物。

8）调节阀应安装在水平管道上，并上下与管道垂直，一般要在阀下加以支撑，保证稳固可靠。安装时，要避免给调节阀带来附加应力。

9）确保在阀门的上面和下面留有足够的空间以便在检查和维护时容易地拆卸执行机构或阀芯。对于法兰连接的阀体，确保法兰面准确地对准以使垫片表面均匀地接触。在法兰对中后，轻轻地旋紧螺栓，最后以交错形式旋紧这些螺栓。

6. 电动控制阀安装

1）电动控制阀最好正立垂直安装在水平管道上，特殊需要时也可以采用任意安装（不能使电动阀倒置），在阀的自重较大和有振动场合倾斜安装时应加支撑架。

2）安装时应使介质的流向与阀体上标注箭头方向一致。

3）电动控制阀在安装时应避免给阀带来附加压力，当阀安装在管道较长的地方时，应安装支撑架，安装在有振动的场合时，应采取避振措施。

4）电动控制阀在安装前应清洗管道、清除污物，安装后使阀全开，再对管道、阀门进行清洗及试验连接处的密封性。

5）注意防潮，防止灰尘加快阀杆与填料的摩擦，引起填料处泄漏。如果安装在室外，应加保护罩，防止暴晒雨淋。

6) 在打开外壳、连线和拆线时应切断执行机构主电源。

7) 在电气线路连接后检查限位开关是否正确，首先手动执行机构到行程中间位置，装上外壳后在两个方向发出一个短促的电信号并观察推杆和阀杆，如果执行机构安装错误，对单项电机只需交换开、关接线，注意不要超过阀行程。

8) 将 220V 电源相线连接到"L"端，中间连接到"N"端，接地线连接到"⊥"端。

9) 手轮操作必须先切断电源，再手动操作手轮。

10) 在安装电动控制阀时，不要直接采用电焊操作，避免损坏内部电子线路。

7. 电磁阀安装与调试

1) 首先检查电磁阀是否与选型参数一致（电源、介质压力）。

2) 接管之前要对管道进行清洗，将管道中的金属粉末及密封材料残留物、锈垢等清除。

3) 一般电磁阀的电磁线圈部件应竖直向上，竖直安装在水平与地面的管道，如果受空间限制或工况要求必须侧立安装时，需在订货时提出，否则会造成电磁阀不能正常工作。

4) 电磁阀前后应加手动切断阀，同时应设旁路，便于电磁阀在故障时维护。

5) 电磁阀一般是定向的，不可装反，通常在阀体上用箭头指出介质流动方向，安装时依照箭头指示的方向安装。

6) 如果介质会起水锤现象，应选用具有防水锤功能的电磁阀或采取相应的防范措施。

7) 调试时首先要把所有的输出口用堵头堵住，在需要测试的部位安装好临时压力表以便观察压力。

8) 电磁阀接好临时电源。

9) 打开气源开关，缓慢调节进气调压阀使压力逐渐升高至 0.6MPa，然后检查每一个管接头是否有漏气现象。

10) 对每一个电磁阀进行通电换向，如遇电磁阀不换向可用升高压力或对阀体稍加振动的方法进行试验。如果此方法无效，则需要拆开阀体进行清洗，重新涂上硅脂安装好，无法修复应及时更换。

图 7-49　自力式压力调节阀

8. 自力式压力调节阀安装

自力式压力调节阀分为自力式压力、压差和流量调节阀三个系列，见图 7-49。自力式压力调节阀根据取压点位置分阀前和阀后两类，取压点在阀前时，用于调节阀前压力恒定；取压点在阀后时，用于调节阀后压力恒定。当将阀前和阀后压力同时引入执行机构的气室两侧时，自力式压差调节阀可以调节调节阀两端的压力恒定，也可将安装在管道上孔板两端的压差引入薄膜执行机构的气室两侧，组成自力式流量调节阀，或用其他方式将流量检测后用自力式压差调节阀实现流量调节。

1) 自力式调节阀安装注意事项：

① 自力式调节阀安装前应对管路进行清洗，排除污物和焊渣。安装后，为保证不使杂质残留在阀体内，还应再次对阀门进行清洗，即吹扫时应使所有阀门开启，以免杂质卡住。在使用手轮机构后，应恢复到原来的空档位置。

② 安装自力式调节阀的管道一般不要离地面或地板太高，在管道高度大于 2m 时应尽

量设置平台，以利于操作手轮和便于进行维修。

③ 自力式调节阀一般应垂直安装，特殊情况下可以倾斜，如倾斜角度很大或者阀本身自重太大时对阀应增加支承件保护。

④ 自力式调节阀属于现场仪表，要求环境温度应在-25~60℃范围，相对湿度≤95%。如果是安装在露天或高温场合，应采取防水、降温措施。在有振源的地方要远离振源或增加防振措施。

⑤ 为了使自力式调节阀在发生故障或维修的情况下使生产过程能继续进行，自力式调节阀应加旁通管路。同时还应特别注意，自力式调节阀的安装位置是否符合工艺过程的要求。

2）自力式压力调节阀的投运方法：

① 缓慢开启阀前后截止阀。

② 拧松排气塞，直至气体或液体从执行机构溢出为止。

③ 然后重新拧紧排气塞，调节阀即可工作。所需压力值的大小可通过压力调节盘的调整而得到。调整时，注意观察压力标示值，动作缓慢，不得使阀杆跟着转动。

第十一节　信号报警与联锁控制系统

一、信号报警与联锁控制系统的概念

在石油化工类生产过程中，为了确保生产的正常进行，防止事故的发生和扩大，促进生产过程的自动化，因而广泛地采用自动信号报警与联锁保护系统。信号报警与联锁保护系统是对生产过程进行自动监控并实现自动操纵的一种重要措施。在工艺生产过程中，存在各种各样的工艺参数及工艺设备状态，如温度、压力、流量、液位、密度等工艺参数，机泵开停和故障、阀门开关和故障等工艺设备的运行状态。如果工艺参数越限或运行状况发生异常情况，就应及时检测出来，以灯光和声响引起操作者的注意，即信号报警。

信号报警与联锁控制系统包括信号报警系统和联锁保护系统。信号报警起到自动监视的作用，报警系统本身不能直接发出动作指令。而联锁保护实质上是一种自动操纵系统，能使有关设备按照规定的条件或程序完成操作任务，达到消除异常、防止事故的目的。实际应用中的信号报警与联锁保护系统，有的只具备信号报警功能，有的只具备联锁保护功能，或有的两者都具备。

1. 信号报警和联锁保护系统的组成

信号报警与联锁保护系统的类型较多，但通过分析各组成部分的功能不难发现，它们是由各种基本环节组成的，大致可分为信号接收环节、光显示环节、音响环节、音响检查环节、消除音响及停止闪光环节、切换环节、互锁环节、执行环节等几种。在联锁保护系统中执行环节的作用是按照系统发出的指令完成自动保护任务，常用的执行器件有电磁阀、电动阀、气动阀等。在某些较复杂的线路中，还有延时环节、区别第一故障环节、故障优先选择环节等。从信号报警与联锁保护系统的整体功能来看，由各环节组成系统的输入部分、输出部分和逻辑控制部分。

1）发信元件：主要包括工艺参数、设备状态检测接点、控制盘开关、按钮、选择开关以及操作指令等。它们主要起到变量检测和发布指令的作用。这些元件的通断状态也就是系统的输入信号。

2）执行元件：也叫输出元件，主要包括报警显示元件(灯、笛等)和操纵设备的执行元件(电磁阀、电动机、启动器等)。这些元件由系统的输出信号驱动。

3）逻辑元件：又叫中间元件，把输入与输出联系起来，是报警联锁系统的核心部分，它们根据输入信号进行逻辑运算，并向执行元件发出控制信号。逻辑元件多采用有触点的继电器、无触点的晶体管、集成电路等，近些年来广泛采用 PLC、DCS 和 ESD 系统。

4）ESD 的定义：ESD 是紧急停车系统(Emergency Shutdown Device)的英文缩写。这种专用的安全保护系统是 20 世纪 90 年代发展起来的，以它的高可靠性和灵活性而受到一致好评。

① ESD 按照安全独立原则要求，独立于集散控制系统，其安全级别高于 DCS。

② 降低控制功能和安全功能同时失效的概率，当维护 DCS 部分故障时也不会危及安全保护系统。

③ 对于大型装置或旋转机械设备而言，紧急停车系统响应速度越快越好。这有利于保护设备，避免事故扩大；并有利于分辨事故原因记录。而 DCS 处理大量过程监测信息，因此其响应速度难以做得很快。

④ DCS 系统是过程控制系统，是动态的，需要人工频繁的干预，这有可能引起人为误动作；而 ESD 是静态的，不需要人为干预，这样设置 ESD 可以避免人为误动作。

2. 信号报警系统的状态

为便于分析和判断工艺生产和设备的状态，将信号报警系统在自动监视过程中所处的不同阶段，又分为以下几种基本的工作状态：

1）正常状态：此时没有灯光或音响信号。

2）报警状态：当被测工艺参数偏离规定值或运行状态出现异常时，发出灯光、音响信号，以示报警。

3）确认状态：值班人员发现报警信号以后，可以按一下"确认"按钮，从而解除音响信号，保留灯光信号，所以，确认状态又称为消音状态。

4）复位状态：当故障排除后，报警系统恢复到正常状态，有些报警系统中，备有"复位"按钮。

5）试验状态：用来检查灯光和音响回路是否完好，注意只能在正常状态下按下"试验"按钮，在报警状态下不能进行试验，以防误判断。试验状态也称为试灯状态。

3. 信号报警系统的分类

常见的信号报警系统有以下几种类型：

一般故障不闪光报警系统、一般故障闪光报警系统、能区别瞬时故障的报警系统、能区别第一故障的报警系统、延时报警系统。

1）一般故障不闪光报警系统：所谓一般故障信号报警，即是当被控变量越限时，信号装置就立即发出声光报警，一旦变量恢复正常，声光报警信号马上消失，这样的信号称一般故障报警，是最简单、最基本的报警系统，出现故障时灯亮(不闪光)并发出音响，确认后，音响消除，仍保持灯亮。

2）一般故障闪光报警系统：又称为非瞬时报警系统，出现故障时灯闪光并发出音响，确认后，音响消除，灯光转平光，只有在故障排除以后，灯才熄灭，见表7-5。

表 7-5　故障闪光报警系统工作状态

工作状态	灯	音响
正常	不亮	不响
报警信号输入	闪光	响
按"确认"按钮	平光	不响
报警信号消失	不亮	不响
按"试验"按钮	闪光	响

3）能区别瞬时故障的报警系统：所谓瞬时故障信号，即事故是瞬时性的，如压力变量瞬时越限，又马上恢复正常，但信号灯并不随之熄灭，需要操作人员"确认"去识别一下是否是瞬时性的故障信号，这就称为区别瞬时故障信号。在生产过程中，有时会遇到工艺参数短时间越限，又往往影响质量或安全的先兆。该系统在出现故障后，灯闪光并发出音响。值班人员确认后，如果故障已消失，则灯熄灭，音响消除；如果故障仍存在，则灯转平光，音响消除，直至故障排除后灯才熄灭，见表 7-6。

表 7-6　瞬时故障的报警系统工作状态

工作状态		灯	音响
正常		不亮	不响
报警信号输入		闪光	响
"确认"（消音）	瞬时故障	不亮	不响
	非瞬时故障	平光	不响
报警信号消失		不亮	不响
按"试验"按钮		亮	响

4）能区别第一故障的报警系统：当一个工艺参数越限报警后，引起另一些工艺参数接二连三地越限报警。为了便于找到首先报警的第一个故障点，与后来出现的故障信号区别开来。这时，可选用能区别第一故障的报警系统，见表 7-7。

表 7-7　第一故障报警系统工作状态

工作状态	第一故障/灯	其他/灯	音响	备注
正常	不亮	不亮	不响	有第二报警信号输入
第一报警信号输入	闪光	平光	响	
按"确认"按钮	闪光	平光	不响	
报警信号消失	不亮	不亮	不响	
按"试验"按钮	亮	亮	响	

5）延时报警系统：有时工艺上允许短时间参数越限。为避免报警系统过于频繁地报警，可以采用延时报警系统。只有故障时间越过规定时间范围时才发出报警。

6）不一致信号报警系统：当阀门开闭状态或机泵等设备运停状态与控制室内手动开关指示位置不一致时，便发出声光报警信号。

4. 自动信号的分类

自动信号主要有以下几种：

1）位置信号：一般用以表示被监督对象的工作状态，如阀门的开关、接触器的断开。

2）指令信号：把预先确定的指令从一个车间、控制室传递到其他的车间或控制室。

3）保护作用信号：用以表示某自动保护或联锁的工作状况的信息。当工艺变量不等于规定数值时进行报警。

二、联锁保护的内容和作用

1. 联锁保护的内容

联锁保护系统实质上是一种自动操纵保护系统，它能使有关设备按照规定的条件或程序完成操作任务，从而达到消除异常、防止事故的目的。联锁的内容一般包括四个方面：

（1）工艺联锁

由于工艺系统某变量超限，而引起联锁动作，称为工艺联锁。如生产装置中，锅炉给水压力低于下限时，自动开启备用水泵给水，实现工艺联锁。

（2）机组联锁

运转设备本身或机组之间的联锁，称为机组联锁。例如生产装置中压缩机停车系统，有润滑油压力低、压缩机轴振动轴位移等多个因素与压缩机联锁，这些联锁一旦发生都会停压缩机。

（3）程序联锁

确保按规定程序或时间次序对工艺设备进行自动操纵。例如锅炉引火烧嘴检查与回火脱火时中断燃料气的联锁。

（4）各种泵类的启动连锁（即单机的开、停车）

这类联锁比较简单。信号报警与联锁保护装置就其构成原件不同可以分为触点式和无触点式或者混合式。

2. 联锁系统的作用

概括来讲，是通过信号联锁提供符合工艺逻辑要求的启、停条件。当工艺参数越限，工艺设备故障、联锁部件失电或元件本身故障时，系统能自动或手动地将工艺操作转换到预先设定的位置，使工艺装置处于安全的生产状态中，即使事故发生，也使经济损失和危险性降到最低限度。

（1）信号报警

当某一参数（如温度、压力、流量、液位、成分等）越限时，立刻发出报警，提醒有关人员进行处理。

（2）调度指挥生产

在工业生产过程中，往往利用各种信号间的联锁关系，实现特定的工艺操作要求，尤其是生产的启动、停车过程。一方面要实现安保作用，另一方面还要起生产指挥调度作用。

① 利用信号联锁，实现生产的自动化或半自动化。

② 利用信号联锁，实现简单的顺序或程序控制。

③ 对生产过程中的不正常运行状态进行监控。

三、可编程序控制系统

1. 可编程序控制器 PLC 的定义

常规控制系统中的控制部件是按照被控对象实际要求而动作的继电器控制线路。如果要改变控制程序，就必须改变接线系统，使用起来很麻烦。随着微处理器的发展，可以将支配控制系统工作的程序存放在存储器程序控制系统中，系统要完成的控制任务可以通过存储器中的程序来实现，这种系统被称为存储程序控制系统，见图 7-50。

图 7-50　可编程序控制器存储程序控制系统

在存储程序控制系统中，控制程序的修改不需要改变硬件，通过编程器改变存储器中的程序即可。

1）可编程序控制器是在继电器控制和计算机控制的基础上开发出来的，并逐渐发展成以微处理器为核心，把自动化技术、计算机技术、通信技术融为一体的新型工业自动控制装置，目前已被广泛地应用于各种生产机械和生产过程的自动控制中。

2）可编程序控制器是一种以微处理器为核心器件的顺序控制装置。它最早出现于 1969年，当时叫可编程序逻辑控制器，即 PLC。1976 年，美国电器制造商协会正式将其命名为可编程序控制器，简称 PC。并定义为"PC 是一种数字控制专用电子计算机，它使用了可编程序存储器存储指令，执行诸如逻辑、顺序、计算与演算等功能，并通过模拟和数字输入、输出等组件，控制各种机械或工艺流程"。PC 这一名称在国外工业界已使用多年，但是近年来 PC 这个名字又成为个人计算机的专称。为了便于区别，现在也常将可编程序控制器称为 PLC。

2. 可编程序控制器主要特点

（1）构成控制系统简单

当需要组成控制系统时，用简单的编程方法将程序存入存储器内，接上相应的输入、输出信号线，便可构成一个完整的控制系统。不需要继电器、转换开关等，它的输出可直接驱动执行机构，中间一般不需要设置转换单元，因而大大简化了硬件的接线电路。

（2）改变控制功能容易

可以用编程器在线修改程序，很容易实现控制功能的变更。

（3）编程方法简单

程序编制可以用接点梯形图、逻辑功能图、语句表等简单的编程方法来实现，不需要涉及专门的计算机知识和语言。这些编程方法，对于技术人员和具有一般电控技术的工人，几小时就可以基本学会。

（4）可靠性高

可编程序控制器采用了集成电路，可靠性要比有接点的继电器系统高得多。同时，在其本身的设计中，又采用了冗余措施和容错技术。因此，其平均无故障运行时间（MTBF）已超过 $2 \times 10^4 h$，而平均修复时间（MTTR）则少于 10min。

另外，由于它的外部硬件电路很简单，大大减少了接线数量，从而减少了故障点，使整个控制系统具有很高的可靠性。

（5）适应于工业环境使用

它可以安装在工厂的室内场地上，而不需要空调、电扇等，可在 0~60℃，相对湿度 0~95%的环境中工作。

3. PLC 硬件的基本结构

PLC 由主机、输入主件、输出主件、电源和编程器几个部件组成。

主机由微处理器 CPU、可擦除可编程只读存储器 ERROM，随机存取存储器 RAM，总线系统（包括地址、数据、控制线路）等组成。

1）CPU 执行运算、处理和控制功能，EPROM 一般存放系统执行程序（扫描程序、I/O 管理等），RAM 存放用户程序和 I/O 信息等。

2）输入组件将输入信号转换成逻辑电平信号，供主机处理。

3）输出组件将经主机处理后的逻辑电平信号转换成高电平信号，去驱动各种输出设备。

4）电源负责将外部供电转换成主机所需的工作电压，一般在电源组件内还装有备用电池，以保证在断电时，存放在 RAM 中的信息仍能保持。

5）编程器用来给 PC 输入和修改程序，也可以用来监控 PC 的运行状态。

第八章 典型电力拖动控制电路

第一节 照明计量

一、安装白炽灯照明电路(两只开关两地控制一盏灯)

1. 原理图

安装白炽灯照明电路原理图如图 8-1 所示，实际接线图如图 8-2 所示。

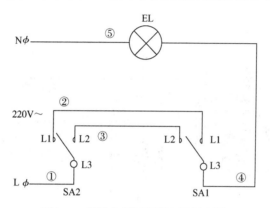

图 8-1 安装白炽灯照明电路原理图

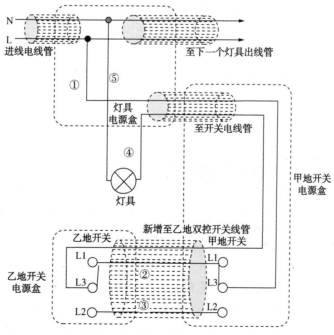

图 8-2 白炽灯照明电路(两只开关两地控制一盏灯)实际接线图

2. 电路工作原理

如图 8-1 所示，当甲地单开双控开关 SA1 置于 L3 与 L2 接通位置，乙地单开双控开关 SA2 置于 L3 与 L2 接通位置时，相线 L 经电路①-③-④加于灯泡一端，灯泡 EL 得 220V 交流电被点亮。此时甲乙地任意开关置于 L3 与 L1 接通位置时，灯泡失电熄灭。在任意位置改变开关位置，灯泡重新点亮，实现两地控制一盏灯。

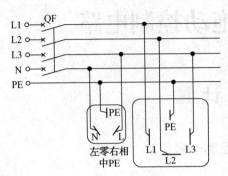

图 8-3 单相三极及三相四极插座原理图

二、安装单相三极及三相四极插座

1. 原理图

单相三极及三相四极插座原理图如图 8-3 所示，实际接线图如图 8-4 所示。

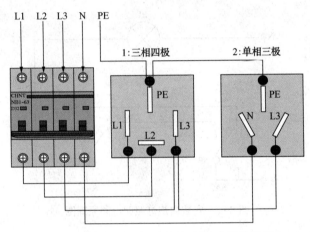

图 8-4 单相三极及三相四极插座实际接线图

2. 电路工作原理

如图 8-3 所示，合上开关 QF，黄绿红三相交流电加于三相四极插座 L1、L2、L3 上，保护线加于保护端子 PE 上。单相三极插座按照左零右火上接地的方式进行安装。

三、安装直接接入式单相电度表

1. 原理图

直接接入式单相电度表原理图如图 8-5 所示，实际接线图如图 8-6 所示。

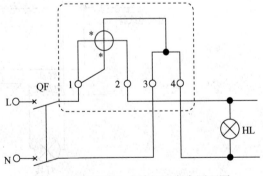

图 8-5 直接接入式单相电度表原理图

2. 电路工作原理

如图 8-5 所示，合上开关 QF，火线 L 加于单相电度表的 1 端子，零线 N 加于电度表的 3 端子。单相电度表的 2、4 端子接负载。单相电度表的 1、2 端子为电流线圈引出端子，1 端子与 3、4 端子之间为电压线圈。

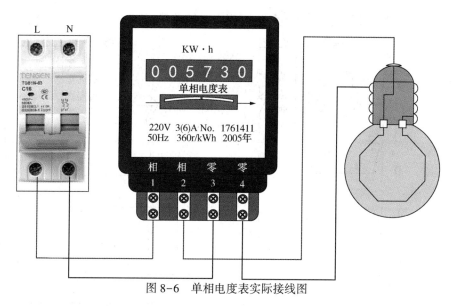

图 8-6 单相电度表实际接线图

四、安装单相照明双互备供电电路

1. 原理图

单相照明双互备供电电路原理图如图 8-7 所示，实际接线图如图 8-8 所示。

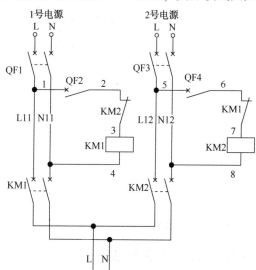

图 8-7 单相照明双互备供电电路原理图

2. 电路工作原理(见图 8-7)

1) 启动原理——1 号电源先:

合上 1 号电源主回路开关 QF1 及控制电源开关 QF2 时，1 号电源控制回路由 1 号电源 L 相分别经过开关 QF2、KM2 常闭互锁点及 KM1 线圈，回到 1 号电源 N 相。由于 KM1 辅助常闭互锁点的分断，2 号电源控制回路处于备用状态无法导通。(2 号电源先的话顺序相反)

2) 转换原理——1 号电源先:

当 1 号电源突发断电现象，1 号电源控制回路失电，KM1 主触点先分断切断 1 号主回路，KM1 辅助常闭互锁点再闭合，此时 2 号电源控制回路由 2 号电源 L 相分别经过开关 QF4、KM1 常闭互锁点及 KM2 线圈，回到 2 号电源 N 相构成闭合回路，KM2 辅助常闭互锁点先分断 1 号电源控制回路，KM2 主触点再闭合主回路导通。

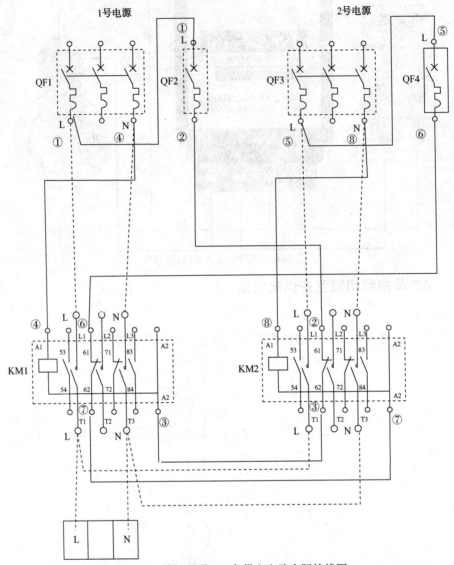

图 8-8 单相照明双互备供电电路实际接线图

五、安装 380V 双电源互备自投控制电路

1. 原理图

380V 双电源护备自投控制电路实际接线图如图 8-9 所示，实线接线图如图 8-10 所示。

2. 电路工作原理

（1）启动原理

合上甲电源主回路开关 QF1 及控制电源开关 QF3 时，1 号电源控制回路由甲电源 L3 相分别经过开关 QF3、KM2 常闭互锁点及 KM1 线圈，回到甲电源 L2 相构成闭合回路，KM1 辅助常闭互锁点先分断乙电源控制回路，KM1 主触点再闭合主回路导通。再合上乙电源主回路开关 QF2 及控制电源开关 QF4 时，由于 KM1 辅助常闭互锁点的分断，乙电源控制回路处于备用状态无法导通。

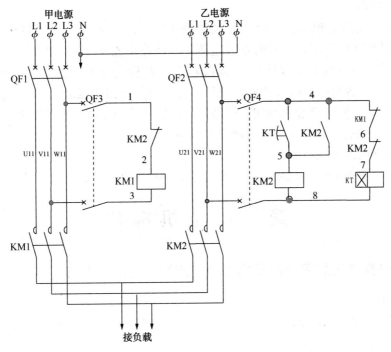

图 8-9　380V 双电源护备自投控制电路实际接线图

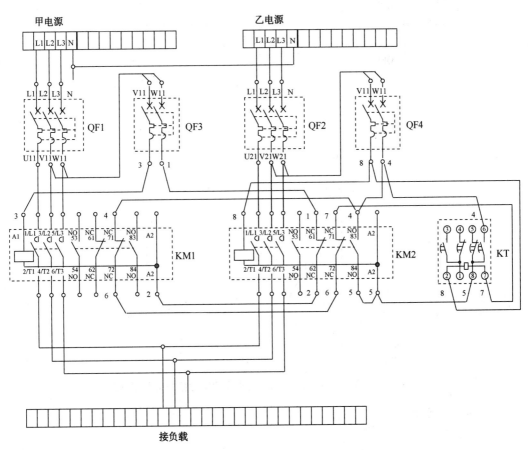

图 8-10　380V 双电源互备自投控制电路实际接线图

（2）转换原理

当甲电源突发断电现象，甲电源控制回路失电，KM1 主触点先分断切断甲主回路，KM1 辅助常闭互锁点再闭合，此时 2 号电源控制回路由乙电源 L3 相分别经过开关 QF4、KM1 和 KM2 常闭互锁点及 KT 线圈，回到乙电源 L2 相构成闭合回路，时间继电器 KT 经过延时常开点闭合，控制回路由乙电源 L3 相经过开关 QF4 分路，经时间继电器 KT 常开点、KM2 线圈，回到乙电源 L2 相构成闭合回路，KM2 辅助常闭互锁点先分断甲电源控制回路，KM2 常开点自锁闭合，KM2 主触点再闭合主回路导通。

（3）时间继电器 KT 作用

延时作用，防止甲电源频闪现象（突然停电瞬间再来电）。

第二节　电机拖动

一、安装具有过载保护的三相电动机连续运行控制电路

1. 原理图

具有过载保护的三相电动机连续运行控制电路原理图如图 8-11 所示，实际接线图如图 8-12 所示。

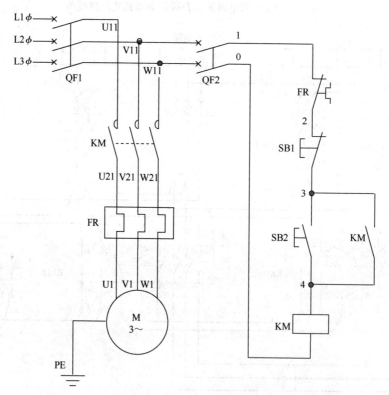

图 8-11　具有过载保护的三相电动机连续运行控制电路原理图

2. 电路工作原理

（1）启动原理

合上主回路开关 QF1 及控制回路开关 QF2，按下启动按钮 SB2，电源由控制回路 1 号

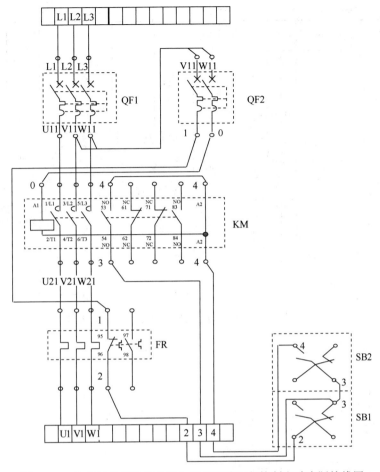

图 8-12　具有过载保护的三相电动机连续运行控制电路实际接线图

点分别经过 FR 常闭点、停止按钮 SB1、启动按钮 SB2、KM 线圈回到控制回路 0 点构成回路导通。KM 线圈得电，辅助常开点闭合自锁，主触点闭合电动机 M 得电连续运行。

（2）停止原理

按下停止按钮 SB1，控制回路电源在停止按钮 SB1 处断开，KM 线圈失电，电动机 M 失电停止运行。

（3）保护原理

当电动机在运行中发生电动机断相、过载、堵转、三相不平衡等故障时，热继电器 FR 动作辅助常闭点分断，接触器 KM 线圈失电，电动机停止运行。

二、安装带有指示电路的电动机连续运行控制电路

1. 原理图

带有指示电路的电动机连续运行控制电路原理图如图 8-13 所示，实际接线图如图 8-14 所示。

2. 电路工作原理

（1）启动原理

合上主回路开关 QF1 及控制回路开关 QF2，此时控制回路 1 点先经工作变压器 TC 初级

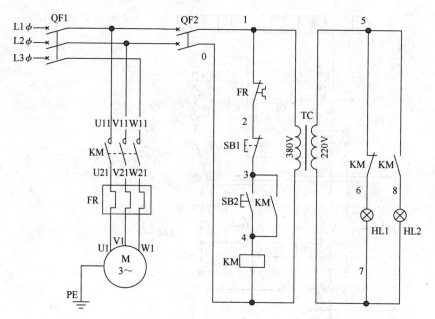

图 8-13　带有指示电路的电动机连续运行控制电路原理图

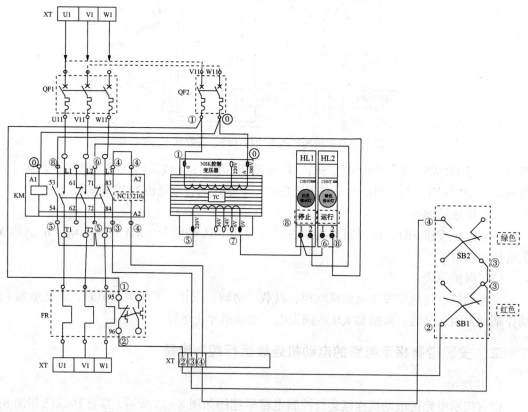

图 8-14　带有指示电路的电动机连续运行控制电路实际接线图

线圈回到 0 点构成回路，变压器 TC 次级线圈切割磁力线得到 220V 工作电压，由 5 点经过 KM 常闭点、HL1 指示灯回到 7 点构成回路，按下启动按钮 SB2，电源由控制回路 1 号点分别经过 FR 常闭点、停止按钮 SB1、启动按钮 SB2、KM 线圈回到控制回路 0 点构成回路导通。KM 线圈得电，KM 常闭点先分断，HL1 停止指示灯失电熄灭，两组 KM 辅助常开点闭合自锁(一组自锁启动按钮、一组自锁指示灯)，HL2 启动指示灯得电常亮，主触点闭合电动机 M 得电连续运行。

（2）停止原理

按下停止按钮 SB1，控制回路电源在停止按钮 SB1 处断开，KM 线圈失电，两组 KM 常开自锁点先分断(一组自锁启动按钮分断、一组自锁指示灯分断)，HL2 启动指示灯失电熄灭，主触点分断电动机 M 失电停止运行，KM 常闭点闭合，HL1 停止指示灯得电常亮。

电动机 M 失电停止运行。

（3）保护原理

当电动机在运行中发生电动机断相、过载、堵转、三相不平衡等故障时，热继电器 FR 动作辅助常闭点分断，接触器 KM 线圈失电，电动机停止运行。

三、安装三相电动机点动与连续运行控制电路

1. 原理图

三相电动机点动与连续运行控制电路原理图如图 8-15 所示，实际接线图如图 8-16 所示。

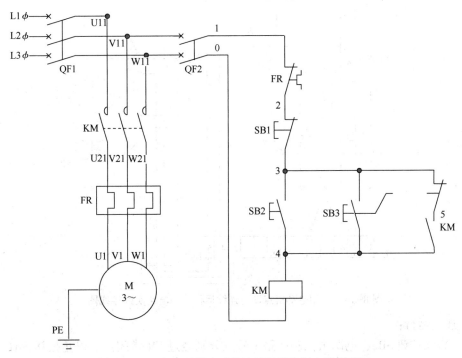

图 8-15 三相电动机点动与连续运行控制电路原理图

2. 电路工作原理

（1）启动原理

合上主回路开关 QF1 及控制回路开关 QF2。

1）点动运行：

按下点动按钮 SB3，SB3 常闭点先断开 KM 自锁点，SB3 常开点后闭合，电源由控制回

路 1 号点分别经过 FR 常闭点、停止按钮 SB1、点动按钮 SB3、KM 线圈回到控制回路 0 点构成回路导通，主触点闭合电动机 M 得电点动运行。

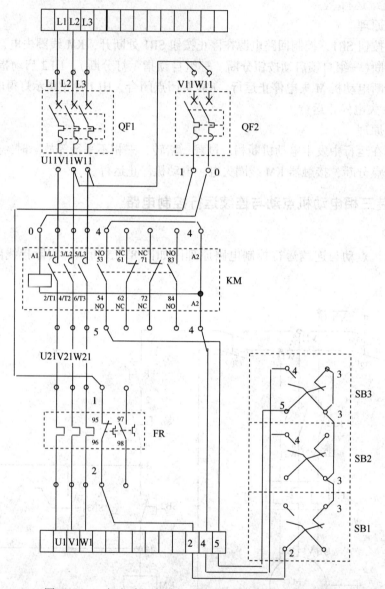

图 8-16　三相电动机点动与连续运行控制电路实际接线图

2）连续运行：

按下启动按钮 SB2，电源由控制回路 1 号点分别经过 FR 常闭点、停止按钮 SB1、启动按钮 SB2、KM 线圈回到控制回路 0 点构成回路导通，KM 线圈得电，辅助常开点闭合，电源由 3 点经点动按钮 SB3 常闭点、KM 常开点回到 4 点自锁，主触点闭合电动机 M 得电连续运行。

（2）停止原理

按下停止按钮 SB1，控制回路电源在停止按钮 SB1 处断开，KM 线圈失电，主触点分断电动机 M 失电停止运行。

（3）保护原理

当电动机在运行中发生电动机断相、过载、堵转、三相不平衡等故障时，热继电器 FR 动作辅助常闭点分断，接触器 KM 线圈失电，电动机停止运行。

四、安装三相电动机接触器联锁正反转控制电路

1. 原理图

三相电动机接触器联锁正反转控制电路原理图如图 8-17 所示，实际线路图如图 8-18 所示。

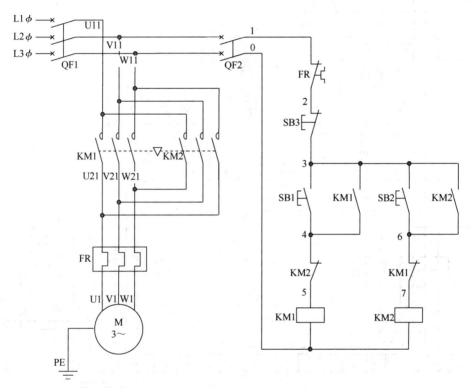

图 8-17　三相电动机接触器联锁正反转控制电路原理图

2. 电路工作原理

（1）启动原理

合上主回路开关 QF1 及控制回路开关 QF2。

1）正转运行：

按下启动按钮 SB1，电源由控制回路 1 号点分别经过 FR 常闭点、停止按钮 SB3、启动按钮 SB1、KM2 互锁常闭点、KM1 线圈回到控制回路 0 点构成回路导通，KM1 线圈得电，KM1 互锁常闭点先分断反转控制回路，KM1 自锁常开点闭合，主触点 KM1 闭合电动机 M 得电正转连续运行。

2）反转运行：

按下启动按钮 SB2，电源由控制回路 1 号点分别经过 FR 常闭点、停止按钮 SB3、启动按钮 SB2、KM1 互锁常闭点、KM2 线圈回到控制回路 0 点构成回路导通，KM2 线圈得电，KM2 互锁常闭点先分断正转控制回路，KM2 自锁常开点闭合，主触点 KM2 闭合电动机 M

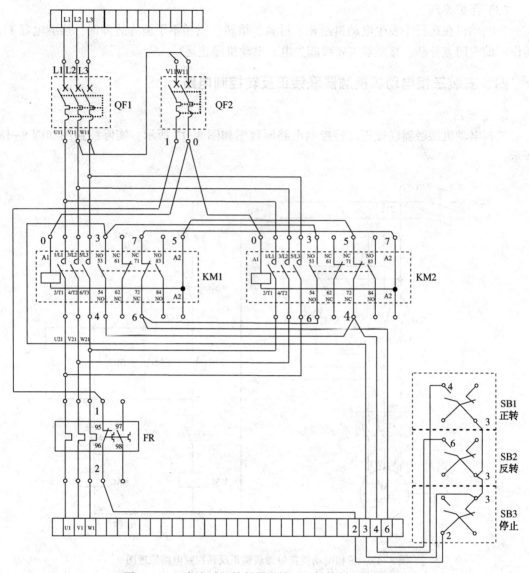

图 8-18　三相电动机接触器联锁正反转控制电路原理图

得电反转连续运行。

（2）停止原理

按下停止按钮 SB3，控制回路电源在停止按钮 SB3 处断开，KM1、KM2 线圈失电，主触点 KM1、KM2 分断电动机 M 失电停止运行。

（3）保护原理

当电动机在运行中发生电动机断相、过载、堵转、三相不平衡等故障时，热继电器 FR 动作辅助常闭点分断，接触器 KM 线圈失电，电动机停止运行。

五、安装 Y-△ 降压启动控制电路

1. 原理图

Y-△ 降压启动控制电路原理图如图 8-19 所示，实际接线图如图 8-20 所示。

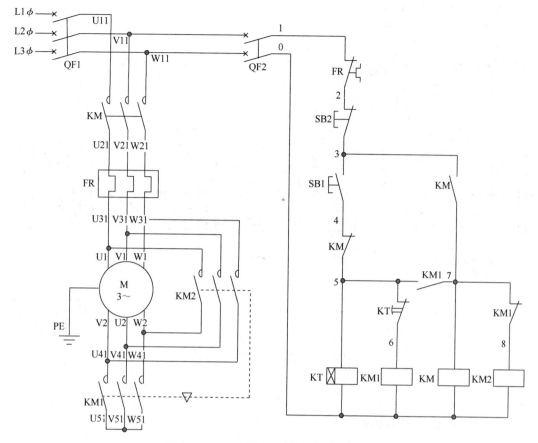

图 8-19 Y-△降压启动控制电路原理图

2. 电路工作原理

（1）启动原理

合上主回路开关 QF1 及控制回路开关 QF2。

按下启动按钮 SB1，电源由控制回路 1 号点分别经过 FR 常闭点、停止按钮 SB2、启动按钮 SB1、先由 KT 线圈回到 0 点构成回路，同时由 5 点分路经过延时开关 KT 常闭点、KM1 线圈回到 0 点构成回路，延时开关 KT 线圈得电开始延时启动，KM1 线圈得电，KM1 互锁常闭点先分断，断开 KM2 线圈回路，KM1 主触点闭合封 Y，KM1 常开点闭合自锁，KM 线圈得电，KM 常开点闭合自锁，KM 主触点闭合电机得电以 Y 接模式暂时启动运行；延时开关 KT 经过短暂延时，KT 常闭点延时断开，KM1 线圈失电，KM1 主触点先分断，Y 接模式停止（短暂），同时 KM1 常开点自锁分断，断开 KT 线圈与 KM1 线圈的供电，KM1 常闭点闭合（KM1 失电状态常开点先断开常闭点后闭合），KM2 线圈得电，KM2 主触点闭合电动机得电按角接模式连续运行。

（2）停止原理

按下停止按钮 SB2，控制回路电源在停止按钮 SB2 处断开，KM、KM2 线圈失电，主触点 KM、KM2 分断电动机 M 失电停止运行。

（3）保护原理

当电动机在运行中发生电动机断相、过载、堵转、三相不平衡等故障时，热继电器 FR 动作辅助常闭点分断，接触器 KM 线圈失电，电动机停止运行。

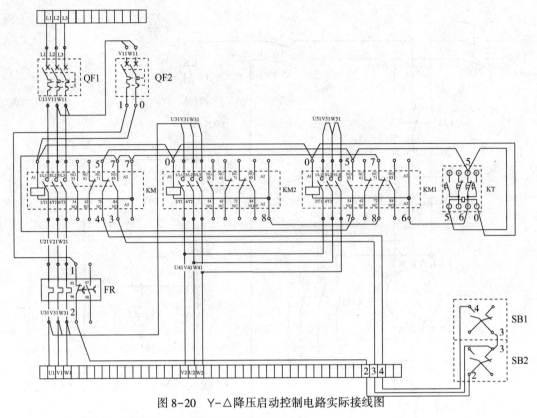

图 8-20　Y-△降压启动控制电路实际接线图

六、安装三相电动机间歇运行控制电路

1. 原理图

三相电动机间歇运行控制电路原理图如图 8-21 所示，实际接线图如图 8-22 所示。

2. 电路工作原理

（1）启动原理

合上主回路开关 QF1 及控制回路开关 QF2。

旋转转换开关 SA 至工作档，电源由控制回路 1 号点分别经过 FR 常闭点、转换开关 SA、中间继电器 KA 常闭点、分路由 KM 与 KT1 线圈回到 0 点构成回路，KM 线圈得电，主触点闭合电机 M 得电连续运行，延时开关 KT1 线圈得电，KT1 常开点延时互锁启动，电源由控制回路 3 号点分路分别经过延时开关 KT2 常闭点、延时开关 KT1 常开点、同时由 KA 与 KT2 线圈回到 0 点构成回路，KA 线圈得电，KA 互锁常闭点先分断，KM 线圈失电，KM 主触点分断电机 M 失电停止运行，KT1 线圈失电，KT1 互锁常开点断开；KA 常开点闭合自锁，KT2 线圈得电，KT2 自锁常闭点延时分断，KA 与 KT2 线圈同时失电，开点与闭点复位，电机开始间歇模式运行。（按钮 SB 作用：随时切断间歇模式进入点动运行）

（2）停止原理

旋转转换开关 SA 至空位档，控制回路电源在转换开关停 SA 处断开，KM 线圈失电，主触点 KM 分断电动机 M 失电停止运行。

（3）保护原理

当电动机在运行中发生电动机断相、过载、堵转、三相不平衡等故障时，热继电器 FR 动作辅助常闭点分断，接触器 KM 线圈失电，电动机停止运行。

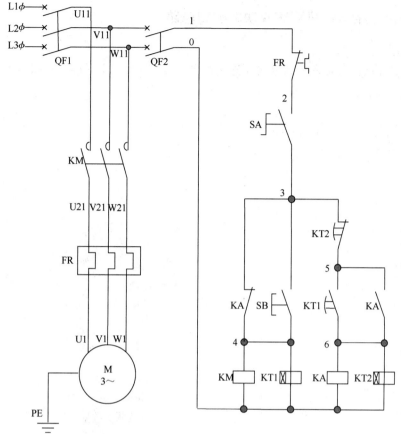

图 8-21 三相电动机间歇运行控制电路原理图

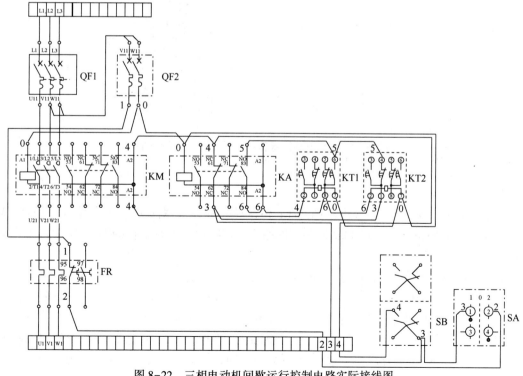

图 8-22 三相电动机间歇运行控制电路实际接线图

七、安装三相电动机双速双功率控制电路

1. 原理图

三相电动机双速双功率控制电路原理图如图 8-23 所示，实际接线图如图 8-24 所示。

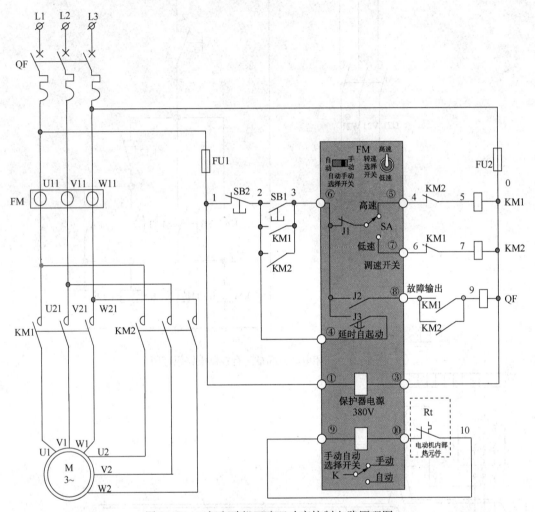

图 8-23　三相电动机双速双功率控制电路原理图

2. 电路工作原理

（1）启动原理

合上主回路开关 QF；电源由主回路 L1 相途径外部元件保险 FU1 先由综合保护器 FM 线圈①角进入③角输出，经过 FU2 回到主回路 L3 相构成回路，综合保护器 FM 投入工作准备状态。

1）手动例高速模式（转换开关分别放在手动档与高速档）：

按下启动按钮 SB1，电源由主回路 L1 相途径外部元件保险 FU1，经过按钮 SB2、按钮 SB1 及 FM 综合保护器⑥角进入⑤角输出，再经外部元件 KM2 互锁常闭点与 KM1 线圈，通过保险 FU2 回到主回路 L3 相构成回路，KM1 线圈得电，KM1 互锁常闭点先分断，断开 KM2 线圈回路，KM1 常开点与主触点分别闭合，KM1 常开点分别自锁报警系统与连续运行

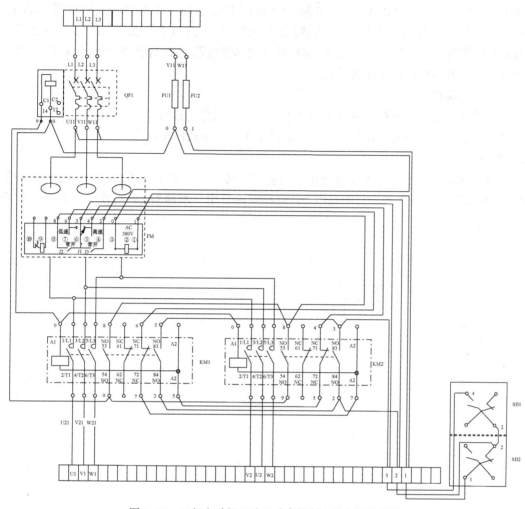

图 8-24　三相电动机双速双功率控制电路实际接线图

功能(出现故障内部继电器 J2 闭合报警运行)，KM1 主触点闭合电动机以高速连续运行。(低速转换开关分别放在手动档与低速档)按下启动按钮 SB1，电源由主回路 L1 相途径外部元件保险 FU1、按钮 SB2、按钮 SB1 及 FM 综合保护器⑥角进入⑦角输出，再经外部元件 KM1 互锁常闭点与 KM2 线圈，通过保险 FU2 回到主回路 L3 相构成回路，KM2 线圈得电，KM2 互锁常闭点先分断，断开 KM1 线圈回路，KM2 常开点与主触点分别闭合，KM2 常开点分别自锁报警系统与连续运行功能(出现故障内部继电器 J2 闭合报警运行)，KM2 主触点闭合电动机以低速连续运行。

2) 自动例低速模式(转换开关分别放在自动档与高速档):

自动档闭合综合保护器 FM 内部时控常开点延时闭合，电源由主回路 L1 相途径外部元件保险 FU1、FM 综合保护器④角进入⑤角输出，再经外部元件 KM2 互锁常闭点与 KM1 线圈，通过保险 FU2 回到主回路 L3 相构成回路，KM1 线圈得电，KM1 互锁常闭点先分断，断开 KM2 线圈回路，KM1 常开点与主触点分别闭合，KM1 常开点自锁报警系统(出现故障内部继电器 J2 闭合报警运行)，KM1 主触点闭合电动机以自动模式高速连续运行。(低速转换开关分别放在自动档与低速档)自动档闭合综合保护器 FM 内部时控常开点延时闭合，电源由主回路 L1 相途径外部元件保险 FU1、FM 综合保护器④角进入⑦角输出，再经外部元件 KM1 互锁常闭点与 KM2 线圈通过保险 FU2 回到主回路 L3 相构成回路，KM2 线圈得电，KM2 互锁常闭点先分断，断开 KM1 线圈回路，KM2 常开点与主触点分别闭合，KM2 常开点分别自锁报警系统与连续运行功能(出现故障内部继电器 J2 闭合报警运行)，KM2 主触点闭合电动机以自动模式低速连续运行。

(2) 停止原理

手动状态：按下停止按钮 SB2 切断控制回路，电机停止运行。

自动状态：自动开关转换到手动档，电机退出自动模式停止运行。

(3) 保护原理

当电动机在运行中发生电动机断相、过载、堵转、三相不平衡等故障时，综合保护器 FM 动作内部辅助常开点闭合，断路器 QF 分励线圈得电，断路器 QF 动作分断电动机停止运行。

第九章　油田电力系统常见电路

第一节　抽油机井常见控制电路

一、YCHD 系列三相超高转差率电动机控制电路

YCHD 系列高转差率双速电动机(以下简称电动机)是 YCH 系列三相高转差率电动机的派生产品,包括 12/6 极、12/8 极和 8/6 极,它是为游梁式抽油机设计制造的动力设备。该电动机可便捷调整抽油机冲次,适用于工况多变油井。合理选用不同极数的电动机,根据供液情况随时调整工作状态,避免空抽,可同时取得很好的节能效果。电动机绕组内装有过温保护热继电器,能够通过控制保护装置保障电动机的可靠运行。电动机具有两种转速输出可供选择,能够与不同冲次的抽油机达到良好的匹配。

1. 原理图

YCHD 系列三相超高转差率电动机电机控制箱电路原理图如图 9-1 所示。

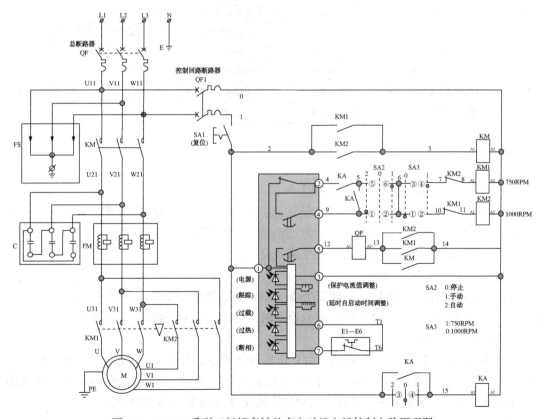

图 9-1　YCHD 系列三相超高转差率电动机电机控制电路原理图

电机保护器 YCHD-6(8/6)SY-MG 接线方法：

1）接线柱①~③为保护器电源，即 AC380V。

2）接线柱①~②为保护控制常开触点，启动时闭合，故障后释放。

3）接线柱②~④为延时闭合常开触点。

4）接线柱⑥~⑦为外接"热继电器"常闭点输入。

2．电器元件及功能

元器件明细表见表 9-1。

表 9-1　元器件明细表

文字符号	名称	型号	作用
QF	总断路器	RDM1-250L	在主电路中起控制兼保护作用
KM	交流接触器	CJX1-140/22	其主触头接通或分断电动机的主电路，并且利用其辅助触头实现逻辑控制关系
KM1	低速交流接触器	CJX1-140/22	控制 750r/min 转速电机绕组
KM2	高速交流接触器	CJX1-140/22	控制 1000r/min 转速电机绕组
QF1	控制断路器	DZ47-63	在控制回路中主要起短路保护作用，用于保护线路及电器元件
SA2	手动/自动选择开关	LW5D-16	电机手动自动启动停止转换开关
SA3	转速选择开关	LA38-11	电机高速和低速的选择
SA1	复位按钮	LA411	断开回路电源，进行复位
KA	中间继电器	JZ7-44	利用其辅助触头实现逻辑控制关系
FM	电机保护器	YCHD-6(8/6)SY-MG	启动停止电动机运行，并对电动机提供过载、过流、缺相、堵转、短路、过压、欠压、漏电、三相不平衡等保护作用
M	CJT1-6 电动机	YCHD280L-8/6	将电能转变为机械能，带动抽油机运行
FS	过电压保护器	TFL-C40	对于过电压和浪涌进行保护
C	自愈式并联电容器组	BKMJ-6-8	提高功率因数

3．电路工作原理

（1）闭合总电源

闭合总断路器【QF】【QF1】，保护器上电。

首次使用时应先将电机转速选择为低转速，上电复位后，应按使用要求在电机保护器控制面板上设置参数，设定自动启动的延时时间，并根据电机的额定电流选择合适的电机保护器，直至电气参数发生变化再次改变这些设置。

（2）电动机手动运行及停止

将转速选择转换开关 SA3，旋转至 750r/min 转速，转换开关 SA2 手动/自动开关，放置 0 位置，SA2③④触点闭合，KA 中间继电器励磁，KA 常开触点接通，并自保持。

1）手动运行启动：

将转换开关 SA2 手动/自动开关，由 0 位置旋转至手动位置①，SA2 的⑤-⑥间的触点闭合，交流接触器 KM1 线圈得电后，KM1 主触头吸合，②-③号线之间的 KM1 常开触点闭合，KM 线圈得电，KM 主触头吸合，电动机连续 750r/min 转速运行输出。

2）手动运行停止：

将转换开关 SA2 手动/自动开关，由①位置旋转至手动位置 0，SA2 的⑤-⑥间的触点断开，交流接触器 KM1 线圈失电，主触头断开，②-③号线之间的 KM1 常开触点断开，KM 线圈失电，KM 主触头断开，电动机停止运行。同时，断开总电源【QF】，以免误操作。

操作前改变转速选择开关 SA3，同理操作，主交流接触器 KM1 线圈得电、失电，即可实现电动机 750r/min 至 1000r/min 的改变。

（3）电动机自动运行及停止

1）电动机自动运行：

将转换开关 SA2 手动/自动开关，由 0 位置旋转至自动位置②，转速选择为 750r/min。

当闭合总电源【QF】、【QF1】，电机保护器上电复位后，保护器按用户设定的延时启动时间动作，保护器②-④间的延时常开触点闭合，通过 SA2 触点的自动回路部分，交流接触器 KM1 线圈得电后，KM1 主触头吸合，回路②-③号线之间的 KM1 常开触点闭合，KM 线圈得电，KM 主触头吸合，电动机持续 750r/min 转速运行输出。

2）电动机自动停止：

停机时，按下复位按钮 SA1，电动机控制回路断电，交流接触器 KM1 线圈失电，主触头断开，回路②-③号线之间的 KM1 常开触点断开，KM 线圈失电，KM 主触头断开，电动机停止运行。同时，断开总电源【QF】、【QF1】，以免误操作。

3）同理，初始状态下，改变转速开关 SA3，按照上述操作，主交流接触器 KM1 线圈得电、失电，即可实现电动机由 750r/min 至 1000r/min 的改变。

① 在自启动延时过程中，若想解除自启动，按复归按钮 SA1 后，改变自动启、停控制状态。

② 自起动延时时间：时间为 0.5～10s 可选，依照可调电位器刻度选择。

③ 故障后延时输出：当保护器故障保护动作开始后，延时 1s 吸合空开保护继电器，空开保护继电器吸合 3s 后释放。

（4）保护器的断相保护、过载保护、过压保护、欠压保护、过热保护

1）断相保护：

当任一相缺相或"最小相电流/最大相电流"小于设定的电流平衡度百分比时，保护器动作，动作时间 2s。保护器①-②间的常开触点断开，主交流接触器 KM1（KM2）线圈失电，主触头断开，电动机停止运行。此时"断相"指示灯亮。

注：相电流平衡百分比＝最小相电流/最大相电流×100%

2）过载保护：

过载保护采用反时限保护，各种原因引起的电机过载，造成电流过大，超过保护器电流设定值，保护器动作，保护器①-②间的常开触点断开，主交流接触器 KM 线圈失电，主触头断开，电动机停止运行。此时"过载"指示灯亮。电机起动时间（3s）内电流小于 8 倍时，不作过载保护，电流大于 8 倍时，动作时间见表 9-2。

表 9-2　动作时间表

倍数	<1.3	1.3	1.5	2	3	4	5	6	7	8	≥9
时间/s	不动作	80	40	20	10	5	3	2	1	0.5	0.3

注：电机起动时间（4s）过载保护。

3）过压保护：

当运行电压超过设定的过压值时，保护器将按设定的延时时间动作，保护器①-②间的

常开触点断开，主交流接触器 KM 线圈失电，主触头断开，电动机停止运行。（若不需要此功能时可将此保护功能禁止）

4）欠压保护：

当运行电压小于设定的欠压值时，保护器将按设定的延时时间动作，保护器①-②间的常开触点断开，主交流接触器 KM 线圈失电，主触头断开，电动机停止运行。（若不需要此功能时可将此保护功能禁止）

5）过热保护：

过热保护：当热保护继电器常闭点断开，保护器立即动作。

4. 常见故障与处理

常见故障与处理见表9-3。

表9-3 常见故障与处理

序号	故障现象	原因分析	排除方法	备注
1	不转动	电压等级不符	电源电压必须与电动机铭牌上的额定电压相一致	最多只能短接2个有故障的电动机内置温度继电器，再多就要更换电动机内置温度继电器
		电源未接通	检查并接通三相电源	
		电动机引接线未正确连接	根据所选定的转矩型式按照接线表正确连接电动机引接线	
		电动机控制箱带有故障保护功能，故障排除后未按复位键	故障排除后先按复位键再启动电动机	
		电动机内置温度继电器故障	把有故障的电动机内置温度继电器短接	
		电动机定子绕组断线	修复或更换定子绕组	
2	启动困难	油井发生砂卡、蜡卡	排除油井故障	
		转矩型号选用过低	电动机转矩调高一档	
		电动机功率与抽油机型号不匹配	换功率高一档的电动机	
3	工作中突然停转	电动机过热，电动机内置温度继电器断开	排除过热故障，待电动机冷却后再启动	
		油井发生砂卡、蜡卡	排除油井故障	
		电动机控制箱中综合保护器动作	找出综合保护器动作原因并排除故障。可能的故障原因有：电压过高、过低、断相、过流、过载、过热等	
4	过热	负载过重	换用功率高一档的电动机	
		油井发生砂卡、蜡卡	排除油井故障	
5	振动大	电动机地脚不平或地脚螺钉松动	垫平地脚，紧固螺钉	拆卸时避免重打重敲
		轴承磨损严重	更换轴承	

序号	故障现象	原因分析	排除方法	备注
6	噪声大	轴承磨损严重或缺油	更换轴承或补充轴承润滑脂	
		电网非正弦波干扰严重	采取消除谐波措施	
		皮带轮松动或不正	紧固皮带轮，正确安装	
7	外壳带电	电动机外壳未有效接地	电动机外壳可靠接地	
		电动机内部受潮	电动机内部进行干燥处理	
		电动机绝缘老化	电动机进行绝缘处理	

二、SFCP-OIL-22 抽油机多功能调速控制配电箱控制电路

该电路通过转换开关实现工/变频运行；通过面板电位器调节频率改变电机转速，从而调节抽油机冲次，实现方便调参功能。

电路有工/变频两套各自独立保护：变频保护是通过变频器故障输出端子监测报警输出；工频保护通过电动机综合保护器检测设备运行的平稳性，对电动机实现断相保护、过载保护、过压保护、欠压保护功能。电路中的滤波器能有效滤除在调速过程中产生的谐波，减少对周边设备的干扰。

1. 原理图

SFCP-OIL-22 抽油机多功能调速控制配电箱控制电路如图 9-2 所示。

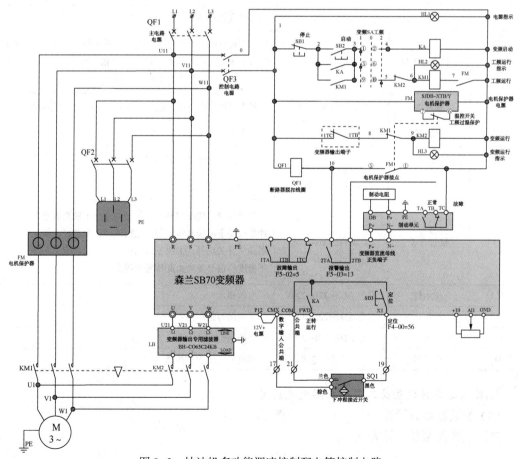

图 9-2　抽油机多功能调速控制配电箱控制电路

2. 电器元件及功能

元器件明细表见表9-4。

表 9-4 元器件明细表

文字符号	名称	型号	元器件在该电路中的作用
VFD	变频器	森兰 SB70G45T4	在电路中起降低启动电流，接受智能监控工作指令，实现节能、软启、软停、电机转速调整和无级调整冲次的功能
RBE	制动单元	SZ20G	与制动电阻配合，用来吸收电动机制动时的再生电能，防止变频器过压
QF1	断路器	NM1-250H/3	电源总开关，在主电路中起控制兼保护作用
QF2	断路器	DZ47-60	控制三相电源插座控制开关
QF3	断路器	DZ47-60	控制回路开关，在电路中起控制兼保护作用
KM1	交流接触器	NC2-115	工频运行接触器，起到控制电动机工频启动与停止作用，若变频输出接触器 KM2 内装有机械联锁模块，能够实现机械联锁功能
KM2	交流接触器	NC2-115	变频运行接触器，起到控制电动机变频启动与停止作用，若工频输出接触器 KM1 内装有机械联锁模块，能够实现机械联锁功能
KA	中间继电器	JZC4-22	控制变频器输出的启动与停止
FM	电机综合护器	SJDB-XTB/Y	工频运行时对电机过载、过流、断相进行有效保护，对电动机工频运行提供过载、过流、缺相、堵转、短路、过压、欠压、漏电、三相不平等保护作用
LB	滤波器	BH-CO65C24KB	减少对周边设备的干扰，有效控制谐波对电机运行的影响
SB1	启动按钮	红色 LA38-11	在电路中起接通控制回路作用
SB2	停止按钮	绿色 LA38-11	在电路中起断开控制回路作用
SA	转换开关	LW8-10-D101/1	工/变频转换选择
SQ	接近开关	THT35AN40	通过检测、传输曲柄位置信号，分辨出抽油机悬点位于上冲程或是下冲程并将信号传递给油井智能监控设备，给变频器提供开关信号，上快下慢运行、冲次及电流平衡度，功率平衡度等信号源均由此传感器提供
HL1	指示灯	绿色 AD2-22D/220V	电源指示
HL2	指示灯	红色 AD2-22D/220V	工频运行指示
HL3	指示灯	红色 AD2-22D/220V	变频运行指示
M	电动机	三相异步电机	将电能转变为机械能

3. 变频器参数设置及工频保护器电流设定

（1）变频器参数设置

森兰变频器参数表见表9-5。

表9-5　森兰变频器参数表

功能	功能代码	设定数据	设定值含义说明
普通运行 主给定通道	F0-01	3	设定值为3含义：AI1（电位器）[0：F0-00数字给定； 3：AI1（电位器）]
运行通道命令选择	F0-02	1	设定值为1含义：端子控制（0：操作面板；1：端子；2：通信控制）
最大频率	F0-06	50Hz	设定范围：F-07~650Hz
上限频率	F0-07	50Hz	设定范围：F-08"下限频率"~F-06"最大频率"
下限频率	F0-08	30Hz	设定范围：0.00Hz~F0-07"上限频率"
方向选定	F0-09	1	设定值为1含义：锁定正方向（0：正反均可；1：锁定正方向；2：锁定反方向）
参数写入保护	F0-09	1	设定值为1含义：除F0-00"数字给定频率"、F7-04"PID数字给定频率"和本参数外其他参数禁止改写
紧急停机减速时间	F1-18	8	紧急停机减速时间0.01~3600.0s
启动方式	F1-19	0	设定值为0含义：从启动频率启动（0：从启动频率启动；1：先直流制动再从启动频率启动）
启动频率	F1-20	0.5Hz	设定范围：0.0~60.0Hz
启动频率保持时间	F1-21	0s	由用户单位设定定时间
停机方式	F1-25	2	设定值为1含义：自由停机（0：减速停机；1：自由停机；2：减速+直流制动）
停机/直流制动频率	F1-26	25Hz	0.00~60.00Hz
启动直流制动时间	F1-23	5s	0.0~60.0s
启动直流制动电流	F1-24	80%	0.0~100.0%，以变频器额定电流为100%
基本频率	F2-12	50Hz	设定范围：1.00~650.00Hz
最大输出电压	F2-13	380V	设定值380V含义：150~500V，出厂值380V （220V级：75~250V，出厂值220V；690V级：260~866V，出厂值660V）
X1数字输入 端子功能	F4-00	56	设定值为56含义：为单一接近开关实现下打摆和冲次
FWD数字输入 端子功能	F4-06	38	设定值为38含义：内部虚拟正转FWD端子
T1继电器 输出功能	F5-02	1	设定值为1含义：变频器运行中（0：变频器准备就绪；1：变频器运行中）
T2继电器 输出功能	F5-03	5	设定值为5含义：故障输出（0：变频器准备就绪；1：变频器运行中；5：故障输出）
电机过载保护值	Fb-01	100%	50.0%~150.0%，以电机额定电流为100%
电机过载保护 动作选择	Fb-02	2	设定值为2含义：故障并自由停机（0：不动作；1：报警；2：故障并自由停机）

功能	功能代码	设定数据	设定值含义说明
其他保护动作选择	Fb-11	0210	设定值为 0210 含义：个位：变频器输入缺相保护 0：不动作；1：报警；2：故障并自由停机 十位：变频器输出缺相保护 0：不动作；1：报警；2：故障并自由停机 百位：操作面板掉线保护 0：不动作；1：报警；2：故障并自由停机 千位：参数存储失败动作选择 0：报警；1：故障并自由停机
数字输入公共端 CMX			X1~X6、FWD、REV 端子的公共端
12V 电源端子 COM			12V 电源地
频率调节旋钮 +10V、AI1、GND	F6-00	0	+10V：提供给用户+10V 基准电源 AI1：输入类型选择 V 电压型 GND：+10V 电源的接地端子
直流母线端子 P+、N-			用于连接制动单元

注：除表中的参数外其他的参数应根据现场负载的实际要求设定或使用变频器的出厂默认值设定。

（2）工频保护器电流设定

1）将工频保护器上的数字拨码器按当前电机运行功率的额定电流设定。例如：当前电动机运行功率 30kW，额定电流 60A，把工频保护器的拨码数字设定为 060 对应显示窗口。

2）工频过载保护：过载保护采用反时限过流保护保护特性，见表 9-6。

表 9-6　工频过载保护

额定电流倍数	<1.1	1.2	1.5	2	3	4	5	6	7	8	≥9
动作时间/s	不动作	80	40	20	10	5	3	2	1	0.5	0.3

3）工频保护器缺相及相电流不平衡保护：当缺项一相或 $I_{min}/I_{max} < 60\%$ 时，动作时间 2s。

4. 工作原理

（1）闭合总电源

1）闭合总电源【QF1】，变频器输入端 R、S、T 上电，根据参数表设置变频器参数及电机保护器参数；

2）闭合控制电源【QF2】，控制回路得电，HL1 电源指示灯亮，电机保护器得电。

（2）工频启动与停止

1）工频启动：将工/变频转换开关【SA】转至工频位置，按下启动按钮【SB2】，回路经 1→2→3→5→6→7→0 闭合，KM1 线圈得电，回路 2→3 线间 KM1 常开触点闭合自锁，控制回路中 8→9 线间 KM1 常闭触点断开变频控制回路，与 KM2 接触器实现电气联锁。同时主回路中 KM1 主触点闭合，电动机工频运行，工频运行指示灯 HL2 亮。

2）工频停止：按下停止按钮【SB1】，回路 1→2 断开，KM1 线圈失电，2→3 线间常开触点断开，8→9 线间 KM1 常闭触点复位，同时 KM1 主触点断开，电动机停止运行，工频运行指示灯 HL2 熄灭。

（3）变频启动与停止

1）变频启动：将工/变频转换开关【SA】转至变频位置，按下启动按钮【SB2】，回路经1→2→3→4→0闭合，KA 线圈得电，回路 2→3 线间 KA 常开触点闭合自锁，变频器输入端子 FWD 与公共端端子 COM 间的 KA 常开触点闭合，变频器正常输出，变频器输出端子1TA→1TB 闭合，回路经 1→8→9→0 闭合，KM2 线圈得电。同时主回路中 KM2 主触点闭合，电动机变频运行。

回路中 5→6 线间 KM2 常闭触点断开，断开工频控制回路，与 KM1 接触器实现机械联锁。

运行频率由外部电位器信号给定。变频器控制面板运行指示灯亮，显示信息为［RUN］，变频运行指示灯 HL3 亮。

2）变频停止：按下停止按钮【SB1】，回路 1→2 断开，中间继电器 KA 线圈失电，回路中 2→3 线间 KA 的常开触点断开，变频器输入端子 FWD 与公共端端子 COM 间的 KA 常开触点断开，变频器停止输出，变频器的输出端子 1TA→1TB 断开，接触器 KM2 线圈失电，回路 5→6 线间 KM2 常闭触点复位，同时 KM2 主触点断开，抽油机停止运行。变频器控制面板运行指示灯熄灭，显示信息为［STOP］，变频运行指示灯 HL3 熄灭。

（4）接近开关的作用

间歇式抽油均以下打摆方式安装且单摆运行。单摆运行：即以接近开关为中心顺向打摆（F9-46＝1）或逆向打摆（F9-46＝2）。如果顺向打摆有负功采用逆向打摆，如果逆向打摆有负功采用顺向打摆，如果正向打摆、逆向打摆都有负功，按负功小的方向打摆。

5. 保护功能

（1）工频运行状态下

电动机发生短路、过载、断相、过压、欠压、故障后电机保护器 FM 动作，保护器的①→⑤端子间 FM 常开触点闭合回路，1→10 线间【QF1】断路器脱扣线圈得电，主电路电源【QF1】跳闸，电机停止运行；电动机温度过高时，保护器的⑥→⑦端子间常闭触点断开，保护器①→⑤端子间 FM 常开触点闭合，回路 1→10 线间【QF1】断路器脱扣线圈得电，主电路电源【QF1】跳闸，电机停止运行。

（2）变频运行状态下

电动机发生短路、过载故障后，变频器的输出端子 2TA→2TB 动作，故障报警输出，控制回路中 1→10 线间【QF1】断路器脱扣线圈得电，主电路电源【QF1】跳闸，电机停止运行。

6. 常见故障现象与处理

常见故障与处理见表 9-7。

表 9-7 常见故障与处理

故障现象	原因	检查处理
工频、变频都不启动	电源	电源是否缺相
	控制回路故障	控制回路电源
		启停按钮故障更换
		工/变频转换开关

故障现象	原因	检查处理
工频不启，变频正常	工频控制回路故障	工/变频转换开关
		电机保护器
		工频交流接触器
		变频交流接触器常闭触点
变频不启，工频正常	参数设置不正确	检查参数设置
	变频控制回路	工/变频转换开关
		KA 中间继电器
		变频交流接触器
		工频交流接触器常闭触点
	变频器坏	维修或更换
液晶面板没有显示	变频器到液晶面板连接线掉线	检查变频器到液晶面板连接线
	液晶面板坏	更换液晶面板
电位器无法调节冲次	模式选择	运行模式是否在 0 模式
运行欠压	输入电压异常或运行时掉电	查看输入电源或接线
	有重负载冲击	查看负载，有可能过载或不平衡
	输入缺相	查看电源电压
	输出缺相	检查接触器与主接线拧接是否牢固
	变频器充电接触器损坏或插件松动	查看内部接触器及插件
过载、过流	电机绝缘或相间短路	用摇表测量相间绝缘查看是否有短接现象
	查看机械连动	查看是否机械连接脱扣松动
	查看配重平衡	调节平衡
	查看过载参数设置是否正确	变频器电机保护器设置
	负载工况	有可能瞬间负载过重，需要洗井

三、CTB-PSC 系列抽油机变频恒功率控制配电箱控制电路

交流伺服主轴驱动器实际上是具有伺服控制功能的变频器，该电路控制系统为闭环矢量变频控制，根据负荷变化自动调节输出电压，能做到低速大扭矩输出，具有节能、速度控制精度高、调试范围宽等特点。

电路以变频器为核心，通过触摸屏实现人机界面交流。变频控制器内部设计了工频/变频切换电路，通过操作面板可以自由切换运行。触摸面板通过 RS232 通信电缆与驱动器 TO 接口相连，通过人机界面可以监测各种电量以及系统运行状况。

通过功率检测模块实现恒功率运行，进一步提高电网功率因数，降低抽油机的无功损耗，使抽油机达到最佳状态，从而提高能源的利用率。

1. 原理图

CTB-PSC 系列抽油机变频恒功率控制配电箱控制电路原理图如图 9-3 所示。

2. 电器元件及功能

元器件明细表见表 9-8。

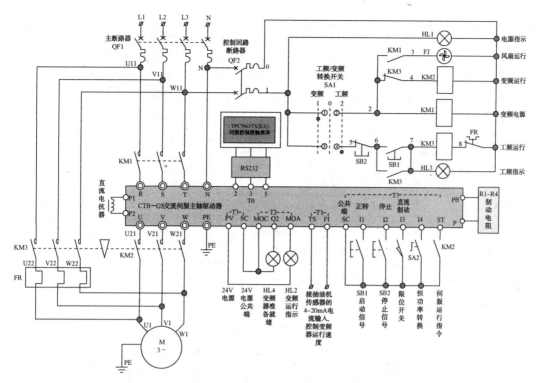

图 9-3 CTB-PSC 系列抽油机变频恒功率控制配电箱控制电路原理图

表 9-8 元器件明细表

文字符号	名称	型号	元器件在该电路中的作用
CTBGS	交流变频主轴驱动器	BKSC-47P5GSX	该驱动器可对交流感应变频电机和交流变频电机的位置、转速、加速度和输出转矩进行精确控制
HMI	嵌入式一体化触摸屏	TPC7062TX（KX）	用户可以通过触摸屏对驱动器进行速度设定、参数设定、状态监视、运行控制等操作
R1~R4	制动电阻		用来吸收电动机制动时的再生电能，防止驱动器过压
QF1	断路器	TGM1-125	电源总开关，在主电路中起控制兼保护作用
QF2	断路器	DZ47-63	控制回路开关，在电路中起控制兼保护作用
KM1	交流接触器	CJX2-50008	控制变频驱动器上电和断电作用
KM2	交流接触器	CJX2-50008	变频运行接触器，起到控制电动机启动与停止作用，若工频输出接触器 KM3 内装有机械联锁模块，能够实现机械联锁功能
KM3	交流接触器	CJX2-50008	工频运行接触器，控制电动机启动与停止作用，若变频输出接触器 KM2 内装有机械联锁模块，能够实现机械联锁功能
FR	热继电器	NR2-25	主要用来对异步电动机进行过载保护
	直流电抗器		提高变频器直流环节的稳定性，提升变频系统的功率因数，可以减少变频器输出的谐波

文字符号	名称	型号	元器件在该电路中的作用
SB1	启动按钮	红色 ZB2-BE101C	在电路中起接通控制回路作用
SB2	停止按钮	绿色 ZB2-BE102C	在电路中起断开控制回路作用
SA1	转换开关	LW8-10-D101/1	工/变频转换选择
SA2	转换开关	LW8-10-D101/1	伺服/衡功率转换开关
HL1	指示灯	红色 AD2-22D/220V	电源指示
HL2	指示灯	绿色 AD2-22D/220V	变频运行指示
HL3	指示灯	绿色 AD2-22D/220V	工频运行指示
HL4	指示灯	绿色 AD2-22D/220V	衡功率运行指示
	编码器	内置磁速度编码器	测量电动机转速，将信号处理后反馈给变频器对电机进行目标控制
M	伺服电机	CTB-47P5Z CB15-H5GB	将电能转变为机械能

3. GS 交流变频主轴驱动器输入输出信号描述

GS 交流变频主轴驱动器输入输出信号功能描述见表 9-9。

表 9-9　GS 交流变频主轴驱动器输入输出信号功能描述

端口	端子名称	功能	设定值含义说明（端子功能由厂家固化）
T0	RS232	通信	触摸屏通信
T1	TS	模拟量输入	内部提供速度设定用电源 10V
	FI		0~10V、4~20mA 可选择模拟量输入
T2	Q2	输出功能选择	驱动器运行中
	MOA/MOB/NOC	继电器输出	驱动器准备就绪
T3	PV	控制电源	DC24V 电源端子
	SC		控制信号公共端
	ST	控制信号输入	伺服运行允许指令
	I1		正转运行
	I2		停止功能
	I3		直流制动
	I4		恒功率运行指令

4. 工作原理

（1）变频运行与停止

1）变频驱动器上电：

闭合总电源【QF1】，闭合控制电源【QF2】，将工频/变频转换开关切换至变频位置，回路经 1→2→0 号线形成回路，接触器 KM1 线圈得电，控制回路中 2→3 号间的 KM1 的常开触点闭合后风机启动，主回路中 KM1 主触点闭合变频驱动器上电，根据参数表设置变频器参数。

2）变频启动：

工频/变频转换开关【SA1】切换至变频位置的同时，控制回路经 1→2→4→0 号线形成回路，接触器 KM2 线圈得电，主回路中 KM2 的主触点闭合。

按下启动信号【SB1】驱动器的 SC→I1 闭合，变频驱动器的 PV→MOA 间的变频运行指示灯 HL2 亮，电机变频运行。将 SC→I4 间的 SA2 恒功率转换开关闭合、SC→ST 间的 KM2 闭合后 Q2 输出，恒功率运行指示灯亮，电机在变频运行的状态下恒功率运行。通过触屏 TPC7062 监视变频器运行状态。

3）变频停止：

按下停止信号【SB2】，变频运行指示灯 HL2 熄灭，变频驱动器的 U、V、W 停止输出，电机停止运行；控制面板运行指示灯熄灭，显示信息为［STOP］。

（2）工频运行与停止

1）工频启动：工频/变频转换开关切换至工频位置，按下启动按钮【SB1】，控制回路经 1→5→6→7→8→0 号线形成回路，接触器 KM3 线圈得电，回路中 6→7 线间的 KM3 的常开点闭合自锁，工频运行指示灯 HL3 亮，同时回路中 2→4 线间的 KM3 的常闭点断开，切断变频回路，与 KM2 接触器实现机械联锁。主回路 KM3 的主触点闭合，电机工频运行。

2）工频停止：按下停止按钮【SB2】，控制回路经 5→6 号线断开，交流接触器 KM3 线圈失电，回路中 6→7 线间的 KM3 的常开点断开，同时 2→4 线间的 KM3 的常闭点复位，主回路 KM3 的主触点断开，电机停止运行。

（3）保护功能

1）在工频状态下，电动机发生短路、过载故障后热继电器 FR 动作，回路中 8→0 线号间 FR 的常闭辅助触头断开，回路 1→5→6→7→8→0 断开，工频主电路交流接触器 KM3 线圈失电，工频运行指示灯 HL3 熄灭，电动机停止运行。

2）在变频状态下，电动机发生短路、过载故障，发生故障停机，变频运行指示灯熄灭，停止指示灯点亮，变频驱动器的 U、V、W 停止输出，电机停止运行。

5. 常见故障现象及处理

常见故障及处理见表 9-10。

表 9-10 常见故障及处理

故障现象	可能原因	解决方法
变频不启动	电源	检查电源是否缺相
	控制回路故障	检查控制回路电源
		启停按钮故障及时更换
		检查变频交流接触器常闭触点
	参数设置不正确	检查参数设置
	变频器坏	维修或更换
液晶面板没有显示	变频器到液晶面板连接线掉线	检查变频器到液晶面板连接线
	液晶面板坏	更换液晶面板
电位器无法调节	模式选择	运行模式是否在 0 模式
运行欠压	输入电压异常或运行时掉电	查看输入电源或接线
	有重负载冲击	查看负载判断是否有可能过载或不平衡
	输入缺相	查看电源电压
	输出缺相	检查接触器与主接线拧接是否牢固
	变频器充电接触器损坏或插件松动	查看内部接触器及插件

故障现象	可能原因	解决方法
过载、过流	电机绝缘或相间短路	用摇表测量相间绝缘查看是否有短接现象
	查看机械连动	查看机械连接脱扣是否松动
	查看配重平衡	调节平衡
	负载工况	有可能瞬间负载过重，需要洗井
电机不启动	电源缺相	检查电源
	电压过低	检查电源
	负载有故障	检查负载装置
	电机接线错误	检查电机接线
	驱动器接线错误	检查驱动器接线
	驱动器参数设置不合适	调整驱动器参数
电机振动	连轴器连接松动	紧固连轴器螺丝
	安装基础不平或有缺陷	检查基础并固定
	转子、带轮不平衡	做整机动平衡
	轴伸被撞击变形	校正轴伸，必要时更换
电机转速低于设定值	电源电压过低	检查电源电压
	负载过重	检查传动机构
	编码器损坏	检查电机编码器
	驱动器参数调整不当	改变驱动器参数
电机有异响	机械摩擦	检查传动装置
	缺相运行	检查电源或变频器
	轴承损坏	更换轴承
	编码器损坏	更换编码器
电机机壳带电	接地不良	检查接地螺栓并拧紧
	绕阻受潮，绝缘低	烘干，必要时更换
	接线不良	清理接线板
	引出线绝缘磨破	处理绝缘
	风机漏电	修复风机
电机发热严重	电源电压不正常	检查电源
	过载	检查传动机构
	通风不畅	检查风机和风道
	电机匝间或相间短路	检查空载电流
	驱动器参数不当	调整驱动器参数
	电机安装不对	检查联轴器
	轴承损坏	更换轴承
运转不平稳	编码器损坏	更换编码器
	编码器接线不实	重新紧固电缆插头
	驱动器故障	调整驱动器参数

四、CY-JDQ4-A-37 节能控制器抽油机控制电路

节电器实际上就是变频器,该电路通过转换开关实现工频/变频转换,利用 SB1、SB2 按钮控制电动机的启、停,也可通过操作面板控制变频器的启、停,只要变频器的主电路 R/S/T 得电后即立即运行。当电源、节电器、电动机发生各种故障时,节电器(变频器)进行保护,停止电动机的运行,并在操作面板上显示故障代码。

1. 原理图

CY-JDQ4-A-37 节能控制器抽油机控制电路原理图如图 9-4 所示。

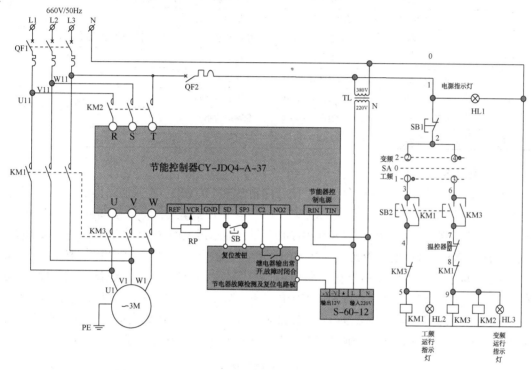

图 9-4　CY-JDQ4-A-37 节能控制器抽油机控制电路原理图

2. 电器元件及功能

元器件明细表见表 9-11。

表 9-11　元器件明细表

文字符号	名称	型号	功能作用
CY-JDQ	节能控制器	CY-JDQ4-A-37	在电路中起降低启动电流,实现节能、软启、软停、电动机转速调整和调整冲次的功能
QF1	断路器	NM1-125S/3300	电源总开关,在主电路中起控制兼保护作用
QF2	断路器	DZ47-60/C6	控制回路开关,在控制电路中起控制兼保护作用
KM1	交流接触器	CJX2-40-660V	工频运行接触器,控制电动机工频启动与停止作用,并与节电器输出接触器 KM3 实现机械联锁
KM2	交流接触器	CJX2-40-660V	节电器上电

文字符号	名称	型号	功能作用
KM3	交流接触器	CJX2-40-660V	节电器给电动机输送电压,并与工频输出接触器 KM1 实现机械联锁
TD	降压变压器		节电器和开关提供电源,输入交流 380V 输出交流 220V
U	开关电源	S-60-12	为节电器故障检测及复位电路板提供电源,输入交流 220V,输出直流+12V
SB1	停止按钮	红色 NP2-BE102	停止工频运行或停止节能控制器运行
SB2	启动按钮	NP2-BE101 绿色	启动工频运行或启动节能控制器运行
SA	转换开关	NP2-BE101	工频/节能转换
RP	电位器	WXD3-13-2W	控制节电器输出频率(控制电动机转数目的)
WJ	温控开关	TM22	过热保护
HL1	指示灯(红色)	ND2-22DS/4-380V	电源指示
HL2	指示灯(绿色)	ND2-22DS/4-380V	工频运行指示
HL3	指示灯(黄色)	ND2-22DS/4-380V	变频运行指示
M	电动机	ZYCYT250L3-6/8P	将电能转变为机械能

3. 节电器器参数设置

闭合总电源开关 QF1,主电路得电,闭合控制电源开关 QF2,控制回路得电,HL1 电源指示灯亮,按一下 MODE 键,显示"--XX","--"是 MODE 模式,将数字调到 46,按 MODE 键,显示"1",将"1"改为"0",按 SET/STOP 一下,显示屏上的"0"闪 3 下后停止,按 MODE 键,显示"--XX",将"XX"调到 60,按 MODE 键,显示"1",将"1"改为"0",按 SET/STOP 一下,显示屏上的"0"闪 3 下后停止,按 MODE 键,显示"--XX",将"XX"调到 24,按 MODE 键,显示"1",将"1"改为"0",按 SET/STOP 一下,显示屏上的"0"闪 3 下后停止,这时可以任意调节需要改变的参数,按表 9-12 将参数输入节电器,调节代码完成后,将功能码 24 设定值调为"1",功能码 60 设定值调为"1",功能码 46 设定值调为"1",此时即可启动节电器。

表 9-12 节电器参数表

功能	功能代码	设定数据	设定值含义说明
设置显示内容	10	0	0:输出频率(Hz);1:输出功率(kW);2:输出电流(A);3:输出电压(V);4:输出功率因数(%);5:当前时间(时:分)
上限频率	20	60	设定范围:0~60Hz
下限频率	21	30	设定范围:0Hz~"上限频率"
加速时间	22	15	启动时达到设定频率所用时间(s)
减速时间	23	5	停止时降到 0 频率所用时间(s)
启动方式选择	24	1	0:通过操作面板上的【RUN】键和【SET/STOP】键来启动或停止节电器; 1:通过直接连接 RUN-SD 端子来产生外部信号,从而启动或停止节电器
频率设定方式	25	2	0:使用操作面板按键设定的频率; 1:利用外部电流(4~20mA 信号)设置频率; 2:利用外部电压(0~5V、0~10V 信号)设置频率; 3:利用外部电流(4~20mA 信号)以及(和)外部电压(0~5V、0~10V 信号)的并用设置频率

功能	功能代码	设定数据	设定值含义说明
节电模式	36	0	0：节电器节电模式，根据电动机的负载率，自动调整输出电压，以达到节电效果； 1：变频模式，作为通常的变频器使用
负载类型的选择	38	0	0：风扇、泵模式；1：冲击负载模式
旋转方向	40	0	0：正转；1：反转
数据锁定功能	46	1	0：可变更数据；1：除本数据外，其他数据均不能修改
软件 RUN 信号	60	1	0：禁用软件 RUN 信号；1：起用软件 RUN 信号（设为 1 时，当接通电源时节电器就会被启动）

注：除表中的参数外其他的参数应根据现场的实际要求设定或使用节电器的出厂默认值设定。

4. 工作原理

（1）节电器送电

闭合总电源开关 QF1，主电路得电，闭合控制电源开关 QF2，控制回路得电，HL1 电源指示灯亮。

（2）工频启动与停止

1）工频启动：将工/节能转换开关 SA 转至工频位置，按下启动按钮 SB2，回路经 1→2→3→4→5→0 闭合，KM1 线圈得电，回路 3→4 线间 KM1 常开辅助触点闭合自锁，控制回路中 8→9 线间 KM1 常闭触点断开，与 KM3 接触器实现机械联锁。同时主回路中 KM1 主触点闭合，电动机工频运行，工频运行指示灯 HL2 亮。

2）工频停止：按下停止按钮 SB1，回路 1→2 断开，KM1 线圈失电，3→4 线间常开辅助触点断开，8→9 线间 KM1 常闭辅助触点复位，同时 KM1 主触点断开，电动机停止运行，工频运行指示灯 HL2 熄灭。

（3）节电器启动与停止

1）启动：

将工/节能转换开关 SA 转至变频位置，按下启动按钮 SB2，回路经 1→2→6→7→8→9→0 闭合，KM3、KM2 线圈得电，回路 6→7 线间 KM3 常开辅助触点闭合自锁，回路 4→5 线间 KM3 常闭辅助触点断开，与 KM1 接触器实现机械联锁，同时主回路中的 KM2、KM3 主触头闭合，节电器的端子 R、S、T 得电，节电器得电运行，并将整流、逆变后的电压输送给电动机，电动机得电后保持连续运行，节能运行指示灯 HL3 亮，使用操作面板上的电位器调节电源频率，改变电动机的转速。

2）停止：

按下停止按钮 SB1，回路 1→2 断开，KM3、KM2 线圈失电，控制回路 6→7 线间 KM3 的常开辅助触点断开，控制回路 4→5 线间 KM3 常闭辅助触点闭合，主电路 KM3、KM2 主触头断开，节电器失电，停止给电动机输送电压，电动机停止运行，节能运行指示灯 HL3 熄灭。

5. 保护原理

1）工频运行状态下：

电动机发生短路、过载、断相、欠压故障时，依靠断路器 QF1、QF2 进行保护。

2) 节电器运行状态下:

当电源、节电器、电动机发生各种故障时，节电器进行保护，停止电动机的运行，并在操作面板上显示故障代码。

6. 常见故障现象及处理措施

常见故障及处理见表9-13。

表9-13　常见故障及处理

液晶屏显示	故障代码	故障名称	故障原因	外部报警
ACLU	ACLV	输入电压较低（自然恢复）	控制电源正常、输入电压不足导致不能重新启动	
ACHU	ACHV	输入电压异常	控制电源正常、输入电压过高导致不能重新启动	
ALon	ALon	装置内部异常（自然恢复）	由于没有满足节电器运行条件，而不能启动设备，如节电器内部DC电压过高等	
CHG	CHG	DC充电	在接通电源以后，节电器主电路中的电解电容器正在充电	
E.CHG	E.CHG	DC充电问题（跳闸报警）	在接通电源的时候，节电器主电路电解电容充电失败	当MODE59（外部接触模式）被设置为"0"或者"3"时，报警功能得以启动
E.dCL	E.dcl	过低的DC电压（跳闸报警）	在节电器运行期间，节电器主电路中的电解电容的电压下降到过低的水平	当MODE59（外部接触模式）被设置为"0"或者"3"时，报警功能得以启动
E.EГH	E.ETH	启动电热熔断器（跳闸报警）	节电器输出电流过高，因而有可能导致电动机和节电器过热	当MODE59（外部接触模式）被设置为"0"或者"3"时，报警功能得以启动
E.Fin	E.Fin	过热的散热片（跳闸报警）	过热的节电器冷却散热片启动了内置的调温装置，在问题得到纠正以后，需要几分钟到几十分钟来重新设置参数	当MODE59（外部接触模式）被设置为"0"或者"3"时，报警功能得以启动
E.Gr	E.Gr	检查接地输出漏电电流（跳闸报警）	节电器输出线路接地，从而导致较高的电流流向地面	当MODE59（外部接触模式）被设置为"0"或者"3"时，报警功能得以启动
E.iFA	E.iFA	输入电源欠相（跳闸报警）	三相电源出现欠相或平衡较差时	当MODE59（外部接触模式）被设置为"0"或者"3"时，报警功能得以启动
E.ioU	E.ioV	过高的输入电压（跳闸报警）	节电器的输入电压过高	当MODE59（外部接触模式）被设置为"0"或者"3"时，报警功能得以启动

液晶屏显示	故障代码	故障名称	故障原因	外部报警
E.iPF	E.iPF	暂时供电中断（跳闸报警）	节电器设备经历了超过20μs但不到0.1s的暂时性供电中断	当MODE59（外部接触模式）被设置为"0"或者"3"时，报警功能得以启动
E.oc1	E.oc1	在频率上升期间电流过高（跳闸报警）	在节电器输出频率上升期间，检查到有暂时性过流现象	当MODE59（外部接触模式）被设置为"0"或者"3"时，报警功能得以启动
E.oc2	E.oc2	在匀速运行期间电流过高（跳闸报警）	在节电器以匀速频率运行期间，检查到有暂时性过流现象	当MODE59（外部接触模式）被设置为"0"或者"3"时，报警功能得以启动
E.oc3	E.oc3	在频率下降期间电流过高（跳闸报警）	在节电器输出频率下降期间检测到有暂时性过流现象	当MODE59（外部接触模式）被设置为"0"或者"3"时，报警功能得以启动
E.oCP	E.oCP	IGBT保护（跳闸报警）	在短时间内流经节电器主电路变流器元件的电流过高	当MODE59（外部接触模式）被设置为"0"或者"3"时，报警功能得以启动
E.oFA	E.oFA	输出欠相（跳闸报警）	可能是由于节电器输出没有连接负载，或者是由于输出线路发生报警接电欠相	当MODE59（外部接触模式）被设置为"0"或者"3"时，报警功能得以启动
E.oLr	E.oLr	持续性阻碍（跳闸报警）	节电器的防阻碍功能的运行时间超过了限定的运行时间	当MODE59（外部接触模式）被设置为"0"或者"3"时，报警功能得以启动
E.oV1	E.oV1	恒速运行期间电压过高（跳闸报警）	在节电器以恒速频率运行期间，检查到有暂时性DC过压现象	当MODE59（外部接触模式）被设置为"0"或者"3"时，报警功能得以启动
E.oV2	E.oV2	频率下降期间电压过高（跳闸报警）	在节电器输出频率下降期间，产生了DC暂时性过压现象	当MODE59（外部接触模式）被设置为"0"或者"3"时，报警功能得以启动
E.rFA	E.rFA	重起失败（跳闸报警）	在发生跳闸现象后试图重启设备期间，重启失败的次数达到了重启模式中所规定的重启次数	当MODE59（外部接触模式）被设置为"0""1"和"3"时，触发了报警功能
-oc-	-oc-	过流（预警）	输出电流提高，从而启动了电热熔断器	当MODE59（外部接触模式）被设置为"3"时，报警功能得以启动
-oL-	-oL-	防阻碍功能处于运行状态（预警）	当由于过流或者过压的原因而启动了防阻碍功能时，在一定的时间内，显示屏会闪烁本屏内容	当MODE59（外部接触模式）被设置为"3"时，报警功能得以启动

液晶屏显示	故障代码	故障名称	故障原因	外部报警
-oU-	-oV-	DC 过压（预警）	表明 DC 电压比标准电压高（一般情况下，显示"oLoV"）	当 MODE59（外部接触模式）被设置为"3"时，报警功能得以启动
oLoc	oLoc	过流防阻碍功能处于工作状态（预警）	节电器过流防阻碍功能当前处于工作状态	当 MODE59（外部接触模式）被设置为"3"时，报警功能得以启动
oLoU	oLoV	过压防阻碍功能处于运行状态（预警）	节电器过压防阻碍功能当前处于工作状态	当 MODE59（外部接触模式）被设置为"0"时，报警功能得以启动
oLUc	oLVc	过压防阻碍功能和过流防阻碍功能同时处于工作状态（预警）	过压防阻碍功能和过流防阻碍功能当前处于工作状态	当 MODE59（外部接触模式）被设置为"0"时，报警功能得以启动
oUoc	oVoc	DC 过电压和输出过电流同时发生（预警）	节电器检测到 DC 过压和输出过流	当 MODE59（外部接触模式）被设置为"0"时，报警功能得以启动
run1	Run1	运行状态 1	节电器虽处于运行状态，但由于频率设置过低或者其他原因，SunSv 超能士电机节电器在等待电压输出	
run2	Run2	运行状态 2	节电器按照 MODE28、MODE64 所设定的时间处于待重启状态	
uPdA	uPdA	数据初始化（不可复位）	当更换 CPU 时，将始终显示本屏内容，除部分数值外设置数值都将被复位	报警功能得以启动
TEST	TEST	跳闸测试（运行期间）	执行 MODE58 后显示错误信息	当 MODE59（外部接触模式）被设置为"0"或者"3"时，报警功能得以启动

注：用节电器面板上的红色复位键清除故障代码。

五、ZJB 抽油机井变频调速控制电路

该电路采用多种运行方式，以提高电路的可靠性，可根据生产需要，当工频/变频的回路发生故障时，可利用工频/变频转换开关运行到另一回路。

来电自启动功能适用于电力系统发生晃电时，来电自启动电路通过声音报警延时，延时后自动恢复断电前的运行方式，减少停产时间，提高生产效率。

变频故障自动切工频功能，可实现当变频器自身发生故障后，自动切换到工频运行状态。

在频率调整方面有以下三种方式：一是通过外部电位器手动调节；二是在自动调节档位，通过操作面板的上、下键调节；三是通过时间继电器 KT2 实现上下冲程的不同时间调节，提高电路的适应能力。

1. 原理图

ZJB 抽油机井变频调速控制电路控制电路原理图如图 9-5 所示。

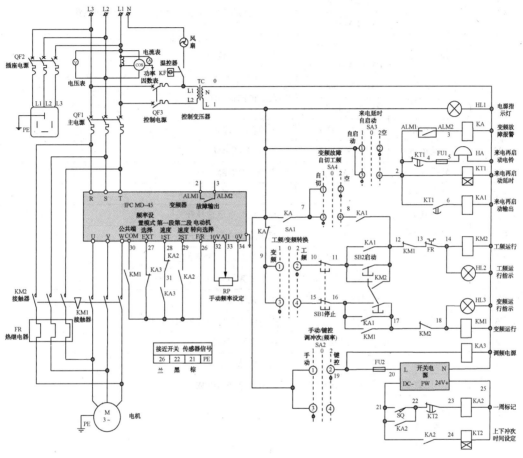

图 9-5　ZJB 抽油机井变频调速控制电路原理图

2. 电器元件及功能

元器件明细表见表 9-14。

表 9-14　元器件明细表

文字符号	名称	型号	在电路中的作用
VFD	变频器	IPC MD-45-4	在电路中起降低启动电流，接受智能监控工作指令并执行，实现节能、软启、软停、电机转速调整和无级调整冲次的功能
QF1	断路器	CDM1-225L/3300	电源总开关，在主电路中起控制兼保护作用
QF2	断路器	DZ47-63D32	备用外接插座电源开关
QF3	断路器	DZ47-63 D10	控制回路开关，在电路中起控制兼保护作用
KM1	交流接触器	CJ20-160	变频运行接触器，控制电动机变频启动与停止作用，与工频运行接触器 KM2 内装有机械联锁模块，以实现机械联锁

文字符号	名称	型号	在电路中的作用
KM2	交流接触器	CJ20-160	工频运行接触器，控制电动机工频启动与停止作用，与变频运行接触器 KM1 内装有机械联锁模块，以实现机械联锁
FR	热继电器	JR36-160	电动机过载保护
KA	中间继电器	MY4NJ（触头） PYF08A-E（底座）	变频故障报警，接通工频回路，切断变频回路
KT1	时间继电器	H3Y-2（触头） PYF08A-E（底座）	来电再启动延时
KT2	时间继电器	H3Y-2（触头） PYF08A-E（底座）	设定抽油机一周期时间
SB1	停止按钮	红色 LAY7	工频/变频停止
SB2	启动按钮	绿色 LAY7	工频/变频启动
SA1	转换开关	LAY7	工/变频功能转换
SA2	转换开关	LAY7	手动/键控调冲次开关
SA3	转换开关	LAY7	来电延时自启选择开关
SA4	转换开关	LAY7	变频故障自切工频开关
KF	温控器	WKB-80	控制强制风扇的温度范围
RP	电位器	WXD3-1347K	调节变频器输出频率
F1	风扇	5915PC-23T-B30	柜内强制散热风扇
TA	互感器	LMZJ1-0.5150/5	将大电流转换成仪表用小电流
PA	电流表	6L2-A	指示电路线电流
PV	电压表	6L2-V	指示电路线电压
PPF	功率因数表	6L2-COS	指示电路功率因数
SQ	接近开关（选装件）	FA12-4LA	抽油机初始位置和旋转一周位置
HL1	指示灯	红色 AD11-22B/41	电源指示灯
HL2	指示灯	绿色 AD11-22B/41	工频运行指示灯
HL3	指示灯	绿色 AD11-22B/41	变频运行指示灯
M	电机	三相异步电机	将电能转变为机械能

3. 变频器参数设置

1）按键功能运行监控模式下有效的按键设置见表 9-15。

表 9-15　按键设置表

按键	功　能
频率	显示变频器实际输出频率，单位 Hz。举例：32.00，即变频器实际输出频率为 32Hz
上冲程	显示变频器上冲程设定频率，单位 Hz。举例：33.3，即由键盘或电位器确定的上冲程设定频率为 33.3Hz，此时按"▲"与"▼"键能修改该设定值

按键	功　　能
下冲程	显示变频器下冲程设定频率，单位 Hz。举例：28.0，即由键盘或电位器确定的下冲程设定频率为28.0Hz，此时按"▲"与"▼"键能修改该设定值
监控	显示变频器监控变量，监控变量的显示以字母开头，标识不同监控变量。正常运行时按本键，则显示直流母线电压(U＊＊＊)，此时按"切换"按键就能循环显示其他监控变量，当发生故障使变频器旁路，显示"PASS"时，按本键则显示导致旁路具体故障，如"UU1"等
切换	仅当按了"监控"键后，该键操作才有效，每按一次本键，则更换一个监控变量。具体监控变量如下： 1) 变频器直流母线电压，单位 V 举例：U537，即变频器内部直流母线的电压为537V 2) 变频器输出电流，单位 A 举例：C10.6，即实际测量到的输出相电流为10.6A 3) 变频器输出线电压，单位 V 举例：L336，即变频器实际输出线电压为336V 4) 变频器当前设定频率，单位 Hz 举例：F32.6，即变频器当前设定频率为32.6Hz 5) 变频器标称电压与标称功率，单位为 kV 与 kW 举例：3.30，第一个数字3表示变频器标称电压为380V，最后两个数字表示变频器标称功率为30kW
显示灯	指示含义
上冲程	指示1ST与COM短接，表示变频器进入运行状态
下冲程	指示2ST与COM短接，表示变频器进入运行状态
监控	指示按下了"监控"按键，能观察变频器相关运行变量
参数	进入了能修改变频器内部常数的状态

2) 参数代码及设置见表9-16。

表9-16　参数设置表

参数代码	参数含义
1-＊.＊	变频器加速度时间常数，单位是 Hz/s。举例："1-2.5"，即加速度是 2.5Hz/s。该参数变化范围是 0.5~9.9Hz/s。一般而言，变频器功率越大，该参数设置越小。变频器出厂时，变频器容量小于37kW，本参数缺省设为 5.0，即从 0Hz 加速到 50Hz 的时间为 10s；变频器容量大于 37kW（包括37kW），本参数缺省设为 2.5，即从 0Hz 加速到 50Hz 的时间为 20s
2-＊＊	上冲程最高允许输出频率，单位是 Hz。举例："2-60"，即上冲程最高允许输出频率是 60Hz。该参数变化范围是 60~83Hz。变频器出厂时，本参数缺省设为 60
3-＊＊	下冲程最高允许输出频率，单位是 Hz。举例："3-68"，即下冲程最高允许输出频率是 68Hz。该参数变化范围是 60~83Hz。变频器出厂时，本参数缺省设为 60
4-＊.＊	启动转矩补偿设定，单位是%。 举例："3-3.2"，即启动转矩补偿值是 3.2%。 该参数变化范围是 1.2%~9.9%。变频器出厂时，本参数缺省设为 3.2。 一般而言，电动机的启动负荷越大，该值可以设大些，以保证电机能正常启动

参数代码	参数含义
5-*	变频器设定频率的输入方式: 0-设定频率由数字式操作器输入; 1-设定频率由变频器主板上的两个电位器输入。变频器出厂时,本参数缺省设为0,即只能用数字式操作器改变频率设定值
6-*	最近一次导致变频器切换至工频旁路的故障代码: 1: OC; 2: OL; 3: OE; 4: LU; 5: UU1; 6: OH。变频器出厂时,本参数缺省为0 按"▲"或"▼"键,则清除该故障记录
7-*	自动上下冲程识别: 0: 不允许上下冲程识别; 1: 允许上下冲程自动识别。 在该控制方式下,变频器判断抽油机处于上冲程,则自动以上冲程频率为设定频率;判断抽油机处于下冲程,则自动以下冲程频率为设定频率。此时1ST或2ST必须有一个与CM短路,作为启动运行命令,但是1ST与2ST没有选择上冲程或下冲程功能。变频器出厂时,本参数缺省设为0,即自动识别无效
COM	公共端子
1ST	第一段速度[对应转速由键盘按键〈上冲程〉或电位器V1S设定],0~60Hz
2ST	第二段速度[对应转速由键盘按键〈下冲程〉或电位器V2S设定],0~60Hz。如果1ST与2ST同时闭合,变频器设定频率取V1S、V2S中大的一个
EXT	转速由外部AI1模拟输入设定,0~60Hz。如果1ST、2ST、EXT同时闭合,则变频器设定频率由AI1模拟输入设定,即EXT级别高于1ST和2ST;如果1ST、2ST、EXT同时断开,则变频器设定频率为0,即变频器无输出
F/R	电动机转向选择(正转或反转),该信号断开,对应正转;该信号闭合,对应反转
AG	模拟地
AI1	外部模拟输入1(0~10V)。若EXT与COM短接,该信号决定变频器设定频率(0~10V对应0~60Hz)
AI2	外部模拟输入2(0~10V)
AM	模拟输出(0~10V对应变频器实际输出频率0~60Hz)
+10V	+10V稳压电源(最大输出电流50mA)
ALM1、ALM2	ALM1、ALM2是常开触点,当故障时,报警输出常开触点闭合

4. 工作原理

(1)闭合总电源及参数设置

1) 闭合总电源【QF1】,变频器输入端[R、S、T]上电,交流接触器KM2上端带电,根据参数表设置变频器参数;

2) 闭合控制电源【QF3】,控制回路得电,电源指示灯HL1亮。

(2) 工频启动与停止

1)工频启动:将工/变频转换开关【SA1】转至工频位置,端子①②接通、③④断开,按下启动按钮【SB2】,回路经1→9→10→11→12→13→14→0闭合,工频接触器KM2线圈得电,主回路中KM2主触点闭合,电动机工频运行,工频运行指示灯HL2亮。

同时回路11→12线间KM2常开触点闭合自锁,控制回路中17→18线间KM2常闭触点断开,断开变频控制回路,与变频接触器KM1实现电气联锁。

2) 工频停止：按下停止按钮【SB1】，回路 10→11 断开，KM2 线圈失电，回路 11→12 线间 KM2 常开触点断开，17→18 线间 KM2 常闭触点复位，同时 KM2 主触点断开，电动机停止运行，工频运行指示灯 HL2 熄灭。

3) 来电延时自启动：当来电延时自启动开关【SA3】闭合，端子③④接通，工频运行方式下，当线路发生晃电或停电再来电后，回路经 1→2 线间【SA3】闭合，时间继电器 KT1 线圈得电始延时，这时回路 2→4→5 线间闭合，经熔断器 FU1 接通电铃 HA，发出报警声音并延时，当 KT1 延时时间到达后，回路 2→6 线间 KT1 延时闭合常开触点闭合，中间继电器 KA1 线圈得电，回路 11→12 线间 KA1 常开触点闭合，回路经 1→9→10→11→12→13→14→0 闭合，KM2 线圈得电，恢复工频运行方式。同时经时间继电器 KT1 延时后 2→4 线间触头断开，电铃 HA 报警声音停止。

（3）变频启动与停止

1) 变频启动：将工频/变频转换开关【SA1】置于变频位置，端子③④接通、①②断开，按下启动按钮【SB2】，回路经 1→9→15→16→17→18→0 闭合，KM1 线圈得电，同时主回路中 KM1 主触点闭合。变频器 26→30 端子间 KM1 常开触点闭合，[F/R] 与 [COM] 接通，变频器输入启动信号，电动机变频运行，变频运行指示灯 HL3 亮。

回路 16→17 线间 KM1 常开触点闭合自锁，控制回路中 12→13 线间 KM1 常闭触点断开，断开工频控制回路，与 KM2 接触器实现电气联锁。

2) 频率设置：当手动/键控调频率（冲次）【SA2】置于"1"手动位置时，①②断开，变频器 26→27 端子间经 KA3 常闭触点 [F/R] 端子与 [COM] 端子闭合，变频器外部频率给定信号确定，此时频率由变频器外置电位器 [RP] 给定，顺时针旋转旋钮为频率增加，反之减小。

当手动/键控调频率（冲次）【SA2】置于"2"键控位置时，①②闭合，回路经 1→19→0 接通 KA3 线圈，变频器 26→27 端子间 KA3 常闭触点断开，此时为变频器内部频率给定模式。

变频器 26→28 端子间 KA3 常开触点闭合，经 KA2 常闭触点短接 [F/R] 与 [1ST] 端子，此时频率由操作面板 [▲] 和 [▼] 键配合 [上行]、[下行] 键调节。

变频器以第一转速运行上行或下行时，如采用接近开关（选装件）SQ，由接近开关确定上行或下行起始位置，当接近开关触发后，回路 21→22→23→24→25 接通，KA2 线圈得电，回路 21→22 线间 KA2 常开触点闭合自锁，回路 28→31 线间 KA2 常闭触点断开，[F/R] 与 [1ST] 断开，回路 26→29 线间 KA2 常开触点闭合，[F/R] 与 [2ST] 接通（多段速 1）。

变频器以第二速度上行或下行频率运行，回路 21→24 线间 KA2 闭合，时间继电器 KT2 线圈得电，延时到达后，回路 22→23 线间 KT2 延时断开常闭触点断开，KA2 线圈失电，回路 26→29 线间 KA2 常开断开，回路 31→28 线间 KA2 常闭恢复闭合，回路经 26→31→28 接通 [F/R] 与 [1ST] 端子，变频器以第一速度上行或下行运行（多段速 2）。

根据定时器 KT2 延时范围确定半周上行或下行的时间，接近开关 SQ 确定一周及起始位置。实现上行、下行不同频率的运行方式，有助于平衡抽油机载荷。

3) 变频故障自切工频：将工频/变频转换开关【SA1】置于变频位置，回路 9→15 接通，来电延时自启动【SA3】闭合，回路 1→2 接通，变频故障自切工频【SA4】开关闭合，端子③④接通，回路 7→8 接通，当变频器内部故障输出 [ALM1]、[ALM2] 动作时，回路 2→3 线间报警端子 [ALM1]、[ALM2] 闭合，回路经 1→2→3 闭合，中间继电器 KA 线圈得电，时间继电器 KT1 线圈得电并延时，回路 1→9 线间 KA 常闭断开，变频回路断开，回路 1→7

线间 KA 常开触点闭合接通 1→7→8，回路 2→4→5 线间时间继电器 KT1 延时断开触点保持闭合，经熔断器 FU1 接通电铃 HA，发出报警声音并延时，当 KT1 延时时间到达后，回路 2→6 线间 KT1 延时闭合常开触点闭合，中间继电器 KA1 线圈得电，回路 8→12 线间 KA1 常开触点闭合，回路经 1→7→8→12→13→14→0 闭合，KM2 线圈得电，恢复工频运行方式。

注：变频故障自切工频率功能必须与变频运行、来电延时再启动一起使用，单独使用变频故障自切工频无效。

4）来电延时自启动：当来电延时自启动开关【SA3】闭合，端子③④接通，变频运行模式下运行，当线路发生晃电或停电再来电后，回路经 1→2 线间【SA3】闭合，时间继电器 KT1 线圈得电，回路 2→4→5 线间时间继电器 KT1 延时断开触点保持闭合，经熔断器 FU1 接通电铃 HA，发出报警声音并延时，当 KT1 延时时间到达后，回路 2→6 线间 KT1 延时闭合常开触点闭合，中间继电器 KA1 线圈得电，回路 16→17 线间 KA1 常开触点闭合，回路经 1→9→15→16→17→18→0 闭合，KM1 线圈得电，恢复变频运行方式。

5）变频停止：按下停止按钮【SB1】，回路 15→16 断开，KM1 线圈失电，16→17 线间常开触点断开，变频器控制端子[COM]与[ST2]、[ST1]断开，变频器速度信号断开，回路 12→13 线间 KM1 常闭触点复位，同时 KM1 主触点断开，电动机停止运行，变频运行指示灯 HL3 熄灭。

（4）保护功能

1）工频运行状态下：

热继电器 FR 为电动机的过载保护，当电动机发生过载，达到热继电器的整定值并积累一定时间后，控制回路 13→14 线间热继电器辅助常闭触点断开，KM2 线圈失电，主回路 KM2 主触头断开，电动机停止运行。

QF1 为电动机的短路、欠压和过流保护。控制回路中，主要依靠 QF3 来实现短路及过载保护。

2）变频运行状态下：

电源发生缺相、欠压、电动机发生短路、过载及变频器内部发生过热、过流等故障，变频器的输出端子[ALM1]→[ALM2]由常开状态转为闭合状态，经回路 1→2→3→0 变频器报警中间继电器 KA 动作，控制回路中 1→9 线间 KA 常闭触点断开，KM1 线圈失电，KM1 主触头断开，变频器回路 26→30 线间 KM1 常开触点断开，变频器运行信号断开，并报相关故障码，显示在数码屏上，电机停止运行。

QF1 为主电路的短路、欠压和过流保护。控制回路中，主要依靠 QF3 来实现短路及过载保护。

5. 常见故障现象及处理

常见故障及处理见表 9-17。

表 9-17 常见故障及处理

常见故障	故障原因	处理方法
工频、变频都不启动	电源	检查电源是否缺相
	控制回路故障	检查控制回路电源
		检查启停按钮故障并及时更换
		检查工/变频转换开关

常见故障	故障原因	处理方法
工频不启，变频正常	工频控制回路故障	检查工/变频转换开关
		检查电机保护器
		检查工频交流接触器
		检查变频交流接触器常闭触点工作状态
变频不启，工频正常	参数设置不正确	检查参数设置
	变频控制回路	检查工/变频转换开关
		检查 KA 中间继电器
		检查变频交流接触器
		检查工频交流接触器常闭触点工作状态
	变频器坏	维修或更换
液晶面板没有显示	变频器到液晶面板连接线掉线	检查变频器到液晶面板连接线
	液晶面板坏	更换液晶面板
电位器无法调节冲次	模式选择	检查运行模式是否在 0 模式
运行欠压	输入电压异常或运行时掉电	检查输入电源或接线
	有重负载冲击	检查负载、是否有可能过载或不平衡
	输入缺相	检查电源电压
	输出缺相	检测接触器与主接线拧接是否牢固
	变频器充电接触器损坏或插件松动	查看内部接触器及插件
过载、过流	电机绝缘或相间短路	用摇表测量相间绝缘查看是否有短接现象
	查看机械连动	查看是否机械连接脱扣松动
	查看配重平衡	调节平衡
	查看过载参数设置是否正确	变频器电机保护器设置
	负载工况	有可能瞬间负载过重，需要洗井

第二节 螺杆泵抽油机井与电泵井常见控制电路

一、JHZQ 型螺杆泵井直驱控制电路

该电路由英威腾 GD300 变频器控制，采用连续运行的方式直接驱动螺杆泵。

通过外置频率调节旋钮对螺杆泵转速的平滑调节，停机时采用变频器与外接电阻两级制动，整个系统简单紧凑，运行可靠。

电路中采用液体膨胀式温控器，当柜内的温度超出设定范围时断开控制回路，以保证设备的安全运行。

1. 原理图

JHZQ 型螺杆泵井直驱控制电路原理图如图 9-6 所示。

2. 电器元件及功能

元器件明细表见表 9-18。

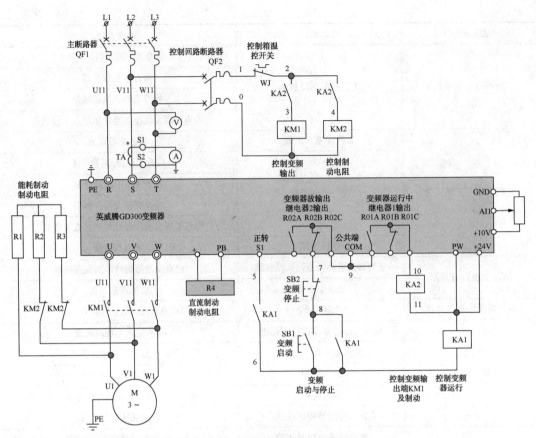

图 9-6　JHZQ 型螺杆泵井直驱控制电路原理图

表 9-18　元器件明细表

文字符号	名称	型号	元器件在该电路中的作用
VFD	变频器	英威腾 GD300	在电路中起降低启动电流，接受智能监控工作指令并执行，实现节能、软启、软停、电机转速调整和无级调整冲次的功能
R1~R4	制动电阻		对电动机制动刹车
QF1	断路器	CDM3-100S3300	电源总开关，在电路中起控制兼保护作用
QF2	断路器	DZ47S-C32	控制回路开关，在控制电路中起控制兼保护作用
KM1	交流接触器	CJX2S-8011	变频运行接触器，控制电动机变频启动与停止
KM2	交流接触器	CJX2-50008	控制制动电阻
KA1	中间继电器	RSB2A080BD/24V	控制变频器输出的启动与停止
KA2	中间继电器	RSB2A080BD/24V	控制变频器输出
SB1	启动按钮	红色 ZB2-BE101C	在电路中起接通控制回路作用
SB2	停止按钮	绿色 ZB2-BE102C	在电路中起断开控制回路作用
WJ	电机温控开关	TS-030SR	当控制箱温度过高或过低时，温度可调液体涨式温控器（无需连接电源）切断控制回路
PV	盘用电压表	44L1-V	监测工作电压
PA	盘用电流表	44L1-A	监测负荷电流
M	电机	三相异步电机	将电能转变为机械能

3. 变频器参数设置

相关端子及参数功能含义的详解见表 9-19。

表 9-19　变频器参数表

功能	功能代码	设定数据	设定值含义说明
运行指令通道	P00.01	1	0：键盘运行指令通道（LED 熄灭）； 1：端子运行指令通道（LED 闪烁）； 2：通信运行指令通道（LED 点亮）
最大输出频率	P00.03	50Hz	设定范围：P00.04～400.00Hz，变频器最大输出频率为 50Hz
运行频率上限	P00.04	50Hz	设定范围：P00.05"下限频率"～P00.03"最大频率"，变频器最高上限频率为 50Hz
运行频率下限	P00.05	0.00Hz	设定范围：0.00～F0-07"下限频率"，变频器最低下限频率为 0Hz
停机方式选择	P01.08	1	0：减速停车；1：自由停车
停机制动开始频率	P01.09	40Hz	设定在减速停止时开始直流制动动作的频率值
停机制动等待时间	P01.10	3s	设定直流制动的动作时间
停机直流制动电流	P01.11	80%	设定直流制动时的输出电流等级，即直流制动的强度
数字量输入功能选择	P05.01	1	1：正转运行；2：反转运行
继电器 RO1 输出选择	P06.03	2	正转运行中
继电器 RO2 输出选择	F5-03	5	变频器故障

注：除表中的参数外其他的参数应根据现场负载的实际要求设定或使用变频器的出厂默认值设定。

4. 工作原理

（1）闭合总电源及参数设置

1）闭合总电源【QF1】，变频器输入端 R、S、T 上电，根据参数表设置变频器参数；

2）闭合控制电源【QF2】，控制回路得电，温控开关启动。

（2）变频启动与停止

1）变频启动：按下启动按钮【SB1】，回路经 9→7→8→6→KA1 线圈→11→PW/+24 闭合，KA1 线圈得电，KA1 常开触头 5→6 接通 S1→COM，变频器输出正转指令，同时 KA1 常开触头 8→6 闭合自锁。同时 R01A、R01C 常开触头得到运行中指令闭合，回路 COM→10→11→PW/+24 闭合，接通 KA2 线圈，其两个常开触头分别接通 2→3、2→4，使接触器 KM1、KM2 线圈得电，KM2 的常闭触点断开制动电阻，同时主回路中 KM1 主触点闭合，电动机变频运行。

2）变频停止：按下停止按钮【SB2】，回路 7→8 断开，KA1、KA2 线圈失电，回路 5→6、8→6 线间 KA1 常开触点断开，同时，控制回路中 2→3、2→4 线间 KA2 常开触点断开，接触器 KM1、KM2 线圈失电，主回路中 KM1 主触点断开，KM2 的常闭触点复位接通制动电阻，对电机能耗制动，同时变频器接通制动电阻 R4，对电动机采取直流制动，电动机停止运行。

（3）保护功能

当电路、电动机及变频器发生短路、过载故障后，总电源 QF1 及控制回路电源 QF2 断开，切断主电路及控制回路。

当控制箱温度过高或过低时，温控开关常闭接点切断 1→2 控制回路，使变频器停止运行。

如果变频器内部发生故障时或变频器检测到电动机故障，故障总输出端子 R02B、R02C 断开，切断控制回路，同时 KM 主触头断开，变频器及电动机停止运行。

5. 常见故障现象及处理

常见故障及处理见表 9-20。

表 9-20　常见故障及处理

故障现象	原因	检查处理
变频不启动	电源	电源是否缺相
	控制回路故障	控制回路电源
		启停按钮故障更换
		变频交流接触器常闭触点
	参数设置不正确	检查参数设置
	变频器坏	维修或更换
液晶面板没有显示	变频器到液晶面板连接线掉线	检查变频器到液晶面板连接线是否牢固
	液晶面板坏	更换液晶面板
电位器无法调节	模式选择	运行模式是否在 0 模式
运行欠压	输入电压异常或运行时掉电	查看输入电源或接线
	有重负载冲击	查看负载，有可能过载或不平衡
	输入缺相	查看电源电压
	输出缺相	检查接触器与主接线拧接是否牢固
	变频器充电接触器损坏或插件松动	查看内部接触器及插件
过载、过流	电机绝缘或相间短路	用摇表测量相间绝缘查看是否有短接现象
	查看机械连动	查看是否机械连接脱扣松动
	查看配重平衡	调节平衡
	负载工况	有可能瞬间负载过重，需要洗井

二、LP-WTSX 系列交流伺服螺杆泵井控制电路

该电路采用直驱专用驱动器(艾兰德变频器)，通过面板电位器调节频率，从而改变螺杆泵井转速，实现无级调速。并根据变频柜显示器显示的频率、电流、转数和扭矩数据来判断井下运行与故障情况。

1. 原理图

LP-WTSX 系列交流伺服螺杆泵井控制电路原理图如图 9-7 所示。

2. 电器元件及功能

元器件明细表见表 9-21。

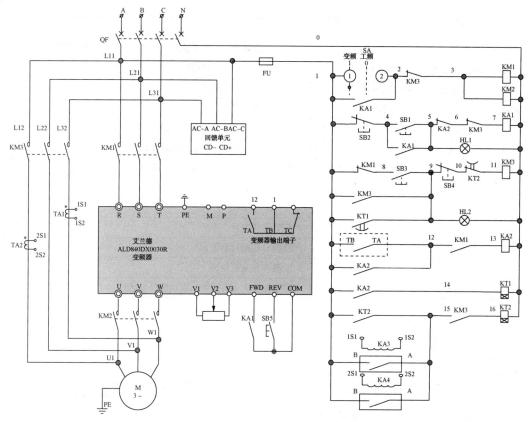

图 9-7　LP-WTSX 系列交流伺服螺杆泵井控制电路原理图

表 9-21　元器件明细表

文字符号	名称	型号	作　用
QF	断路器	CDM1-100L	在主电路中起控制兼保护作用
FU	熔断器	RT18-32X	在控制回路中主要起短路保护作用，用于保护线路及电器元件
VFD	变频器	艾兰德 ALD840DX0030R	在电路中起降低启动电流，接受智能监控工作指令并执行，实现节能、软启、软停、电机转速调整和无级调速的功能
	回馈单元	BKFG504045H	将电机运行过程中产生的再生能量回收到电网，二次利用，节电率在 20%~45% 之间
SA	转换开关	LAY7-11X/2	工频/变频转换，闭合时选择变频运行，断开时选择工频运行
KM1	交流接触器	CJ20-63	变频器供电接触器
KM2	交流接触器	CJ20-63	变频器输出接触器
KM3	交流接触器	CJ20-63	工频输出接触器
KA1	中间继电器	HH54P	利用其常开触头控制变频器正转
KA2	中间继电器	HH54P	利用其常开触头控制时间继电器 JS1
KA3	电流继电器		当电动机过流，达到电流继电器的整定值时，衔铁吸合，常开辅助触头闭合，接通过载保护回路
KA4	电流继电器		当电动机过流，达到电流继电器的整定值时，衔铁吸合，常开辅助触头闭合，接通过载保护回路

文字符号	名称	型号	作 用
KT1	时间继电器	H3Y-4	变频器故障时，利用其延时闭合触头控制变频运行转为工频运行
KT2	时间继电器	H3Y-4	工频运行故障时，利用其延时断开触头停止工频运行
RP	电位器	1~5kΩ/2W 外置电位器	给定变频器运行频率
SB1	按钮	绿色 DELIXI16-12-18	在电路中起接通变频运行回路作用
SB2	按钮	红色 DELIXI 16-12-18	在电路中起断开变频运行回路作用
SB3	按钮	绿色 DELIXI 16-12-181	在电路中起接通工频运行回路作用
SB4	按钮	红色 DELIXI 16-12-18	在电路中起断开工频运行回路作用
SB5	按钮	绿色 DELIXI 16-12-18	给定变频器反转命令
HL1	指示灯	红色 DELIXI 16-10-30	变频运行指示
HL2	指示灯	红色 DELIXI 16-10-30	工频运行指示
TA1	电流互感器	BH-0.66CT	监测 C 相运行电流
TA2	电流互感器	BH-0.66CT	监测 A 相运行电流
M	电机	XLPM-1350-380	将电能转变为机械能，带动螺杆泵运行

3. 变频器参数设置

相关端子及参数功能含义的详解见表 9-22。

表 9-22　变频器参数表

功能	功能代码	设定数据	设定值含义说明
电机额定功率	P1.01	12.6	0.1~1000.0kW
电机额定电压	P1.02	380V	1~2000V
电机额定电流	P1.03	23.3A	0.01~655.35A
电机额定频率	P1.04	40Hz	0.01~最大频率
电机额定转速	P1.05	200	1~65535r/min
加速时间 1	P0.17	100s	0.00~65000s
减速时间 1	P0.18	20s	0.00~65000s
自学习选择	P1.37	2	0：无操作； 1：异步机静态自学习； 2：异步机全面自学习； 3：异步机完全静态自学习
命令源选择	P0.02	1	0：操作面板命令通道（LED 灭）； 1：端子命令通道（LED 亮）； 2：通信命令通道（LED 闪烁）
主频率源 X 选择	P0.03	2	0：数字设定（预置频率 P0.08，UP/DWWN 可修改，掉电不记忆）； 1：数字设定（预置频率 P0.08，UP/DWWN 可修改，掉电记忆）； 2：FIV；3：FIC；4：保留
上限频率	P0.12	30Hz	下限频率~最大频率
下限频率	P0.14	4Hz	0.00~上限频率

功能	功能代码	设定数据	设定值含义说明
V/F 启动方式	P6.00	0	0：直接启动； 1：转速追踪启动； 2：异步机矢量预励磁启动
启动频率	P6.03	2Hz	0.00~10.00Hz
停机方式	P6.10	0	0：减速停车； 1：自由停车
控制板继电器 功能选择	P5.02	2	0：无输出； 1：伺服驱动器运行中； 2：故障输出（故障停机）

注：除表中的参数外其他的参数应根据现场负载的实际要求设定或使用变频器的出厂默认值设定。

4. 工作原理

（1）闭合总电源及参数设置

闭合总电源【QF】，交流接触器 KM1、KM3 上侧带电。

（2）工频启动与停止

1）工频启动：

将工/变频转换开关【SA】转至"0"工频位置。

按下启动按钮【SB3】，回路经 1→8→9→10→11→0 闭合，KM3 线圈得电，主回路中 KM3 主触点闭合，电动机工频运行，工频运行指示灯 HL2 亮。

回路 1→9 线间 KM3 常开触点闭合自锁，回路中 2→3 线间 KM3 常闭触点断开，断开变频输入、输出交流接触器 KM1、KM2 回路，6→7 线间 KM3 常闭触点断开，断开变频控制回路，回路中 15→16 线间 KM3 常开触点闭合，为时间继电器 KT2 动作做准备。

2）工频停止：

按下停止按钮【SB4】，回路 9→10 断开，KM3 线圈失电，1→9 线间常开触点断开，2→3 线间 KM3 常闭触点复位，6→7 线间 KM3 常闭触点复位，15→16 线间常开触点断开，同时 KM3 主触点断开，电动机停止运行，工频运行指示灯 HL2 熄灭。

（3）变频启动与停止

1）变频启动：

将工/变频转换开关【SA】转至"1"变频位置，回路经 1→2→3→0 闭合，交流接触器 KM1、KM2 线圈得电，主触头闭合，变频器得电；回路中 1→8 线间 KM1 常闭触点断开，断开工频控制回路。

回路中 12→13 线间 KM1 常开触点闭合，为中间继电器 KA2 动作做准备。

按下启动按钮【SB1】，回路经 1→4→5→6→7→0 闭合，KA1 线圈得电，回路 4→5 线间 KA1 常开触点闭合自锁，同时变频器输入端子[FWD]与公共端端子[COM]间的 KA1 常开触点闭合，变频器正转输出，电机正转运行。

回路中 1→2 线间 KA1 常开触点闭合自锁，防止工/变频转换开关【SA】误操作。

运行频率由外部电位器信号给定。变频器控制面板运行指示灯亮，显示信息为[RUN]，变频运行指示灯 HL1 亮。

2）变频停止：

按下停止按钮【SB2】，回路 1→4 断开，中间继电器 KA1 线圈失电，回路中 4→5 线间

KA1 的常开触点断开，解除自锁。

同时变频器输入端子[FWD]与公共端端子[COM]间的 KA1 常开触点断开，变频器停止输出，电机停止运行。

回路中 1→2 线间 KA1 常开触点断开，解锁对工/变频转换开关【SA】联锁。变频器控制面板运行指示灯熄灭，显示信息为[STOP]，变频运行指示灯 HL1 灭。

3）反转启动与停止：按下反转启动按钮【SB5】，变频器输入端子[REV]与公共端端子[COM]闭合，变频器反转输出，电机反转运行。断开反转启动按钮【SB5】，变频器输入端子[REV]与公共端端子[COM]断开，变频器停止输出，电机停止运行。

（4）保护功能

1）工频运行状态下：

电动机发生短路、过载、断相故障后，电流互感器 TA1 或 TA2 线圈电流增加，电流继电器 KA3 或 KA4 动作，1→15 线间的常开辅助触点闭合，回路经 1→15→16→0 闭合，时间继电器 KT2 线圈得电，1→15 线间的 KT 常开触点闭合自锁，10→11 线间的 KT2 常闭辅助触头延时断开，主电路交流接触器 KM3 线圈失电，主触头断开，电动机停止运行，电机工频运行指示灯 HL2 熄灭。

2）变频运行状态下：

电动机发生短路、过载故障后，变频器停止输出，输出继电器[TA→TB]动作，故障报警输出，控制回路中 1→12 线间[TA-TB]闭合，回路经 1→12→13→0 闭合，KA2 线圈得电，回路 1→12 线间 KA2 常开触点闭合自锁；1→14 线间的 KA2 常开触点闭合。

回路经 1→14→0 闭合，时间继电器 KT1 线圈得电，1→9 线间的 KT1 常开触点延时闭合，回路经 1→8→9→10→11→0 闭合，KM3 线圈得电，KM3 主触点闭合，电动机转为工频运行。

工频运行指示灯 HL2 亮，同时，2→3 线间的 KM3 常闭触点断开，交流接触器 KM1、KM2 线圈失电，KM1、KM2 主触头断开，变频器断电，变频运行指示灯 HL1 熄灭。

5. 常见故障与处理

常见故障与处理见表 9-23。

表 9-23 常见故障与处理

故障现象	可能原因	解决方法
上电故障	电网电压没有或过低；变频器驱动板上的开关电源故障；整流桥损坏；变频器缓电阻损坏；控制板、键盘故障；控制板与驱动板、键盘之间连线断	检查输入电源，检查母线电压；寻求厂家服务
上电显示"2000"	驱动板与控制板之间的连线接触不良；控制板上相关器件损坏；电机或者电机线有对地短路；霍尔故障；电网电压过低	寻求厂家服务
上电显示"GND"报警	电机或者输出线对地短路；变频器损坏	用摇表测量电机和输出线的绝缘；寻求厂家服务
上电变频器显示正常，运行后显示"2000"马上停机	风扇损坏或者堵转；外围控制端子接线有短路	更换风扇；排除外部短路故障
频繁报 OH(IGBT 过热)故障	载频值设置太高；风扇损坏或者风道堵塞；变频器内部器件损坏	降低载频值(P0.17)；更换风扇；清理风道；寻求厂家服务

故障现象	可能原因	解决方法
变频器运行后电机不转动	电机故障或连接电缆故障；变频器参数设置错误(电机参数)；驱动板与控制板连线接触不良；驱动板故障	重新确认变频器与电机之间连线；更换电机或清除机械故障；检查并重新设置电机参数
S端子失效	参数设置错误；外部信号错误；PLC与+23V跳线松动；控制板故障	检查并重新设置P5组相关参数；重新接外部信号线；寻求厂家服务
变频器频繁报过流和过压故障	电机参数设置不对；加减速时间不合理；负载波动	重新设置电机参数或者进行电机自学习；设置合适的加减速时间；寻求厂家服务
上电(或运行)报RAY	软启动继电器未吸合	检查继电器电绕是否松动；检查继电器23V供电电源是否有故障；寻求厂家服务

三、BBKZG-螺杆泵 ABB 变频控制柜控制电路

该电路由外部控制电路实现工/变频转换电路，电路采用转换开关控制交流接触器，利用交流接触器常开点完成对工频/变频接触器的控制，以实现对电路的工频转变频、变频转工频运行的切换。而且整个电路采用了 2 只转换开关、2 只接触器和 4 只按钮组成控制电路，降低了电路的故障率。

1. 原理图

BBKZG-螺杆泵专用变频控制柜控制电路原理图如图 9-8 所示。

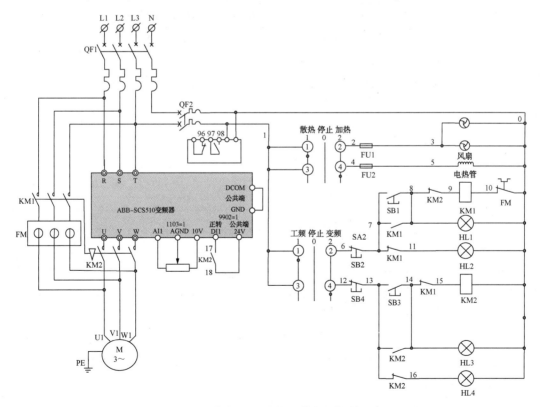

图 9-8　BBKZG-螺杆泵 ABB 变频控制柜控制电路原理图

2. 电器元件及功能

主要元器件明细表见表9-24。

表 9-24 主要元器件明细表

文字符号	名称	型号	元器件在该电路中的作用
VFD	变频器	ABB-SCS510	在电路中起降低启动电流，接受智能监控工作指令并执行，实现节能、软启、软停、电机转速调整和无级调整冲次的功能
QF1	断路器	NM1-250H/3	电源总开关，在主电路中起控制兼保护作用
QF2	断路器	DZ47-60	控制回路开关，在电路中起控制兼保护作用
KM1	交流接触器	NC2-115	工频运行接触器，起控制电动机工频启动与停止作用，与变频运行接触器 KM2 内装有的机械联锁模块，以实现机械联锁
KM2	交流接触器	NC2-115	变频器输出端接触器，连接变频输出主电源。与工频运行接触器 KM1 内装有的机械联锁模块，以实现机械联锁
FM	电机综合保护器	SJDB-XTB/Y	工频运行时对电机过载、过流、断相进行有效保护对电动机工频运行提供过载、过流、缺相、堵转、短路、过压、欠压、漏电、三相不平等保护作用
RP	电位器	1~5kΩ/2W 外置电位器	控制变频器运行频率
SB1	工频启动按钮	绿色 LA38-11	在电路中起接通工频控制回路作用
SB2	工频停止按钮	红色 LA38-11	在电路中起断开工频控制回路作用
SB3	变频启动按钮	绿色 LA38-11	在电路中起接通变频控制回路作用
SB4	变频停止按钮	红色 LA38-11	在电路中起断开变频控制回路作用
SA1	转换开关	LW8-10-D101/1	工/变频转换选择
SA2	转换开关	LW8-10-D101/1	散热/加热转换选择
	控制箱进风扇		
	控制箱出风扇		
	控制箱加热管		
HL1	指示灯	绿色 AD16-22D/220V	工频运行指示
HL2	指示灯	红色 AD16-22D/220V	工频停止指示
HL3	指示灯	绿色 AD16-22D/220V	变频运行指示
HL4	指示灯	红色 AD16-22D/220V	变频停止指示
M	电机	三相异步电机	将电能转变为机械能

3. 变频器参数表

相关端子及参数功能含义的详解见表9-25。

表9-25 变频器参数表

序号	端子名称	功能	功能代码	设定数据	设定值含义说明
1		语言选择	9901	1	ACS510 型变频器设定值[1]的含义为语言选择中文; ACS550 型变频器无中文选项,设定值[0]的含义为语言选择为英语; 可更换 ACS-CP-D 助手型控制盘设置为[1]含义为语言选择为中文
2		应用宏 (类似于初始化)	9902	1	1 的含义为按[ABB 标准宏]默认的两线式初始化。 宏是厂家预先定义好的参数及端子组合,510 变频器共有 8 个组合
3	10+24V; 13 DI1	外部 1 命令 (启停命令)	1001	1	1 的含义为由外部信号输入运行命令,表示由[DI1]端子设置为控制变频器启/停(默认顺时针旋转)
	11GND; 12DCOM	公共端			数字输入公共端
4	4 10V; 5 AI1; 6 AGND	给定值 1 选择	1103	1	1 的含义为频率设置方式来自[AI1],外部电压设置频率由外置电位器给定

4. 工作原理

(1) 闭合总电源及参数设置

闭合工频电源【QF1】,工频主电路交流接触器 KM1 及变频上侧交流接触器 KM2 进线端得电;闭合【QF2】,控制回路得电;转换开关 SA1 选择加热、散热状态;转换开关 SA2 选择工、变频状态。

根据参数表设置变频器参数。

(2) 变频启动与停止

1) 变频启动:

将工/变频转换开关【SA2】转至变频状态,SA2 的③④接点闭合、①②接点断开,按下变频启动按钮【SB3】,回路经 1→12→13→14→15→0 闭合,变频器输出侧交流接触器 KM2 线圈同时得电。13→14 KM2 的常开触头闭合自锁。其 17→18 KM2 的常开触点闭合接通变频器的正转[DI1]和公共端端子[24V],变频器的 U、V、W 输出,电机正转运行。

运行频率由变频器面板进行调节,变频器控制面板运行指示灯亮。同时回路经 1→12→13→14→0 闭合,变频运行指示灯 HL3 亮,13→16 的 KM2 的常闭触点断开,变频停止指示灯 HL4 熄灭。

2) 变频停止:

按下变频停止按钮【SB4】,回路 12→13 触点断开,变频器输出侧交流接触器 KM2 线圈同时失电,7→18 的 KM2 的常开触点断开变频器的正转[DI1]与公共端端子[24V],切断控制回路,电机停止运行。

变频器控制面板运行指示灯熄灭,同时 13→14 KM2 的常开触点断开,变频运行指示灯 HL3 熄灭;13→16 KM2 的常闭触点闭合,变频停止指示灯 HL4 亮。

(3) 工频启动与停止

1) 工频启动:将工/变频转换开关【SA2】转至变频状态,SA2 的①②接点闭合、接点③

④断开，按下工频启动按钮【SB1】，回路经 1→6→7→8→9→10→0 闭合，KM1 线圈得电，7→8 KM1 的常开触点闭合自锁；主触头闭合，电机正转运行。其回路经 1→6→7→8→0 闭合，工频运行指示灯 HL1 亮；7→11KM1 的常闭触点断开，工频停止指示灯 HL2 熄灭。

2）工频停止：按下工频停止按钮【SB2】，回路 6→7 触点断开，KM1 线圈失电，主触头断开，电机停止运行。7→8 KM1 的常开触点断开，工频运行指示灯 HL2 熄灭；7→11KM1 的常闭触点闭合，回路经 1→6→7→11→0 闭合，工频停止指示灯 HL2 亮。

（4）控制柜加热、散热

将加热/散热转换开关【SA1】转至散热状态，SA 的①②接点闭合，接点③④断开，回路 1→2→3→0 闭合，风扇得电运行。

加热/散热转换开关【SA1】转至加热状态，SA 的接点③④闭合，接点①②断开，回路 1→4→5→0 闭合，电热管得电运行。

（5）保护功能

1）工频状态下，电动机发生短路、过载故障后热继电器 FR 动作，10→0 热继电器 FR 常闭触点断开，回路 10→0 触点断开，KM1 线圈失电，主触头断开，电动机停止运行。

2）变频状态下，电动机发生故障时，自我保护，变频器的输出端 U、V、W 主电路停止输出，同时在控制面板上发出报警信息。

3）控制柜内风扇发生短路故障，2→3 熔断器 FU1 熔断，回路 2→3 接点断开，柜内风扇停止运行。控制柜内电热管发生短路故障，4→5 熔断器 FU2 熔断，回路 4→5 接点断开，柜内电热管停止运行。

5. 常见故障现象及处理措施

常见故障及处理见表 9-26。

表 9-26　常见故障及处理

序号	故障现象	原因	检查处理
1	变频不启动	电源	检查电源是否缺相
		控制回路故障	检查控制回路电源
			检查启停按钮
			检查变频交流接触器常闭触点工作状态
		参数设置不正确	检查参数设置
		变频器坏	维修或更换
2	液晶面板没有显示	变频器到液晶面板连接线掉线	检查变频器到液晶面板连接线是否牢固
		液晶面板坏	更换液晶面板
3	电位器无法调节	模式选择	运行模式是否在 0 模式
4	运行欠压	输入电压异常或运行时掉电	查看输入电源或接线
		有重负载冲击	查看负载，判断是否过载或不平衡
		输入缺相	查看电源电压
		输出缺相	检查接触器与主接线拧接是否牢固
		变频器充电接触器损坏或插件松动	查看内部接触器及插件

序号	故障现象	原因	检查处理
5	过载、过流	电机绝缘或相间短路	用摇表测量相间绝缘，查看是否有短接现象
		查看机械连动	查看是否机械连接脱扣松动
		负载工况	有可能瞬间负载过重，需要洗井

四、ZNTS-QD 螺杆泵井智能化多功能调速装置控制电路

该电路由多功能测试分析仪监测螺杆泵井变频调整运行参数，根据现场数据采集与分析，最大程度记录现场的工作状况，及对各种电参量进行连续监测，迅速反映异常情况，可靠保护现场设备，使之处于稳定的工作状态。电路通过转换开关实现工/变频运行。电路中的滤波器能有效滤除在调速过程中产生的谐波，减少对周边设备的干扰。

1. 原理图

ZNTS-QD 螺杆泵井智能化多功能调速装置控制电路原理图如图 9-9 所示。

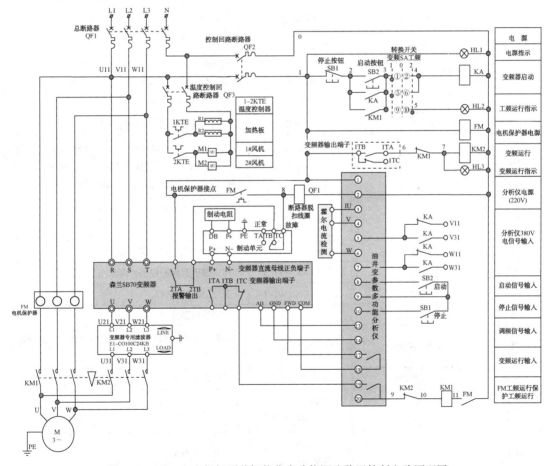

图 9-9　ZNTS-QD 螺杆泵井智能化多功能调速装置控制电路原理图

2. 电器元件及功能

元器件明细表见表 9-27。

表 9-27　元器件明细表

文字符号	名称	型号	元器件在该电路中的作用
VFD	变频器	森兰 SB70G55T6	在电路中起降低启动电流，接受智能监控工作指令并执行，实现节能、软启、软停、电机转速调整和无级调整冲次的功能
RBE	制动单元	SZ20G	与制动电阻配合，用来吸收电动机制动时的再生电能，防止变频器过压
FXA	油井变参数多功能测试分析仪	CFC-Ⅲ-1	以变频调参控制为基础，实现对电流、电压、功率因数、有功功率、工作频率等电参量的连续监测
HR	霍尔电流监测模块	CHB-300SF	接在负载侧监测电机电流电压变化
QF1	断路器	KM1-250H/3	电源总开关，在主电路中起控制兼保护作用
QF2	断路器	DZ47-60	控制回路开关，在电路中起控制兼保护作用
QF3	断路器	DZ47-60	温度控制开关，在温控电路中起控制兼保护作用
KM1	交流接触器	NC2-115	工频运行接触器，起控制电动机工频启动与停止作用，与变频运行接触器 KM2 内装有的机械联锁模块，以实现机械联锁
KM2	交流接触器	NC2-115	变频运行接触器，起控制电动机变频启动与停止作用，与工频运行接触器 KM1 内装有的机械联锁模块，以实现机械联锁
KA	中间继电器	JZC4-22	控制变频器输出的启动与停止
FM	电机综合保护器	SJDB-XTB/Y	工频运行时对电机过载、过流、断相进行有效保护，对电动机工频运行提供过载、过流、缺相、堵转、短路、过压、欠压、漏电、三相不平等保护作用
LB	滤波器	E1-CO100C24KB	减少对周边设备的干扰，有效控制谐波对电机的影响
SB2	启动按钮	红色 LAY3-11/3	在电路中起接通控制回路作用
SB1	停止按钮	绿色 LAY3-11/3	在电路中起断开控制回路作用
SA	转换开关	LW8-10-D101/1	工/变频转换选择
1-2KTE	温度控制器		控制柜内温度
R	平板电热板	AC-220V 300W	温度低于 0℃时启动，保障柜内设备在低温情况下正常运行
1M2M	交流风机	QA20060HBL2	温度高于 30℃时启动，起到散热降温的作用
HL1	指示灯	绿色 ND1-22/3AC220V	电源指示
HL2	指示灯	红色 ND1-22/3AC220V	工频运行指示
HL3	指示灯	红色 ND1-22/3AC220V	变频运行指示
M	电机	三相异步电机	将电能转变为机械能

3. 变频器、分析仪参数设置及工频保护器电流设定

(1)变频器参数设置

相关端子及参数功能含义的详解见表9-28。

表9-28 变频器参数表

功能	功能代码	设定数据	设定值含义说明
普通运行 主给定通道	F0-01	3	0：F0-00 数字给定；1：通信给定；2：UP/DOWN 调节值；3：AI1；4：AI2；5：PFI；6：算数单元 1；7：算数单元 2；8：算数单元 3；9：算数单元 4；10：面板电位器给定
运行通道 命令选择	F0-02	1	0：操作面板；1：端子控制；2：通信控制
最大频率	F0-06	50Hz	设定范围：F-07~650Hz
上限频率	F0-07	50Hz	设定范围：F-08"下限频率"~F-06"最大频率"
下限频率	F0-08	30Hz	设定范围：0.00~F0-07"上限频率"
方向选定	F0-09	1	0：正反均可；1：锁定正方向；2：锁定反方向
启动方式	F1-19	0	0：从启动频率启动；1：先直流制动再从启动频率启动；2：转速跟踪启动
启动频率	F1-20	0.5Hz	设定范围：0.0~60.0Hz
启动频率 保持时间	F1-21	0s	由用户单位设定时间
停机方式	F1-25	1	0：减速停机；1：自由停机；2：减速+直流制动；3：减速+抱闸延时
基本频率	F2-12	50Hz	设定范围：1.00~650.00Hz
最大输出电压	F2-13	660V	660V 级：260~866V，出厂值 660V；220V 级：75~250V，出厂值 220V；380V 级：150~500V，出厂值 380V
数字输入 端子功能	F4-00	59	设定值为59含义：用于切换端子控制时的两线制1和三线制1 0：不连接到下列的信号；1：多段频率选择1；2：多段频率选择2 …… 59：控制方式选择
数字输入 端子功能	F4-06	38	设定值为38含义：内部虚拟 FWD 端子； 0：不连接到下列的信号；1：多段频率选择1；2：多段频率选择2 …… 59：控制方式选择
T1 继电器 输出功能	F5-02	1	0：变频器准备就绪；1：变频器运行中；频率到达 …… 73：过程 PID 休眠中
T2 继电器 输出功能	F5-03	5	设定值为5含义：故障输出 0：变频器准备就绪；1：变频器运行中；73：过程 PID 休眠中
电机过载保护值	Fb-01	100%	50.0%~150.0%，以电机额定电流为 100%
电机过载保护 动作选择	Fb-02	2	0：不动作；1：报警；2：故障并自由停机

功能	功能代码	设定数据	设定值含义说明
其他保护动作选择	Fb-11	2210	设定值为 2 含义： 个位：变频器输入缺相保护： 0：不动作，1：报警，2：故障并自由停机； 十位：变频器输出缺相保护： 0：不动作，1：报警，2：故障并自由停机； 百位：操作面板掉线保护： 0：不动作，1：报警，2：故障并自由停机； 千位：参数存储失败动作选择： 0：报警，1：故障并自由停机

注：除表中的参数外其他的参数应根据现场负载的实际要求设定或使用变频器的出厂默认值设定。

（2）分析仪的参数设定

通过[＋][－]键选定[参数设置]菜单，按[确认]键，输入密码(密码可缺省)，再按[确认]键即可进入参数设置子菜单。

（3）工频保护器电流设定

1）将工频保护器上的数字拨码器按当前电机运行功率的额定电流设定。例如：当前电动机运行功率 30kW 额定电流 60A，把工频保护器的拨码数字设定为 060 对应显示窗口。

2）工频过载保护：过载保护采用反时限过流保护特性，见表 9-29。

表 9-29　保护特性表

额定电流倍数	<1.1	1.2	1.5	2	3	4	5	6	7	8	≥9
动作时间/s	不动作	80	40	20	10	5	3	2	1	0.5	0.3

3）工频保护器缺相及相电流不平衡保护：当缺一相或 $I_{min}/I_{max}<60\%$ 时，动作时间 2s。

4. 工作原理

（1）闭合总电源及参数设置

1）闭合总电源【QF1】，变频器输入端[R]、[S]、[T]上电，根据参数表设置变频器参数。

2）闭合控制电源【QF2】，控制回路得电，HL1 电源指示灯亮。电机保护器 FM 线圈得电，回路 11→0 线间 FM 常开触点闭合；分析仪的①→②接线端子接通控制电压 220V。

3）闭合温度控制器电源【QF3】，当柜内温度低于 0℃加热板启动以保证柜内液晶显示设备正常工作；当柜内温度高于 30℃时风机启动发挥散热作用，保护长期运行设备因过热造成绝缘老化，影响设备使用寿命。

（2）工频启动与停止

1）工频启动：将工/变频转换开关【SA】转至工频位置，按下启动按钮【SB2】，分析仪启动信号输入，分析仪的⑤、⑦号端子经 KA 常闭触点采集到 V11、W11 相的工频电压信号。同时油井变参数多功能分析仪⑲→⑳间常开触点闭合，回路经 1→2→3→5→0 号线闭合，工频运行指示灯 HL2 亮。同时回路经 1→9→10→11→0 号线闭合 KM1 线圈得电，控制回路中 2→3 线间 KM1 常开触点闭合自锁，控制回路中 6→7 线间 KM1 常闭触点断开，断开变频控制回路，与 KM2 接触器实现机械联锁。同时主回路中 KM1 主触点闭合，电动机工频运行。

2）工频停止：按下停止按钮【SB1】，分析仪停止信号输入，同时油井变参数多功能分析仪⑲→⑳间的常开触点断开 KM1 线圈失电，2→3 线间常开触点断开，6→7 线间 KM1 常闭触点复位，同时 KM1 主触点断开，电动机停止运行，工频运行指示灯 HL2 熄灭。

（3）变频启动与停止

1）变频启动：将工/变频转换开关【SA】转至变频位置，按下启动按钮【SB2】，分析仪启动信号输入，分析仪的⑤、⑦号端子经 KA 常闭触点采集到 V31、W31 相的变频电压信号。同时油井变参数多功能分析仪⑰⑱间常开触点闭合，回路经 1→2→3→4→0 号线闭合中间继电器 AK 线圈得电，变频器正转输出，变频器的输出端子 1TA→1TB 接点闭合，回路经 1→6→7→0 闭合，KM2 线圈得电，控制回路中 9→10 线间 KM2 常闭触点断开，断开工频控制回路，与 KM1 接触器实现机械联锁，同时主回路中 KM2 主触点闭合，电动机变频运行。变频器控制面板运行指示灯亮，显示信息为［RUN］，变频运行指示灯 HL3 亮。

2）变频停止：按下停止按钮【SB1】，分析仪停止信号输入，回路 1→2 断开，中间继电器 KA 线圈失电，回路中 2→3 线间 KA 的常开触点断开，变频器输入端子 FWD 与公共端端子 COM 间的常开触点断开，变频器停止输出，变频器的 1TA、1TB 输出端子断开，接触器 KM2 线圈失电，回路 9→10 线间 KM2 常闭触点复位，同时 KM2 主触点断开，电机停止运行。变频器控制面板运行指示灯熄灭，显示信息为［STOP］，变频运行指示灯 HL3 灭。

（4）保护功能

1）工频运行状态下：

电动机发生短路、过载、断相、过压、欠压、故障后电机保护器 FM 动作，回路中 1→8 号线间的 FM 常开触点闭合，8→0 线间 QF1 断路器脱扣线圈得电，主电路电源 QF1 跳闸，电机停止运行。

2）变频运行状态下：

电动机发生短路、过载故障后，变频器的输出端子 2TA→2TB 动作，故障报警输出，控制回路中 8→0 线间 QF1 断路器脱扣线圈得电，主电路电源 QF1 跳闸，电机停止运行。

5. 常见故障现象及处理

常见故障及处理见表 9-30。

表 9-30　常见故障及处理

故障现象	可能原因	检查处理
工频、变频都不启动	电源	检查电源是否缺相
	控制回路故障	检查控制回路电源
		启停按钮故障更换
		更换或维修工/变频转换开关
工频不启动，变频正常	工频控制回路故障	更换或维修工/变频转换开关
		更换或维修电机保护器
		更换或维修工频交流接触器
		更换或维修变频交流接触器常闭触点工作状态

故障现象	可能原因	检查处理
变频不启动，工频正常	参数设置不正确	检查参数设置
	变频控制回路	更换或维修工/变频转换开关
		更换或维修 KA 中间继电器
		更换或维修变频交流接触器
		更换或维修工频交流接触器常闭触点工作状态
	变频器坏	维修或更换
液晶面板没有显示	变频器到液晶面板连接线掉线	检查变频器到液晶面板连接线
	液晶面板坏	更换液晶面板
电位器无法调节	模式选择	检查运行模式是否在 0 模式
运行欠压	输入电压异常或运行时掉电	查看输入电源或接线
	有重负载冲击	查看负载，判断是否过载或不平衡
	输入缺相	查看电源电压
	输出缺相	检查接触器与主接线拧接是否牢固
	变频器充电接触器损坏或插件松动	查看内部接触器及插件
过载、过流	电机绝缘或相间短路	用摇表测量相间绝缘查看是否有短接现象
	查看机械连接	查看是否机械连接脱扣松动
	查看配重平衡	调节平衡
	查看过载参数设置是否正确	变频器电机保护器设置
	负载工况	有可能瞬间负载过重，需要洗井
数字分析仪无显示	分析仪与电源	220V 电源是否正常
	分析仪损坏	维修或更换分析仪
数字分析仪显示异常	受外界电磁干扰	查找干扰原因

第三节 电泵井常见控制电路

一、QYK-SB2-1000 型潜油电泵井控制电路

该产品配备 SB2 普通型综合保护器与控制柜，配套能够完成各种类型高低压潜油、潜水电机的过载、欠载和电流不平衡以及欠载延时自启动等保护功能；欠载后可直接启动，在自动状态下可延时启动，采用的 QYK 型控制柜能够与电泵机组配套使用。

1. 原理图

QYK-SB2-1000 型潜油电泵井控制电路原理图如图 9-10 所示。

2. 电器元件及功能

元器件明细表见表 9-31。

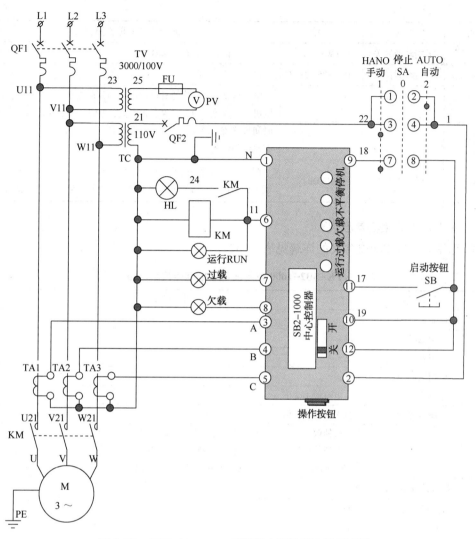

图 9-10 QYK-SB2-1000 型潜油电泵控制电路原理图

表 9-31 元器件明细表

文字符号	名称	型号	元器件在该电路中的作用
QF1	自动空气开关	DG16400/3	电源总开关，在主电路中起控制兼保护作用
QF2	断路器	DZ47-60	控制回路开关，在电路中起控制兼保护作用
TA	电流互感器	LM2-J0.5	将一次回路的大电流变为二次回路标准的小电流，为测量仪表和继电器的电流线圈供电
RD	熔断器	FUS	当电路发生故障或异常时，自身熔断切断电流，从而起到保护电路安全运行的作用
KM	真空接触器	CJ15 250/1140	利用真空灭弧室灭弧，用以频繁接通和切断正常工作电流，通常用于接通和断开主电路
BK	控制变压器	JBK3-800	改变调整控制柜所需电压
PV	工作电压表	GB/T7676-1998	显示工作电压

文字符号	名称	型号	元器件在该电路中的作用
SA	万能转换开关	LW8-10	手动/自动/停，转换选择
ZSD	指示灯	AD11-25 12-1G	停止/运行指示
SB2-1000	中心控制器	SB2-1000	电机启动后，具有避开启动电流的延时功能，显示控制电压值、电机三相电流、过载、欠载预置值、电流互感器变比值、自动启动时间预置值、启动延时预置值及其计时值；潜油电机发生故障时，有对应的灯光指示
DBJY	工况记录仪	HA1-DBJY	用于对采油设备的井下潜油电机工作电流、电压进行记录，以保证电机的正常运转，也可用于供电系统的对交流参量的负荷记录

3. 图中应用的主要参数表

相关端子及参数功能含义的详解见表 9-32。

表 9-32　QYK-SB2-1000 型潜油电泵控制柜控制电路参数设定表

通道号	显示内容	调节范围
0	控制电压/V	测量
1	A 相电流/A	测量
2	B 相电流/A	测量
3	C 相电流/A	测量
4	过载设置/A	额定电流的 1.2 倍
5	欠载设置/A	运行电流的 0.8 倍
6	电流变比	操作按钮改变通道号为 6，显示内容为 100.0，逆时针调节保护器侧面电流变比电位器，如电流互感器变比(100/5)，则不用调整此值，如电流互感器变比(75/5)，将电流变比调至 75.0，调整完毕，这时电机三相电流值及过载、欠载预置值随电流变比的变化而变化
7	延时预置/min	10~1000
8	计时值/min	0~9999
9	启动时间/s	1~60

注：电机启动前，调节电流变比为电流互感器值，按照负载大小，调节过载、欠载预置值及启动延时时间，启动后欠载电流值由实际电流值重新调整。电机发生欠载时，直接手动按钮启机。自动启动的时间由工况决定。

4. 工作原理

(1) 潜油控制柜启机前准备

1) 将控制柜内的主回路隔离开关 QF1 和控制电源开关 QF2 置于断开状态，将电机电源线接至控制柜内真空接触器 KM 出线端。

2) 检查控制柜内的接线，控制柜须可靠接地，接地线应采用 10mm² 以上的多股铝线，经过控制柜外壳、电缆接线盒、采油树大法兰可靠连接。

3) 闭合主回路隔离开关 QF1，真空接触器上端带电，回路 23→25 接通，电压表 PV 显示电泵井来电电压。调整电力变压器输出电压，变压器输出电压应等于电机额定电压与井下电缆电压降之和的 1~1.05 倍。即：

(电机额定电压+井深电缆的电压降)×(1~1.05) = 电力变压器输出电压

按照来电电源电压调整控制变压器 TC 原边接线位置，检查、调整变压器 TC 副边控制柜内的控制电压，此值必须等于控制回路所需控制电压值的±5%，见表 9-33。

表 9-33　控制变压器数值表

输入电压范围		110	116	122	128	134	140	146	152
		110V 电源接线							
400	高压接线	400	379	361	344	328	314	301	289
800		800	759	721	685	657	631	603	579
1250		1250	1185	1127	1074	1026	982	942	905
1800		1800	1707	1623	1547	1478	1414	1356	1303
2500		2500	2371	2254	2148	2052	1964	1884	1809
3000		3000	2845	2705	2578	2463	2357	2260	2171

（2）闭合总电源及参数设置

1）闭合控制电源【QF2】，回路 21→22 闭合，接通至万能转换开关，闭合保护器电源开关，保护器上电显示通道号为 0，同时保护器面板停机指示灯亮。按操作按钮改变通道号，选择通道 4 过载设置，调节侧面电位器根据电机额定电流的 1.2 倍，整定控制柜内控过载保护值。按操作按钮改变通道号，选择通道 5 欠载设置，按电机额定电流的 0.8 倍初步整定控制柜内的欠载保护值，电机运转正常后，再按电机实际运行电流的 80%（70%、60%）整定控制柜内的实际欠载保护值，但不得小于电机的空载电流。

2）将万能转换开关【SA】转至手动"1"位置，回路⑦⑧接通，按下启动按钮【SB】，启动后立即用钳型电流表检查电流，并用此值校准保护器和电流记录仪电流值。

3）QYK 型潜油电机控制柜所配的电机综合保护器为 SB2 型，具有手动和自动两种启动方式。主回路由隔离开关(或空气断路器)、熔断器及真空接触器组成，实现主回路的短路保护及通断功能。控制回路由控制变压器供电。

（3）手动与自动

1）手动启动与停止：

① 启动：

将万能转换开关【SA】转至手动"1"位置，回路③④、⑦⑧接通，按下启动按钮【SB】，经过启动延时后，回路经 18→17→19 闭合，电机综合保护器输出信号，真空接触器 KM 线圈得电，回路 11→24 线间 KM 常开触点闭合自锁，真空接触器主触头闭合，潜油电机运行。同时保护器面板绿色运行指示灯 HL 亮，控制柜运行指示灯亮。电机综合保护器通过检测电流互感器二次侧，测得潜油电机主回路三相电流信号，实现电机的过载、欠载及电流不平衡的故障保护；检测电压互感器二次电压信号，对电机进行过压、欠压不平衡故障保护及相序检测功能，故障停机时钟控面板有故障指示灯显示。

② 停止：

停机时先把万能转换开关转【SA】到停(0)的位置，端子⑦⑧断开，回路 18→19 断开，KM 线圈失电，回路 11→24 线间 KM 常开触点断开解除自锁，真空接触器主触头断开，潜油电机停止运转。保护器面板绿色运行指示灯熄灭，控制柜运行指示灯 HL 熄灭。禁止使用隔离开关(或空气断路器)停止电机。电泵长期停止运行时，断开 QF1、QF2。

2）自动启动与停止：

① 启动：

将万能转换开关【SA】转至"2"自动位置，端子①②接通，经过延时预置时间后，回路经 21→22→1 闭合，电机综合保护器输出信号，真空接触器 KM 线圈得电，回路 11→24 线间 KM 常开触点闭合自锁，真空接触器主触头闭合，潜油电机运行，保护器面板绿色运行指示灯亮，控制柜运行指示灯 HL 亮。电机综合保护器通过检测电流互感器二次侧测得潜油电机主回路三相电流信号，RA 显示实测电流值，实现电机的过载、欠载及电流不平衡的故障保护；检测电压互感器二次电压信号，对电机进行过压、欠压不平衡故障保护及相序检测功能，故障停机时钟控面板有故障指示灯显示。自动启动具有欠载延时自启动功能。

② 停止：

停机时先把万能转换开关转【SA】到停(0)的位置，端子①②、③④断开，回路 22→1 断开，KM 线圈失电，回路 11→24 线间 KM 常开触点断开解除自锁，真空接触器主触头断开，潜油电机停止运转。同时保护器面板绿色运行指示灯熄灭，控制柜运行指示灯 HL 熄灭。禁止使用隔离开关(或空气断路器)停止电机。电泵长期停止运行时，断开 QF1、QF2。

(4) 保护功能

1) 过载状态下：

① 过载停机：潜油电机发生过载故障后，电机保护器 SB2-1000 动作，保护器面板过载指示灯红灯亮，电机停止运行。

② 处理方法：将万能转换开关转到停位，断开控制电源 QF2、总电源 QF1，检查三相电源应符合-5%~10%的规定，三相电压不平衡度不得大于 3%。对电泵井接线盒内电缆充分放电，测量三相潜油电机绕组相间直流电阻 $3\sim5\Omega$，且不平衡度小于 2%，每一相绕组对地绝缘一般不低于 $100M\Omega$，检查接触器三相触头的接触性能是否完好，有无单相和虚接现象，均正常后可将过载整定值调至电机额定电流的 1.2 倍，可启机一次。

2) 欠载状态下：

① 欠载停机：潜油电机发生欠载故障后，电机保护器 SB2-1000 动作，保护器面板欠载指示灯黄灯亮，电机停止运行。

② 处理方法：允许启机一次，欠载后对于新投产机组应核对相序，检查机组转向是否正常。对于运转时间很久的机组，还应根据憋压上升的时率，分析是否因叶轮出现磨损，使泵效除低，而导致电泵欠载。

5. 常见故障及处理

常见故障及处理见表9-34。

表9-34 常见故障及处理

常见故障	故障原因	处理方法
电泵不能工作	控制柜无电压	检查电源系统的保险、变压器和电源开关、控制柜的保险
	控制柜触点松动或松开	检查接线接头是否焊牢，接触器或真空接触器是否闭合，其他继电器触动点和门锁开关是否损坏
控制柜工作但保险烧毁或过载跳闸	安装或运输中电缆损坏或电机损坏	切断电源，检查井下电缆、电泵是否损坏(短路、断路)
	保险太小或过载电流整定值不合适	检查保险或保险规格，根据电机启动电流进行更换或调整，或重新整定过载电流值
	低电压、高电压、单相或电压不平衡	检查电网电压质量，检查跌落保险有无异常
	泵堵塞	泵内进入杂物沙子，发生沉淀物堵死，可将电机调相使泵反转一、二次，如失败提泵检查
	井口弯曲变形泵堵塞	井内泵增加或减少2~3根油管
	电机、保护器抱轴卡住	提井检查

常见故障	故障原因	处理方法
三相电流不平衡	电源故障	检查地面电源、变压器
	电机或电缆损坏	提井检查
综合保护器通道号不变	按钮损坏	更换元件
	译码器损坏	更换元件
运行中电流过高	电压低	调整变压器抽头，升高电压，检查电网质量
	机械故障	起泵检修
	油黏度过高，液体比重太大，有沙、泥浆等	取样检查，如超出标准应增加电机功率或更换其他井
电流摆动	负荷变化，供液不足	调整降低井液产量
	含气量多	增加沉没度，更换油气分离器
断开功能失效	主接触器上辅助触点工作不正常	清除触点灰尘、污物或更换触动点
转换开关工作不可靠	转换开关触点，接线虚接	将虚接线接紧
	转换开关触点受腐蚀	更换元件
主接触器 ZJC 断开功能失效	主接触器上辅助触点工作不正常	清除触动点灰尘、污物或更换触点
控制柜无电压不能工作	电源未接通	检查电源
	电流变压器故障	检查变压器
	控制柜总闸未合上	合上控制柜总闸
	控制柜熔断器损坏	更换元件
欠电流停机	泵被气蚀	采用旋转式气体分离器，下降电泵机组，增加沉没深度
	欠电流值不对	重新调整欠载保护电流值
	泵抽空	调整注采比，保证合适的泵吸液量

二、QYK-R 型软启动潜油电泵井的控制电路

该电路完全摆脱传统的控制模式，采用新型 16 位 MCU，借助最新最成熟的电子技术，实现全面数字化智能控制。该软启动控制柜的主要功能有软启动、软停机以及扩展的保护功能。无需另加配电柜，能够自动运行。

软启动是最常用的启动方式，由用户设定电动机的启动电压。该启动电压可在电动机额定电压的 15%~95% 范围内由用户调节。在按斜坡启动期间，输出到电动机的电压，从初始转矩对应的电压开始，无级线性地增加到额定电压。启动时间 0~60s，可由用户调节设定。

该软启动控制柜具有"软启"和"直启"两种控制方式。

1. 原理图

QYK-R 型软启动潜油电泵井控制电路原理图见图 9-11。

2. 元件端子接线说明

元件端子接线说明详见表 9-35。

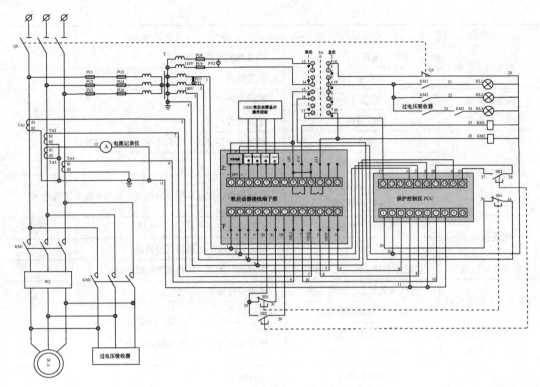

图 9-11　QYK-R 型软启动潜油电泵井控制电路原理图

表 9-35　元件端子接线说明

元件名称	端子接线说明
电流互感器 TA1~TA4	TA1、TA2、TA4 的 S1 端子分别接至软启动器接线端子［12、10、8］，软启动器接线端子［13、11、9］分别接至 PCC 的［3、5、7］端子，TA3 的 S1 端子接至电流记录仪一端
	PCC 的［4、6、8］端子接至 TA1、TA2、TA4 的 S2 端子并短接接地，电流记录仪的另一端接至 TA3 的 S2 端子并接地
软启动器 RQ	上侧的［1、2］端子是开关电源交流输入端子，［3、4、5、6］端子连接 OSSC 软启动器显示操作面板，［8、9］端子内部连接一个常开触点。当软启动电源得电后，按下启动按钮，该常开触点闭合，外部电路使真空接触器 KM1 线圈得电。经过软启动设置时间，该常开触点断开，KM1 线圈失电。 　　［10、11］端子内部连接一个常开触点。经过软启动设置时间，该常开触点闭合，外部电路使真空接触器 KM2 线圈得电
	下侧的［1、2、3、4］端子分别接至变压器副边 a、b、c、o，为软启动器提供电压测量信号，［5、6］端子连接停止按钮，［5、7］端子连接启动按钮，［8、10、12］端子分别接至 TA4、TA2、TA1 的 S1 端子，［9、11、13］端子分别接至 PCC 的［7、5、3］端子
保护控制仪 PCC	［1、2］端子是电源端子，［3、4、5、6、7、8］端子为 PCC 提供电流测量信号，［11］端子是输出端子，［14、15、16、19］端子分别接至变压器副边 a、b、c、o，为 PCC 提供电压测量信号，［17、20］端子之间连接直启启动按钮
电流记录仪	电流互感器 TA3 电流信号输入 2 个接线端子
过电压吸收器	［19、23］端子控制指示灯电源通断

3. OSSC 软启动器显示操作面板说明

1）OSSC 软启动器显示操作面板（以下简称操作面板）包括：

① 中文液晶显示器；

② LED 工况指示灯；

③ 操作按键；

④ 通信连接器（软启动器内部连接）。

2）面板主要功能：

操作面板用于设定各项启动、运行、保护参数，显示当前运行状态、运行参数、公司版权信息。

3）按键配置及说明：

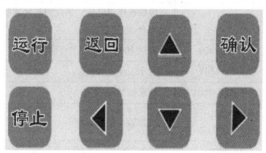

① 运行键：开机。在上电后，如果按运行键，则按面板设置的启动方式开机。启动方式包括禁用（上电后默认设置）、软启动、全压启动。

② 停止键：停机。开机状态，按下停止键，则按面板设置的停机方式停机。停机方式包括禁用（上电后默认设置）、软停、速停。

③ 左右键：左右移动光标，切换显示界面。

④ 上下键：上下移动光标，修改参数。按确认键进入参数设置界面后，按上下键可以切换选中的设置项。在修改参数状态时用上下键修改参数。

⑤ 确认键：进入参数设置界面，参数设置确认。按确认键进入参数设置界面后，按上下键切换选中的设置项，再按确认键可以进入修改参数状态。然后用上下键修改，如过载整定值、欠载整定值等。

⑥ 返回键：返回参数显示界面。参数设置完毕后，按返回键返回显示界面。参数设置中如想放弃设置，可以用此键退出设置。

4. 电器元件及功能

元器件明细表见表 9-36。

表 9-36　元器件明细表

文字符号	名称	型号	元器件在该电路中的作用
QS	刀开关	GN-200A/3.6kV	主回路电源开关，隔离电源，将检修设备与带电设备断开，具有明显的断开点。 限位开关是刀开关的附属器件，它们是联动的。当刀开关未完全拉开时，限位开关将切断控制回路，防止刀开关带负荷拉刀闸
FU1~FU6	高压熔断器	R312-1000V/1A	在电路中主要起短路保护作用，用于保护线路及电器元件
FU7~FU9	熔断器	RT18-3231	在电路中主要起短路保护作用，用于保护线路及电器元件，在电路中分别对控制回路进行保护

文字符号	名称	型号	元器件在该电路中的作用
TA1~TA4	电流互感器	LMZ1-0.5S-75/5(单匝)	TA1、TA2、TA4 为 PCC 保护控制仪提供电流测量信号。TA3 为电流记录仪提供电流测量信号
	电流记录仪		显示并记录主回路电流值
KM1	真空接触器	CKJ-200A/1.5kV/110V	用于软启动时,接通软启动三相电源
KM2	真空接触器	CKJ5-250/1.5kV	软启动完毕后,将软启动器短接,接通电动机三相电源
RQ	软启动器	QK3-1.5/100	提供软启动、软停机以及扩展的保护功能。软启动器内部的开关电源为软启动器提供电源,输入 110V 交流电,输出恒定的 24 直流电
	过电压吸收器	GDY-2.2	吸收操作过电压。当检测到接地故障时,过电压吸收器辅助触点闭合
T	控制变压器	SG-1500V/100	提供 100V 电压,工作回路测量信号
PV1	工作电压表	44L1-V0-150V	显示工作电压值
PV2	控制电压表	44L1-1.5kV/100V	显示控制电压值
SA	万能转换开关	LW39-16C-40B-60431/4	转换软启动和直启
PCC	保护控制仪	OSPC-300	控制柜保护与控制功能
SB1	停止按钮	LA38-22-红	在电路中起断开运行回路作用
SB2	启动按钮	LA38-22-绿	在电路中起接通运行回路作用
HL1	指示灯	AD16-22D/S-110(绿)	软启、软停指示灯
HL2	指示灯	AD16-22D/S-110(绿)	运行指示灯
HL3	指示灯	AD16-22D/S-110(红)	接地报警指示灯
M	潜油电泵		油液举升

5. 参数设置

1)参数设置方法:

通过软启动控制柜操作面板的键盘及汉字液晶显示器来完成。各种参数按二级菜单结构安排,可直接设置。

2)参数:

① 过载整定值设定:上电后按确认键进入参数设置界面,按上下键选中过载整定值项,再按确认键选中过载整定值的参数,按上下键修改,完成后按确认键确认修改完毕。下同。

② 历史事件,记录最近的 175 次状态改变。选中历史事件项后,按确认键可以看到最近的历史事件。从左到右依次为:发生事件时的日期、时间、运行状态、事件。用上下键选中一个记录后,按确认键可以看详细信息,包括当时的电流电压记录。

③ 停机方式设定,包括软停、速停、禁用。

④ 启动电压设定,范围 15%~95%。

⑤ 启动时间设定,范围 0~60s。

⑥ 停机时间设定,范围 0~60s。

⑦ 电流不平衡设定,包括保护、不保护。

⑧ 自启动延时设定，范围 0~120h。

⑨ 时间设定，使用上下左右键修改，用确认键确认。系统时间需要在开机前设定。

⑩ 欠载整定值设定，0~600A。

⑪ 过载整定值设定，0~900A。

⑫ 启动方式设定，包括软启、全压启动和禁用。需在设备上电时设置时间，否则无法显示正确的时间。面板代码缩写见表 9-37。

表 9-37　面板代码缩写表

运行状态使用缩写	事件使用缩写	事件使用缩写
RUN 运行	NRML 正常	SC 短路
STOP 停机	UL 欠载	OV 过压
SOST 软停	OL 过载	UV 欠压
SOSP 软启	PL 缺相	
PUP 上电	CUBL 不平衡	

6. 电路工作原理

（1）软启动和软停止

1）软启动：

闭合总电源【QS】，变压器一次侧、KM1、KM2 真空接触器主触头上侧带电。工作电压表 PV1、控制电压表 PV2 有显示。万能转换开关 SA 转换到"1"软启的位置。端子⑮→⑯断开。端子①→②接通，回路经 13→18→26→19→14 闭合。端子⑤→⑦→⑧→⑨→11 接通，回路经 14→15→软启动接线端子①接通，回路经 13→18→26→软启动接线端子②接通。软启动电源得电。

2）工作原理：

按下启动按钮 SB2，回路经软启动接线端子⑤→33→29→软启动接线端子⑦闭合，软启动器启动，软启动内部常开触头⑧→⑨闭合，回路经 13→18→26→25→软启动外部接线端子 113→软启动接线端子⑨→软启动接线端子⑧→软启动接线端子 107→15→14 闭合，真空接触器 KM1 线圈得电。KM1 主触头闭合，接通 RQ 软启动器主回路，软启动器启动电泵。同时，19→21 号线间 KM1 常开触点闭合，软启指示灯 HL1 亮，表示是软启过程。

经过软启动设置时间，软启动内部常开触头⑧→⑨断开，KM1 线圈失电。KM1 主触头断开，切断 RQ 软启动器主回路；19→21 号线间 KM1 常开触点断开，软启指示灯 HL1 灭，表示软启完成。

同时，软启动内部常开触头⑩→⑪闭合，回路经 13→18→26→20→软启动外部接线端子 115→软启动接线端子⑪→软启动接线端子⑩→软启动外部接线端子 107→15→14 闭合，真空接触器 KM2 线圈得电。KM2 主触头闭合，将 KM1 主触头和 RQ 软启动器短接，潜油电泵连续运行。同时，19→22 号线间 KM2 常开触点闭合，运行指示灯 HL2 亮。23→24 号线间 KM2 常开触点闭合，为接地报警指示灯 HL3 亮做好准备。

3）软停止：

按下停止按钮 SB1，回路 33→31 断开，软启动控制回路工作。软启动内部常开触头⑧→⑨闭合，回路经 13→18→26→25→软启动外部接线端子 113→软启动接线端子⑨→软启动接线端子⑧→软启动外部接线端子 107→15→14 闭合，真空接触器 KM1 线圈得电。KM1 主触头闭合，接通 RQ 软启动器主回路，软停止开始工作。19→21 号线间 KM1 常开触点闭合，软停指示灯 HL1 亮，表示是软停过程。同时，软启动内部常开触头⑩→⑪断开，KM2 线圈断电，KM2 主触头断开。运行指示灯 HL2 灭。

经过软停止设置时间，软启动内部常开触头⑧→⑨断开，KM1 线圈失电。KM1 主触头断开，切断 RQ 软启动器主回路，电动机停止运行。同时，19→21 号线间 KM1 常开触点断开，软停指示灯 HL1 灭，表示软停完成。

断电时，先将万能转换开关 SA 转换到"0"停止位，再拉开隔离开关 QS。

（2）直启和停止

1）直启：

闭合总电源【QS】，变压器一次侧、KM1、KM2 真空接触器主触头上侧带电。工作电压表 PV1、控制电压表 PV2 有显示。

万能转换开关 SA 转换到"2"直启的位置：端子①→②接通，回路经 13→18→26→19→14 闭合。端子⑤→⑦→⑧→⑨→11 接通，回路经 13→18→26→PCC 端子②接通，回路经 14→19→16→30→PCC 端子①接通，保护控制仪 PCC 电源得电。端子 15→16 接通，回路经 13→18→26→20→17→PCC 端子 11 接通。

按下启动按钮 SB2，PCC 端子⑰→⑳闭合，PCC 启动。PCC 端子 11 输出，回路经 13→18→26→20→17→PCC 端子⑪闭合，真空接触器 KM2 线圈得电。KM2 主触头闭合，潜油电泵直启运行。同时，19→22 号线间 KM2 常开触点闭合，运行指示灯 HL2 亮。23→24 号线间 KM2 常开触点闭合，为接地报警指示灯 HL3 亮做好准备。

2）停止时：

按下停止按钮 SB1，回路 30→16 断开，切断 16→PCC 端子①，PCC 断电。PCC 端子⑪无输出，KM2 线圈失电，KM2 主触头断开，潜油电泵停止运行。同时，19→22 号线间 KM2 常开触点断开，运行指示灯 HL2 灭。23→24 号线间 KM2 常开触点也断开。

3）断电时：

先将万能转换开关 SA 转换到"0"停止位，再拉开隔离开关 QS。

（3）保护功能

1）欠载：软启动控制柜如果检测到电流低于欠载设定值，机组将被软停机。软启动控制柜提供一个可调节的欠载设定值，调节范围 0~600A。软启动控制柜一旦设定欠载保护功能，发生欠载时，系统开始欠载倒计时(60s)，在倒计时期间如果负载恢复正常，机组将正常运行；否则，机组将以软停机方式停止运行。

2）过载：软启动控制柜如果检测到电流高于过载设定值，机组将被停止运行。软启动控制柜提供一个可调节的过载设定值，调节范围 0~900A。软启动控制柜一旦设定过载保护功能，发生过载时，系统开始过载倒计时(60s)，在倒计时期间如果负载恢复正常，机组将正常运行；否则，机组将以软停机方式停止运行。

3）缺相：运行中，软启动控制柜检测到缺相，机组立刻停止运行。

4）电流不平衡：如果开启电流不平衡保护功能，在运行中，一旦检测到主回路电流不平衡(不平衡度>10%)，软启动控制柜进入保护倒计时(60s)状态，倒计时到零时，机组立刻停止运行；若在倒计时期间电流恢复平衡，则正常运行。

5）短路：运行中，软启动控制柜检测到主回路短路，机组立刻停止运行。

7. 常见故障与处理

常见故障与处理见表 9-38。

表 9-38　常见故障与处理

常见故障	故障原因	处理方法
短路停机	可控硅击穿	更换可控硅或用速启动
	负载及连接电缆短路	检查负载及连接电缆是否短路
缺相停机	主回路电源缺相	检查输入电源是否缺相
		检查软启动器输出是否缺相
		检查负载及连接电缆是否缺相
	电流线缺相	检查电流线回路是否断路
过载停机	电源电压过高	检查电动机过载情况
	过载参数与电机不匹配	检查电流过载设定值
	电泵沙卡或阻转	洗井或是作业
欠载停机	抽空	等一段时间再启动
	欠载参数与电机不匹配	检查电流欠载设定值
	机组断轴	修复更换机组
	泵气穴现象	检查泵系统
	电流线断路	检查电流线回路是否断路
不平衡停机	主回路电流不平衡	检查输入电源电压是否平衡
		检查负载三相直流电阻是否平衡
电机不运行	没有输入电源	检查电源线
	外接启动按钮无效	检查按钮及软启动器
	电机损坏	检修电机对地绝缘
	真空接触器烧坏	更换真空接触器
电机达不到额定转速	电源电压过低	检查电源电压值
	软启动器没有输出全压	检查软启动器输出电压值
	负载不匹配	检查负载是否大于电机输出功率
启动后泵无排量或排量过小	电机断轴	检查电机
	电源接错，电机反转	换接任意两相或检查电泵是否断轴
启动后立刻停机	缺相或短路	检查电路线
运行中停机	故障保护	排除故障
	电源断电	检查输入电源
	不明原因	回厂检修
	真空接触器烧坏	更换真空接触器
软启动器按键无反应	输入电压不符合额定电压	检查当前电压或校验中额定电压的设置
	控制器损坏	更换控制器
	停止按钮常闭触电接触不良	更换按钮
送电后没有控制电压	刀开上行程开关没有接触上	将刀开上行程开关铁片向下扳到能压下为止
	控制电压保险烧断	更换保险
	转换开关触点接触不良	更换转换开关
显示器通信故障	显示器与连接电缆接触不良	重新固定连接电缆

第十章　模拟量控制输入、输出模块应用电路

模拟量是指变量在一定范围连续变化的量，也就是在一定范围(定义域)内可以取任意值(在值域内)。但数字量是分立量，而不是连续变化量，只能取几个分立值，如二进制数字变量只能取两个值。在工业生产自动控制中，为了保证产品质量或安全，对于模拟量的温度、压力、流量等一些重要参数，通常需要进行自动监测，并根据监测结果进行相应的控制。

在电气控制中存在大量的开关量，用 PLC 的基本单元就可以直接控制，但是也常要对一些模拟量，如压力、温度、速度进行控制。PLC 基本单元只能对数字量进行控制处理，而不能直接处理模拟量，这时就要用特殊功能模块将模拟量转换成数字量。

本章详细介绍了压力、振动、位移模拟量转换及用法，模拟量输出精确控制和模糊控制以及固态继电器功率控制方法，还有模拟量采集在联锁控制中的应用。主要应用的电路有使用压力传感器控制三台水泵自动运行、使用模拟量控制电动机Y-△随负荷自动转换、使用模拟量控制烟道挡板开关角度自动调节、使用模拟量控制两台液压油泵与压缩机联锁，等等。

三菱 FX2N-4AD 是三菱电机公司推出的一款 FX2N 系列 PLC 模拟量输入模块，有 CH1、CH2、CH3、CH4 四个通道，输入通道用于将外部输入的模拟量信号转换成数字量信号，即称为 A/D 转换，每个通道都可进行 A/D 转换。分辨率为 12 位，电压输入时为-10~10V，分辨率为 5mV。电流输入时为 4~20mA 或-20~20mA，分辨率 20μA。

由于 PLC 基本单元只能输出数字量，而大多数电气设备只能接收模拟量，所以还要把 PLC 输出的数字量转换成模拟量才能对电气设备进行控制，而这些则需要模拟量输出模块来实现。本章详细介绍了使用温度传感器控制电动阀自动运行以及燃气锅炉燃烧器点火程序，等等。

FX2N-2DA 型模拟量输出模块有两路输出通道，用于将数字量转换成电压或电流模拟量输出 0~10VDC 或 4~20mA，以控制外围设备。

FX2N-2DA 模拟量输出模块可将 12 位数字量转换成相应的模拟量输出。电压输出时，输出信号范围为 0~10VDC，分辨率为 2.5mV(10V/4000)。电流输出时，输出信号范围为 4~20mADC，分辨率为 4μA。

读者也可根据现场实际需求对电路做适当的改动，即可实现控制要求。

第一节　使用压力传感器控制三台水泵自动运行控制电路

一、设计要求及 I/O 元件配置表

1. PLC 程序设计要求

1) 闭合 QF4，PLC 得电，三台水泵按液位高度实现自动运行;

2) 手动控制，转换开关 SA1 接通，手动启动 1 号电机;

3) 手动控制，转换开关 SA2 接通，手动启动 2 号电机;

4）手动控制，转换开关 SA3 接通，手动启动 3 号电机；

5）在任意时间段按下三台电机各自手动启动按钮，三台电动机启动；

6）模拟量输入模块采用 FX2N-4AD 型；

7）根据压力传感器传输 4~20mA 电流信号控制三台电动机自动投切；

8）当电动机发生过载等故障时，电动机保护器动作，电动机停止运行；

9）PLC 实际接线图中电机手动控制开关 SA1、SA2、SA3 取常开接点，电机综合保护器 FM1、FM2、FM3、接触器互锁触点均取常闭接点；

10）根据上面的控制要求列出输入、输出分配表；

11）设计用 PLC 比较指令控制使用模拟量，实现压力传感器控制三台水泵自动运行的梯形图程序；

12）根据控制要求绘制 PLC 控制电路接线图。

2. 输入/输出设备及 I/O 元件分配表

输入/输出设备及 I/O 元件分配表见表 10-1。

表 10-1 输入/输出设备及 I/O 元件分配表

输入设备		PLC 输入继电器	输出设备		PLC 输出继电器
代号	功能		代号	功能	
SA1	手动启动电机 1	X000	KM1	电机 1 启动	Y000
SA2	手动启动电机 2	X001	KM2	电机 2 启动	Y001
SA3	手动启动电机 3	X002	KM3	电机 3 启动	Y002
FM1	电动机保护器 1	X003	HR	报警灯 1	Y003
FM2	电动机保护器 2	X004	HR	报警灯 2	Y004
FM3	电动机保护器 3	X005			
KM1	接触器 KM1 闭点	X006			
KM2	接触器 KM2 闭点	X007			
SP	模拟量输入	CH1			

二、程序及电路设计

1. PLC 梯形图

使用压力传感器控制三台水泵自动运行控制电路 PLC 梯形图见图 10-1。

2. PLC 接线详图

控制电路接线图见图 10-2。

三、梯形图动作详解

1. 自动控制过程

闭合总电源开关 QS，主电路 1 号泵断路器 QF1、2 号泵断路器 QF2、3 号泵断路器 QF3。闭合 PLC 输入端断路器 QF4，PLC 初始化，X003、X004、X005、X006、X007 经保护器、接触器常闭触点与 COM 闭合，X003、X004、X005、X006、X007 信号指示灯亮，图 10-1 中⑬→⑭、⑮→⑯、⑱→⑲间的动合触点闭合，⑮→⑰、⑱→㉑间的 X006、X007 动断触点断开。

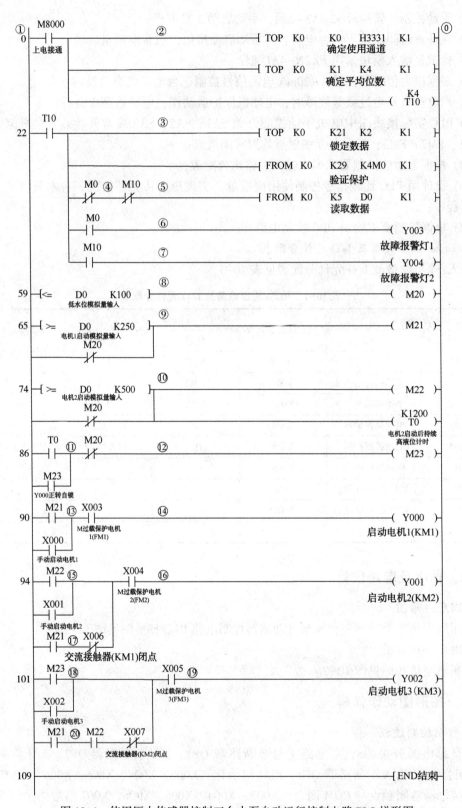

图 10-1 使用压力传感器控制三台水泵自动运行控制电路 PLC 梯形图

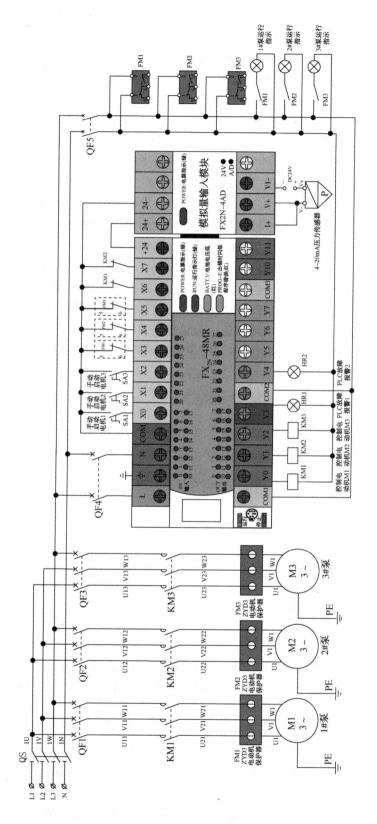

图 10-2　使用压力传感器控制三台水泵自动运行控制电路接线图

M8000 动合触点闭合，回路经①→②→⓪接通，向 0 号模块 0 号位写入（H3331）16 位数一组，向 0 号模块 1 号位写入常数 4 一组，时间继电器 T10 得电延时 0.4s。①→③间的动合触点 T10 闭合，回路经①→③→⓪接通，向 0 号模块 21 位写入常数 2 一组，读取 0 号模块 29 位常数并写进 M0～M15 中，回路经①→③→④→⑤→⓪读取 0 号模块 5 号位数值到 D0 寄存器。回路经①→⑧→⓪D0 寄存器数值小于等于常数 100，液位≤1m 时，辅助继电器线圈 M20 得电，三台污水泵处于停止状态。

当液位≥2.5m 时，回路①→⑨→⓪间的 D0 寄存器数值大于等于常数 250，辅助继电器 M20 失电，辅助继电器 M21 得电，①→⑬间的辅助继电器动合触点 M21 闭合，回路经①→⑬→⑭→⓪接通，输出继电器 Y0 得电，交流接触器 KM1 线圈得电，1 号污水泵启动，KM1 常闭触点断开 X6 信号灯熄灭，同时 KM1 常开触点闭合 1 号泵运行指示灯亮。

当液位≥5m 时，回路①→⑩→⓪间的 D0 寄存器大于等于常数 500，辅助继电器线圈 M22 得电，①→⑮辅助继电器动合触点 M22 闭合，回路经①→⑮→⑯→⓪接通，输出继电器 Y1 得电，交流接触器 KM2 线圈得电，2 号污水泵启动，KM2 常闭触点断开，X7 信号灯熄灭，同时 KM2 常开触点闭合，2 号污泵运行指示灯亮。时间继电器线圈 T0 得电延时 120s，①→⑪间的时间继电器动合触点 M22 闭合，回路经①→⑪→⑫→⓪接通，辅助继电器 M23 得电。①→⑪间的辅助继电器动合触点 M23 闭合自锁。

同时①→⑱间的辅助继电器动合触点闭合，回路经①→⑱→⑲→⓪接通，输出继电器 Y2 得电，交流接触器 KM3 线圈得电，第三台水泵启动，同时 KM3 常开触点闭合，3 号泵运行指示灯亮。

注：120s 内液位低于 5m，时间继电器 T0 失电，3 号污水泵不运行。

当 Y0 有输出，外部故障 KM1 不动作时，①→⑮辅助继电器动合触点 M22 闭合，回路经①→⑮→⑯→⓪接通 Y1 得电，2 号污水泵运行。当 Y0、Y1 有输出，外部故障 KM1、KM2 不动作，①→⑱辅助继电器动合触点 M23 闭合，回路经①→⑱→⑲→⓪接通 Y2 得电，3 号污水泵运行。

2. 手动控制过程

将转换开关 SA1 旋置闭合位置，①→⑬动合触点闭合，回路经①→⑬→⑭→⓪接通，输出继电器 Y0 得电，交流接触器 KM1 线圈得电，1 号污水泵运行，旋置空位手动停止运行，自动运行投入。

将转换开关 SA2 旋置闭合位置，①→⑮动合触点闭合，回路经①→⑮→⑯→⓪接通，输出继电器 Y1 得电，交流接触器 KM2 线圈得电，2 号污水泵运行。旋置空位手动停止运行，自动运行投入。

将转换开关 SA3 旋置闭合位置，①→⑱动合触点闭合，回路经①→⑱→⑲→⓪接通，输出继电器 Y2 得电，交流接触器 KM3 线圈得电，3 号污水泵运行。旋置空位手动停止运行，自动运行投入。

3. 保护原理

当电动机在运行中发生电动机断相、过载、堵转、三相不平衡等故障时，电动机保护器常闭触点断开，PLC 输入继电器 X003、X004、X005（过载保护）常闭触点断开，X3、X4、X5 信号指示灯熄灭，梯形图中⑬→⑭、⑮→⑯、⑱→⑲间的动合触点断开，输出继电器 Y000、Y001、Y002 回路断开，外部接触器 KM1 和 KM2、KM3 线圈失电，电动机停止运行。

第二节　温度传感器控制电动阀自动运行控制电路

一、设计要求及 I/O 元件配置分配表

1. PLC 程序设计要求

1）闭合 QF1，PLC 得电，电动阀根据温度反馈信号实现自动运行；

2）手动控制，转换开关 SA1（1）接通，电动阀全开；

3）手动控制，转换开关 SA1（2）接通，电动阀全关；

4）在任意时间段按下全部开启全部停止按钮电动阀相应动作；

5）温度信号、电动阀开度信号进行比较，自动调整电动阀开度；

6）温度传感器传送 4~20mA 电流信号给模拟量输入模块，电动阀开关角度回馈传感器传送 4~20mA 电流信号给模拟量输入模块，PLC 根据需求输出 4~20mA 电流信号输出控制电动阀开关角度；

7）PLC 实际接线图中手动控制开关 SA1 取常开接点；

8）模拟量输入模块采用 FX2N-4AD，模拟量输出模块采用 FX2N-2DA；

9）设计用 PLC 传送、区间比较指令控制使用模拟量实现温度传感器控制电动阀自动运行控制的梯形图程序；

10）根据控制要求绘制 PLC 控制电路接线图。

2. 输入/输出设备及 I/O 元件配置表

输入/输出设备及 I/O 元件配置表见表 10-2。

表 10-2　输入/输出设备及 I/O 元件配置表

输入设备		PLC 输入继电器	输出设备		PLC 输出继电器
代号	功能		代号	功能	
SA（1）	电动阀全开	X000	HR	报警灯 1	Y000
SA（0）	空位		HR	报警灯 2	Y001
SA（2）	电动阀全关	X001	SP3	电动阀开度信号输出	CH1（OUT）
SP1	温度模拟量输入	CH1（IN）			
SP2	电动阀开度反馈	CH2（IN）			

二、程序及电路设计

1. PLC 梯形图

使用温度传感器控制电动阀自动运行控制电路 PLC 梯形图见图 10-3。

2. PLC 接线详图

控制电路接线图见图 10-4。

三、梯形图动作详解

1. 自动控制过程

闭合 PLC 输入端断路器 QF1、电动阀电源 QF2，PLC 初始化，M8000 动和触点闭合，回路经①→②→⓪接通，向 1 号模块 0 号位写入（H3311）16 位数一组，向 1 号模块 1 号位写入常数 4 一组，时间继电器 T10 得电延时 0.4s。动和触点 T10 闭合，回路经①→③→⓪接通向 1 号模块 21 位写入常数 2 一组，读取 1 号模块 29 位常数并写进 M0～M15 中，动断触点 M0、M10 回路经①→③→④→⑤→⓪读取 0 号模块 5 号位数值到 D0 寄存器。

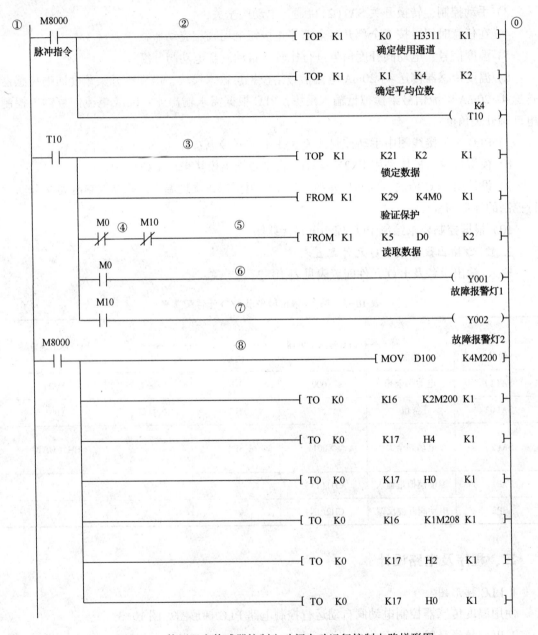

图 10-3　使用温度传感器控制电动阀自动运行控制电路梯形图

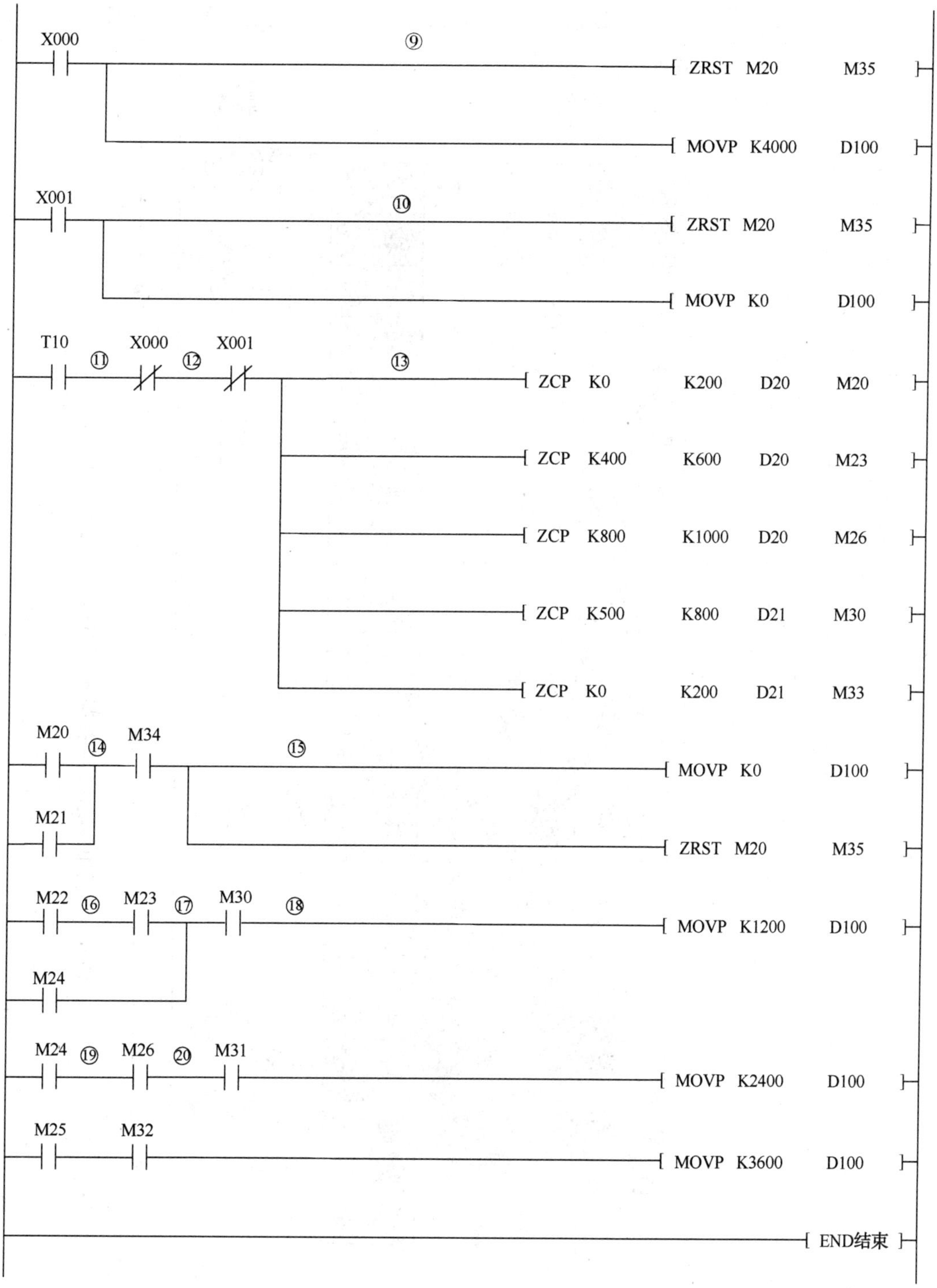

X000 ⑨ ──┤ ZRST M20 M35 ├

──┤ MOVP K4000 D100 ├

X001 ⑩ ──┤ ZRST M20 M35 ├

──┤ MOVP K0 D100 ├

T10 ⑪ X000 ⑫ X001 ⑬ ──┤ ZCP K0 K200 D20 M20 ├

──┤ ZCP K400 K600 D20 M23 ├

──┤ ZCP K800 K1000 D20 M26 ├

──┤ ZCP K500 K800 D21 M30 ├

──┤ ZCP K0 K200 D21 M33 ├

M20 ⑭ M34 ⑮ ──┤ MOVP K0 D100 ├

M21 ──┤ ZRST M20 M35 ├

M22 ⑯ M23 ⑰ M30 ⑱ ──┤ MOVP K1200 D100 ├

M24

M24 ⑲ M26 ⑳ M31 ──┤ MOVP K2400 D100 ├

M25 M32 ──┤ MOVP K3600 D100 ├

──┤ END结束 ├

图 10-3 使用温度传感器控制电动阀自动运行控制电路梯形图(续)

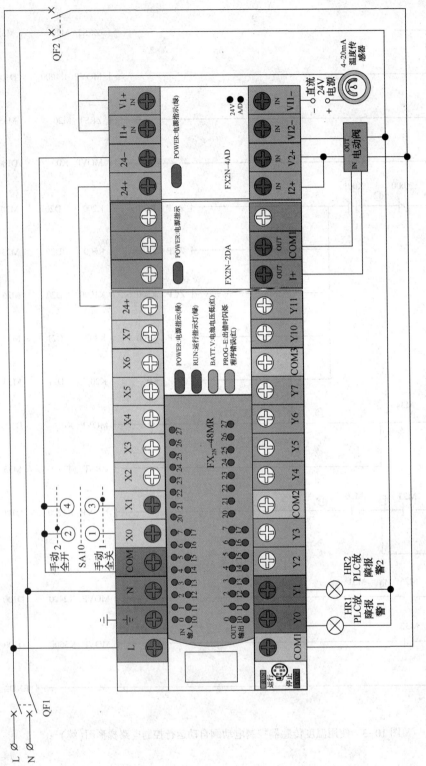

图10—4 使用温度传感器控制电动阀自动运行控制电路接线图

M8000 动和触点闭合，回路经①→⑧→⓪将数字寄存器 D100 扩展到辅助继电器 M200~M215，下端八位数据被写入，保持下端八位数据，写入高四位数据，执行通道 1 的 D/A 转换。

回路①→⑪→⑫→⑬→⓪进行温度模拟量区间比较，温度小于 0℃ 时辅助继电器 M20 为 N0，温度大于 0℃ 小于 20℃ 时辅助继电器 M21 为 NO，温度大于 20℃ 辅助继电器 M22 为 NO，温度小于 40℃ 时辅助继电器 M23 为 NO，温度小于 60℃ 大于 40℃ 时辅助继电器 M24 为 NO，温度大于 60℃ 时辅助继电器 M25 为 NO，温度小于 80℃ 时辅助继电器 M26 为 NO。电动阀反馈角度小于 50° 时，辅助继电器 M30 为 NO，反馈角度小于 80° 大于 50° 时辅助继电器 M31 为 NO，大于 80° 时辅助继电器 M32 为 NO，大于 20° 时辅助继电器 M33 为 NO。

当根据温度电动阀角度反馈比较满足条件，M20/M21 闭合，M34 闭合时，回路经①→⑭→⑮→⓪闭合，传送空数据到寄存器 D100，电动阀关闭，同时，辅助继电器 M20 至 M35 复位。

当根据温度电动阀角度反馈比较满足条件，M22、M23、M30 闭合或 M24、M30 闭合时，回路经①→⑯→⑰→⑱→⓪闭合，传送数据 1200 到寄存器 D100，电动阀开启三分之一角度。

当根据温度电动阀角度反馈比较满足条件 M24、M26、M31 闭合时，回路经①→⑲→⑳→㉑→⓪闭合，传送数据 2400 到寄存器 D100，电动阀开启三分之二角度。

当根据温度电动阀角度反馈比较满足条件，M25、M32 闭合时，回路经①→㉒→㉓→⓪闭合，传送数据 3600 到寄存器 D100，电动阀完全开启。

2. 手动控制过程

将转换开关 SA1 旋置(1)闭合位置(X000)，①→⑨动合触点闭合，回路接通，复位 M20~M35 辅助继电器，传送数据 4000 到 D100 寄存器，电动阀满负荷开启。

将转换开关 SA1 旋置(0)空位，系统没有触发条件自动运行。

将转换开关 SA1 旋置(2)闭合位置(X001)，①→⑩动合触点闭合，回路接通，复位 M20~M35 辅助继电器，传送数据 0 到 D100 寄存器，电动阀完全关闭。

3. 保护原理

当 PLC 发生故障时，①→⑥→⓪间 M0 动作，PLC 停止输出，外部故障指示灯亮起，①→⑦→⓪间 M10 动作，PLC 停止输出，外部指示灯亮起。

控制电路发生短路、过流、欠压，自动断开 QF1 进行保护。

第三节 模拟量控制电动机 Y-△ 随负荷自动转换控制电路

一、设计要求及 I/O 元件配置表

1. PLC 程序设计要求

1) 按下外部启动按钮 SB1 电动机根据负荷情况自动运行；

2) 按下外部停止按钮 SB2 电动机停止自动运行；

3）在任意时间段按下急停按钮电动机停止相应动作；

4）根据电动机运行电流、润滑油压力信号，自动选择控制电动机星角运行；

5）电机电流信号、润滑油压力信号满足相应条件，进行电机星角转换调整；

6）PLC 实际接线图中停止按钮、急停按钮、电机综合保护器 FM1、FM2、接触器互锁触点均取常闭接点；

7）模拟量输入模块采用 FX2N-4AD；

8）设计用 PLC 基本指令与比较指令控制使用模拟量，实现模拟量控制电动机星三角启动自动运行控制的梯形图程序；

9）根据控制要求绘制 PLC 控制电路接线图。

2. 输入/输出设备及 I/O 元件配置表

输入/输出设备及 I/O 元件配置表见表 10-3。

表 10-3　输入/输出设备及 I/O 元件配置表

输入设备		PLC 输入继电器	输出设备		PLC 输出继电器
代号	功能		代号	功能	
SB1	启动按钮	X000	HR	报警灯 1	Y000
SB2	停止按钮	X001	HR	报警灯 2	Y001
SBes	急停按钮	X002	HR	允许工作指示	Y002
FM1/2	电动机保护器 1/2	X003	KM1	润滑油电机启动	Y003
SP1	压力传感器（润滑）	CH1(IN)	KM2	星启动	Y004
SP2	电流变送器（电机）	CH2(IN)	KM3	角启动	Y005

二、程序及电路设计

1. PLC 梯形图

使用模拟量控制电动机 Y-△ 启动填料机控制电路 PLC 梯形图见图 10-5。

2. PLC 接线详图

控制电路接线图见图 10-6。

三、梯形图动作详解

1. 控制过程

闭合总电源开关 QS，主电路主电机断路器 QF1、润滑油电机断路器 QF2。闭合 PLC 输入端断路器 QF3、QF4。PLC 初始化，X001、X002、X003 经停止按钮、急停按钮、接触器常闭触点与 COM 闭合，X001、X002、X003 信号指示灯亮，图 10-5 中 10→11→12→13 间的动合触点闭合，1→21 间的 X001、X002、X003 动断触点断开。

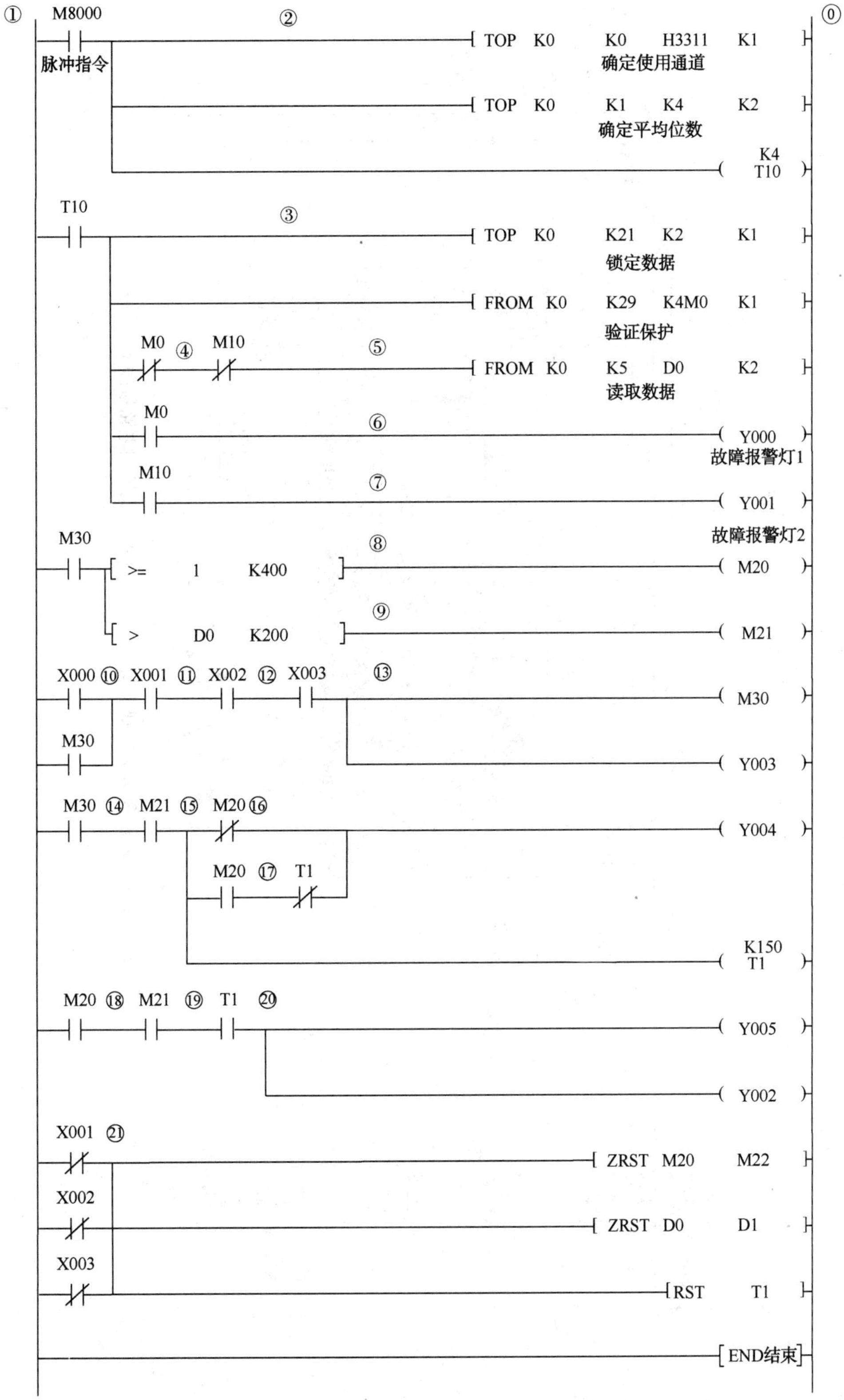

① M8000 脉冲指令 ②

—[TOP K0 K0 H3311 K1]— ⓪
确定使用通道

—[TOP K0 K1 K4 K2]—
确定平均位数

—(K4 T10)—

T10 ③

—[TOP K0 K21 K2 K1]—
锁定数据

—[FROM K0 K29 K4M0 K1]—
验证保护

M0 ④ M10 ⑤

—[FROM K0 K5 D0 K2]—
读取数据

M0 ⑥ —(Y000)—
故障报警灯1

M10 ⑦ —(Y001)—
故障报警灯2

M30 ⑧ [>= 1 K400] —(M20)—

⑨ [> D0 K200] —(M21)—

X000 ⑩ X001 ⑪ X002 ⑫ X003 ⑬ —(M30)—

M30 —(Y003)—

M30 ⑭ M21 ⑮ M20 ⑯ —(Y004)—

M20 ⑰ T1 —

—(K150 T1)—

M20 ⑱ M21 ⑲ T1 ⑳ —(Y005)—

—(Y002)—

X001 ㉑ —[ZRST M20 M22]—

X002 —[ZRST D0 D1]—

X003 —[RST T1]—

—[END 结束]—

图 10-5 使用模拟量控制电动机Y-△启动填料机控制电路 PLC 梯形图

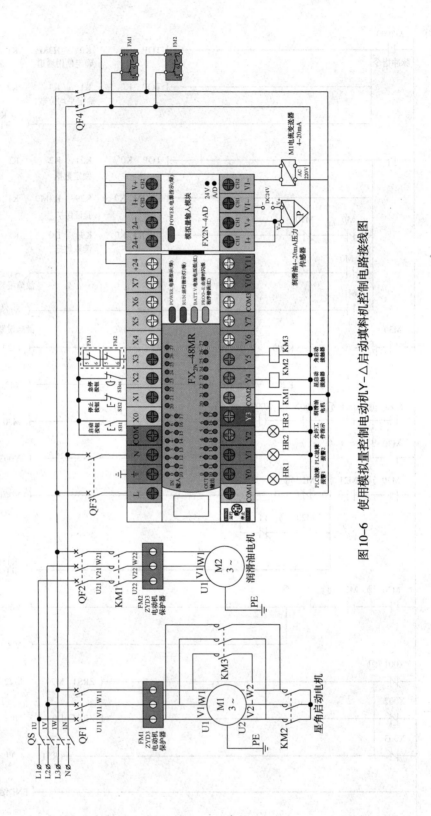

图 10—6 使用模拟量控制电动机 Y—△ 启动填料机控制电路接线图

M8000 动合触点闭合，回路经①→②→⓪接通，向 0 号模块 0 号位写入（H3311）16 位数一组，向 0 号模块 1 号位写入常数 4 一组，向 0 号模块 2 号位写入常数 4 一组，时间继电器 T10 得电延时 0.4s。①→③间的动合触点 T10 闭合，回路经①→③→⓪接通，向 0 号模块 21 位写入常数 2 一组，读取 0 号模块 29 位常数并写进 M0～M15 中，回路经①→③→④→⑤→⓪读取 0 号模块 5 号位数值到 D0 寄存器，读取 0 号模块 6 号位数值到 D1 寄存器，回路经①→⑧→⓪区间比较 D1 寄存器数值大于等于常数 400，启动电流较大时，辅助继电器线圈 M20 得电。

当比较 D1 寄存器数值大于常数 200 时，判断条件满足，回路①→⑨闭合，辅助继电器 M21 得电，⑭→⑮间 M21 闭合，润滑油压力满足。

当①→⑩间 X0 启动按钮闭合、回路经①→⑩→⑪→⑫→⑬→⓪闭合，信号闭合继电器 M30 得电运行，同时，Y003 得电，润滑油电机启动。

同时，①→⑭→⑮→⓪闭合，时间继电器 T1 得电。①→⑭→⑮→⑯→⓪闭合，Y4 得电，电动机星运行。

运行 15s 后，⑲→⑳间 T1 闭合，回路经①→⑱→⑲→⑳→⓪闭合，Y5 得电，电动机角运行，同时，Y2 得电，工作指示灯亮起。

⑮→⑯间 M20 动断触点与⑯→⑰间 M20 动合触点配合防止机器内填料过多，启动电流启动过大保护。

当外部急停按钮断开，①→㉑间 X1 闭合，经回路①→㉑→⓪闭合，M20 至 M22、D0 至 D1、T1 全部复位，外部接触器 KM1 和 KM2、KM3 线圈失电，电动机停止运行。

2. 保护原理

当电动机在运行中发生电动机断相、过载、堵转、三相不平衡等故障时，电动机保护器常闭触点断开，PLC 输入继电器 X003（过载保护）常闭触点断开，①→㉑间 X3 闭合，M20 至 M22、D0 至 D1、T1 全部复位，外部接触器 KM1 和 KM2、KM3 线圈失电，电动机停止运行。

控制电路发生短路、过流、欠压自动断开 QF3 进行保护。

第四节　模拟量控制烟道挡板开关角度自动调节电路

一、设计要求及 I/O 元件配置分配表

1. PLC 程序设计要求

1) 按下外部启动按钮 SB1 烟道挡板进行自动运行；

2) 行程开关 SQ1 动作，为烟道挡板开度 20°标记；

3) 行程开关 SQ2 动作，为烟道挡板开度 30°标记；

4) 行程开关 SQ3 动作，为烟道挡板开度 45°标记；

5) 行程开关 SQ4 动作，为烟道挡板开度 60°标记；

6) 行程开关 SQ5 动作，为烟道挡板开度 90°标记；

7）在任意时间段按下停止按钮电动机停止相应动作；

8）根据温度、烟道含氧量，自动控制电动机正反转控制烟道挡板开度；

9）PLC 实际接线图中行程开关 SQ1、SQ2、SQ3、SQ4、SQ5 取常开接点，电机综合保护器 FM1 取常闭接点，停止按钮取常开接点；

10）模拟量输入模块采用 FX2N-4AD；

11）设计用 PLC 基本指令与比较指令控制使用模拟量，实现模拟量控制电动机正反转自动运行控制的梯形图程序；

12）根据控制要求绘制 PLC 控制电路接线图。

2. 输入/输出设备及 I/O 元件配置表

输入/输出设备及 I/O 元件配置表见表 10-4。

表 10-4　输入/输出设备及 I/O 元件配置表

输入设备		PLC 输入继电器	输出设备		PLC 输出继电器
代号	功能		代号	功能	
SB1	启动按钮	X0	HR	报警灯 1	Y0
SB2	停止按钮	X1	HR	报警灯 2	Y1
SQ1	限位开关 1(20°)	X2	KM1	正转	Y2
SQ2	限位开关 2(30°)	X3	KM2	反转	Y3
SQ3	限位开关 3(45°)	X4			
SQ4	限位开关 4(60°)	X5			
SQ5	限位开关 5(90°)	X6			
CH1	含氧量传感器	CH1(IN)			
CH2	温度传感器	CH2(IN)			

二、程序及电路设计

1. PLC 梯形图

使用模拟量控制烟道挡板开关角度控制电路 PLC 梯形图见图 10-7。

2. PLC 接线详图

控制电路接线图见图 10-8。

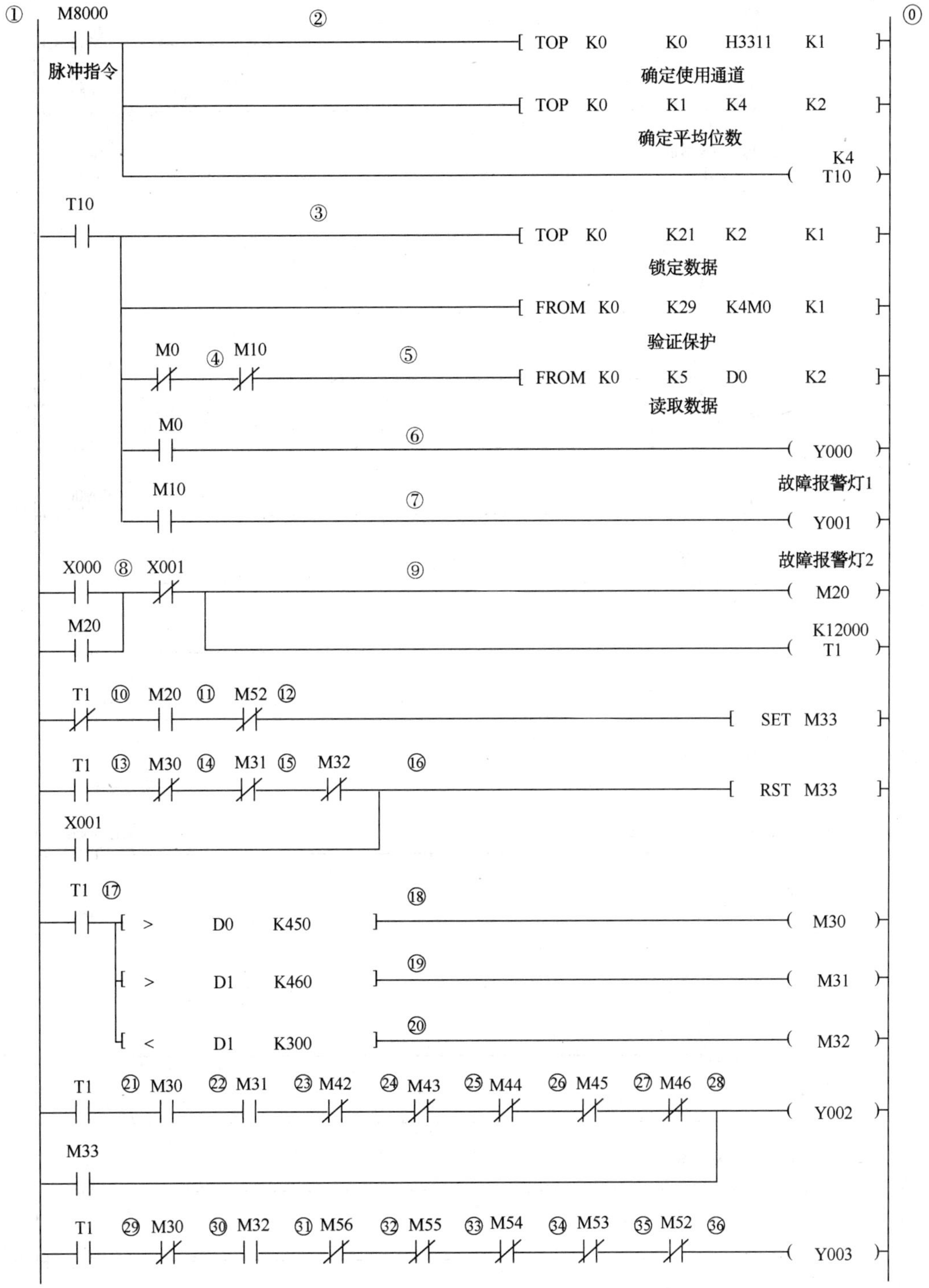

图 10-7 使用模拟量控制烟道挡板开关角度控制电路 PLC 梯形图

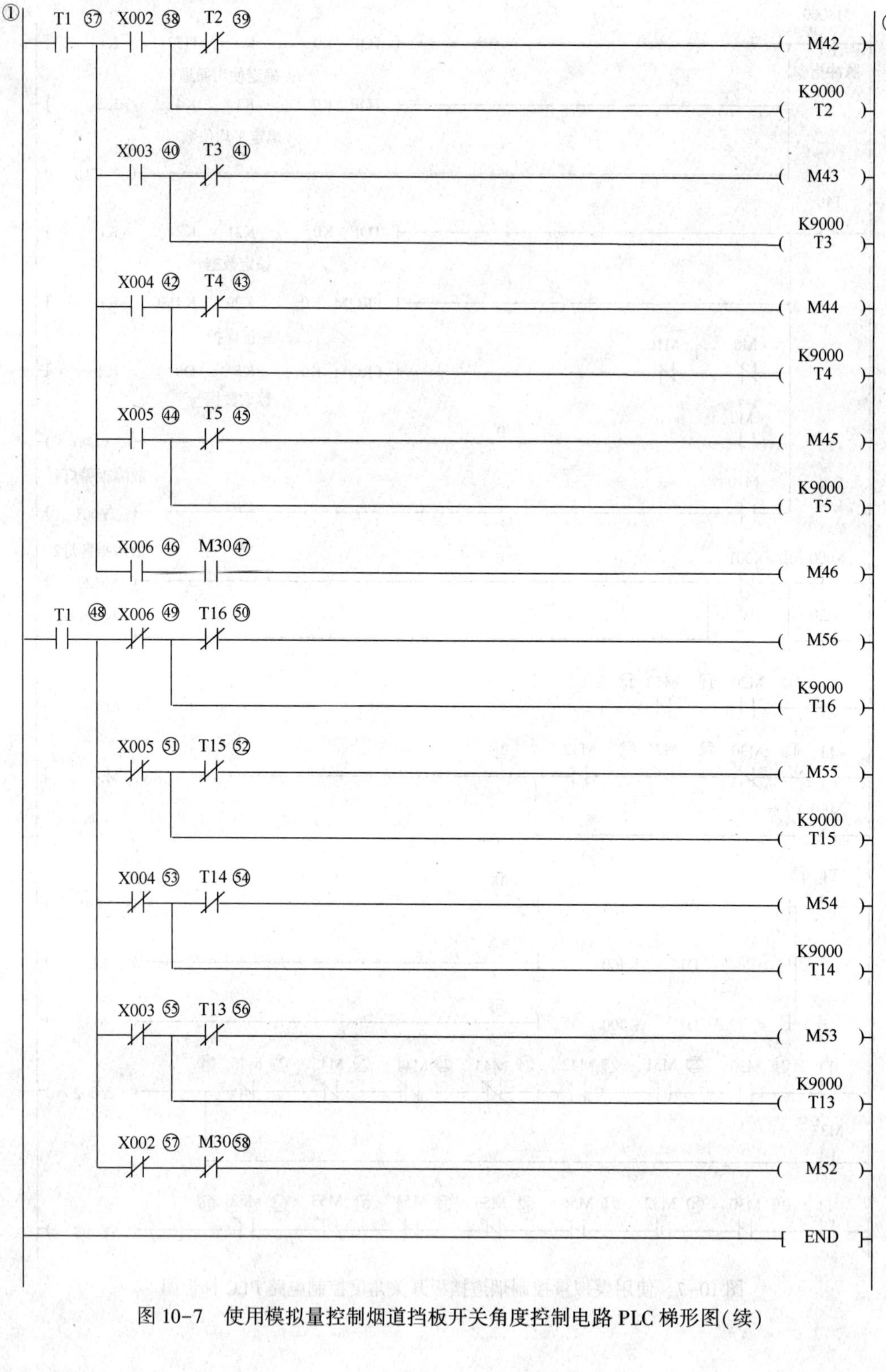

图 10-7　使用模拟量控制烟道挡板开关角度控制电路 PLC 梯形图(续)

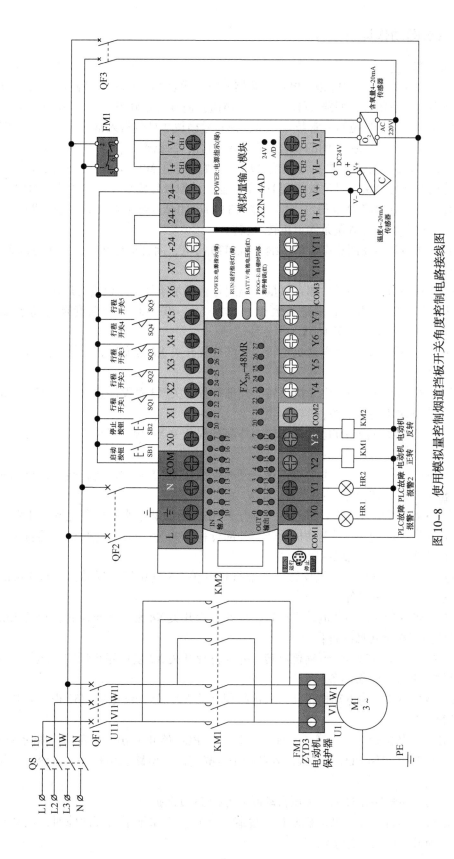

图 10-8 使用模拟量控制烟道挡板开关角度控制电路接线图

三、梯形图动作详解

1. 控制过程

闭合总电源开关 QS、主电路主电机断路器 QF1。闭合 PLC 输入端断路器 QF2、QF3。

M8000 动合触点闭合，回路经①→②→⓪接通，向 0 号模块 0 号位写入（H3311）16 位数一组，向 0 号模块 1 号位写入常数 4 一组，向 0 号模块 2 号位写入常数 4 一组，时间继电器 T10 得电延时 0.4s。①→③间的动合触点 T10 闭合，回路经①→③→⓪接通，向 0 号模块 21 位写入常数 2 一组，读取 0 号模块 29 位常数并写进 M0 ~ M15 中，回路经①→③→④→⑤→⓪读取 0 号模块 5 号位数值到 D0 寄存器，读取 0 号模块 6 号位数值到 D1 寄存器。

①→⑧→⑨→⓪回路 M20 得电，继电器 M33 得电闭合，继电器 Y2 得电电机正转且 T1 开始计时。根据温度、含氧量条件，正转/反转。

①→⑩→⑪→⑫→⓪回路中启动后继电器 M20 得电，闭合烟道挡板，正转运行 2min 充分排空残留燃气。

①→⑬→⑭→⑮→⑯→⓪检测含氧量、温度是否满足条件，电机进行反转。

回路①→⑰→⑱检测含氧量是否大于 6.5%，①→⑰→⑲检测温度是否高于 280℃，①→⑲→⑳检测温度是否小于 150℃。

回路①→㊲→㊳→㊴→⓪电动机正转，外部行程开关 X2 触发停止正转，运行 15min 后使 M42 复位为下次正转做准备；

回路①→㊲→㊵→㊶→⓪电动机正转，外部行程开关 X3 触发停止正转，运行 15min 后使 M43 复位为下次正转做准备；

回路①→㊲→㊷→㊸→⓪电动机正转，外部行程开关 X4 触发停止正转，运行 15min 后使 M44 复位为下次正转做准备；

回路①→㊲→㊹→㊺→⓪电动机正转，外部行程开关 X5 触发停止正转，运行 15min 后使 M45 复位为下次正转做准备；

回路①→㊻→㊼电动机正转，外部行程开关 X6、辅助继电器 M46 得电断开正转；

回路①→㊽→㊾→㊿→⓪电动机反转，外部行程开关 X6 复位停止反转，运行 15min 后使 M56 复位为下次反转做准备；

回路①→㊽→52→⓪电动机反转，外部行程开关 X5 复位停止反转，运行 15min 后使 M55 复位为下次反转做准备；

回路①→㊽→53→54→⓪电动机反转，外部行程开关 X4 复位停止反转，运行 15min 后使 M54 复位为下次反转做准备；

回路①→㊽→55→56→⓪电动机反转，外部行程开关 X3 复位停止反转，运行 15min 后使 M53 复位为下次反转做准备；

回路①→㊽→57→58电动机正转，外部行程开关 X2、辅助继电器 M52 得电断开正转。

2. 保护原理

当 PLC 发生故障时，①→⑥→⓪间 M0 动作，PLC 停止输出，外部故障指示灯亮起，①→⑦→⓪间 M10 动作 PLC 停止输出外部指示灯亮起。主电路发生短路、过流、欠压自动断开 QF1 进行保护。

控制电路发生短路、过流、欠压自动断开 QF2 进行保护。

当电动机在运行中发生电动机断相、过载、堵转、三相不平衡等故障时，电动机保护器常闭触点断开，电动机停止输出。

第五节　燃气锅炉燃烧器点火程序控制电路

一、设计要求及 I/O 元件配置分配表

1. PLC 程序设计要求

1）按下外部启动按钮 SB1 点火程序自动运行；

2）在任意时间段按下停止按钮 SB2 停止加热炉相应动作；

3）在任意时间段按下急停按钮 SB3 停止相应动作；

4）根据安全需求实现加热炉安全监测控制；

5）满足相应条件，进行加热炉负荷调整；

6）PLC 实际接线图中停止按钮、复位按钮取常开接点；

7）模拟量输出模块采用 FX2N-2DA；

8）设计用 PLC 传送指令控制电加热炉进行温度控制的梯形图程序；

9）根据控制要求绘制 PLC 控制电路接线图。

2. 输入/输出设备及 I/O 元件配置分配表

输入/输出设备及 I/O 元件配置分配表见表 10-5。

表 10-5　输入/输出设备及 I/O 元件配置表

输入设备		PLC 输入继电器	输出设备		PLC 输出继电器
代号	功能		代号	功能	
SB1	启动按钮	X000	KM	检漏仪驱动线圈	Y000
SB2	停止按钮	X001	HR1	泄漏指示	Y001
SB3	复位按钮	X002	HR2	正常指示	Y002
SA1	漏气信号	X003	GFJ	鼓风机回路	Y003
SA2	正常信号	X004	DH	点火线圈	Y004
SP	火焰信号	X005	YB1	电磁阀1	Y005
SB4	大火按钮	X006	YB2	电磁阀2	Y006
			YB3	电磁阀3	Y007
			HR3	点火失败指示	Y010
			FD	挡板模拟量输出	CH1（OUT）

二、程序及电路设计

1. PLC 梯形图

加热炉控制电路 PLC 梯形图见图 10-9。

2. PLC 接线详图

控制电路接线图见图 10-10。

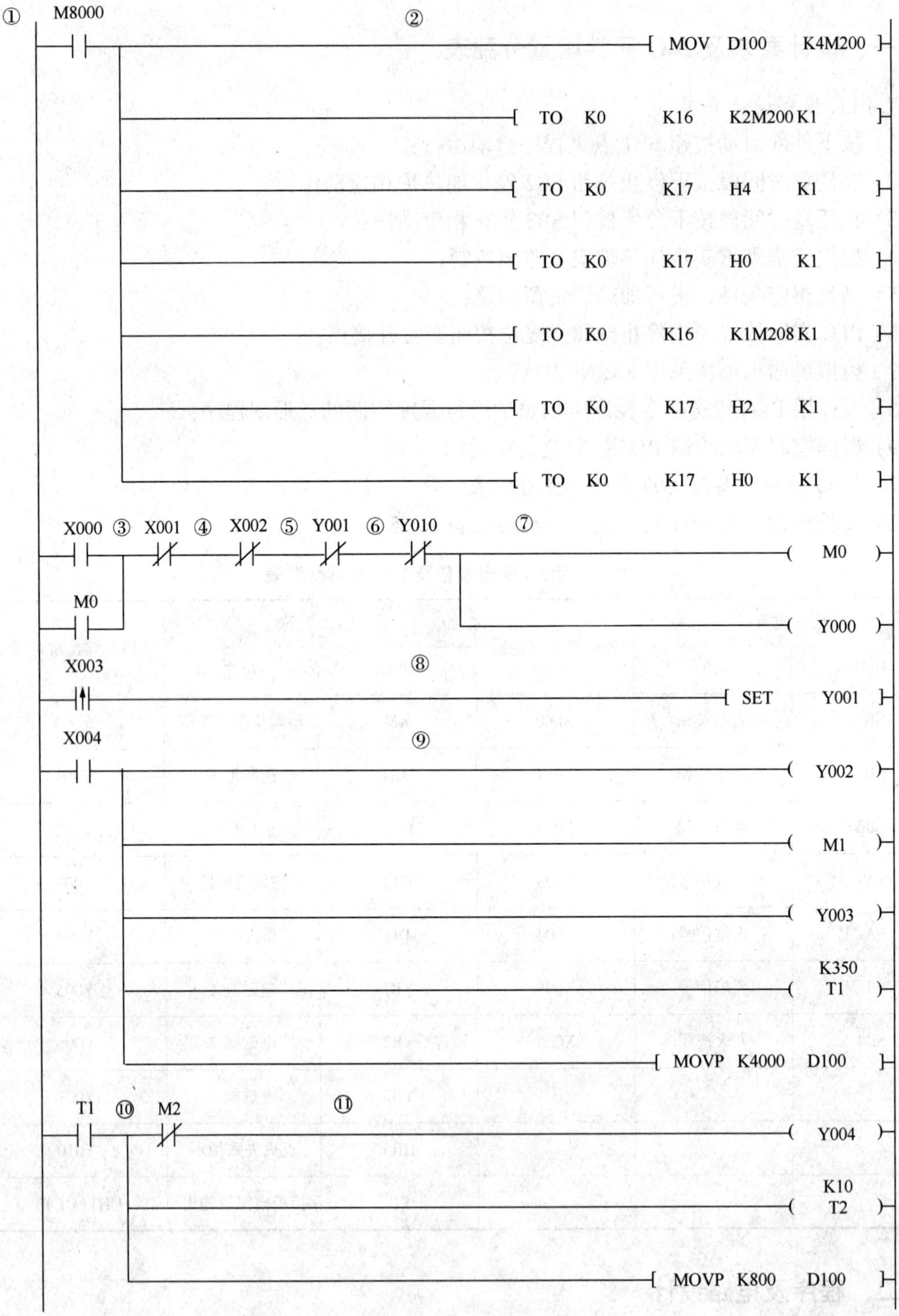

图 10-9　加热炉控制电路 PLC 梯形图

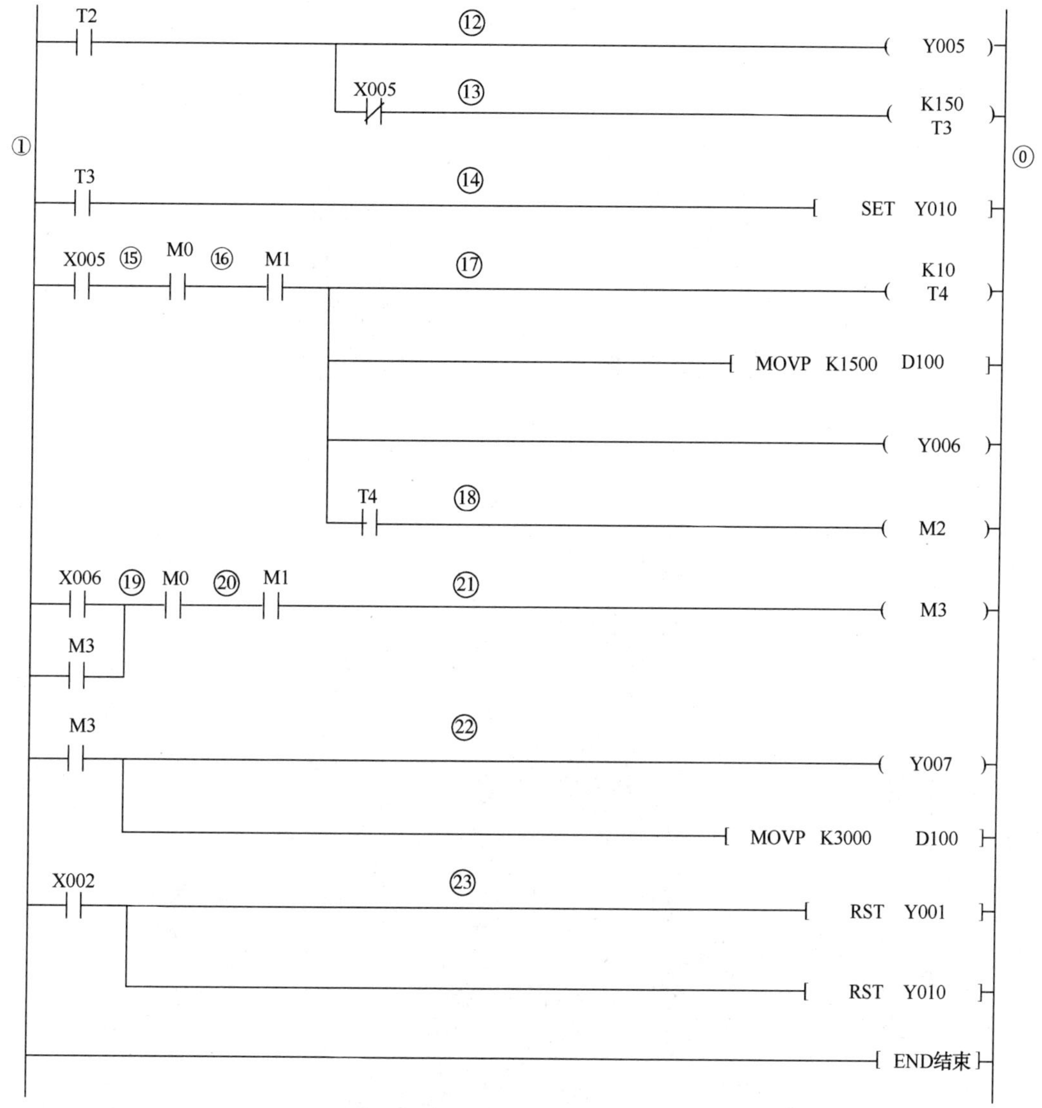

T2 ⑫ (Y005)

X005 ⑬ (K150 T3)

① ⓪

T3 ⑭ [SET Y010]

X005 ⑮ M0 ⑯ M1 ⑰ (K10 T4)

[MOVP K1500 D100]

(Y006)

T4 ⑱ (M2)

X006 ⑲ M0 ⑳ M1 ㉑ (M3)

M3

M3 ㉒ (Y007)

[MOVP K3000 D100]

X002 ㉓ [RST Y001]

[RST Y010]

[END结束]

图 10-9 加热炉控制电路 PLC 梯形图(续)

三、梯形图动作详解

1. 控制过程

闭合 PLC 输入端断路器 QF1，PLC 初始化，M8000 动和触点闭合，回路经①→2→⓪将数字寄存器 D100 扩展到辅助继电器 M200～M215，下端八位数据被写入，保持下端八位数据，写入高四位数据，执行通道 1 的 D/A 转换。

M8000 动和触点闭合，回路经①→②→⓪将数字寄存器 D100 扩展到辅助继电器 M200～M215，下端八位数据被写入，保持下端八位数据，写入高四位数据，执行通道 1 的 D/A 转换。

当①→③间 X000 启动按钮闭合，回路经①→③→④→⑤→⑥→⑦→⓪闭合，Y000 得电，启动检漏仪。同时 M0 得电，①→③间 M0 闭合自锁。

当漏气时，检漏仪检测到泄漏信号，①→⑧间 X003 闭合，回路经①→⑧→⓪闭合，Y001 得电，⑤→⑥间的 Y001 断开，驱动泄漏指示断开程序。

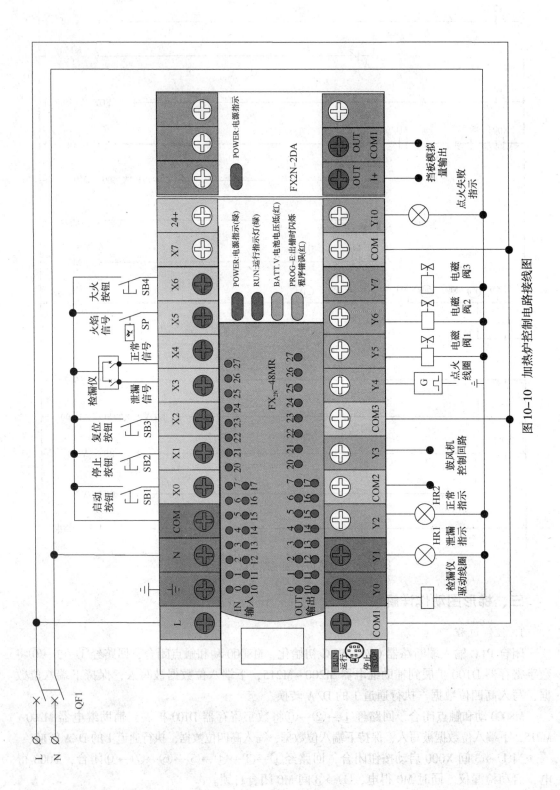

图 10-10　加热炉控制电路接线图

当①→⑨间X004闭合，回路经①→⑨→⓪闭合，Y002得电，正常运行指示灯亮；同时，Y003得电，鼓风机动作；同时，时间继电器T1得电。

挡板模拟量输出最大值风扇挡板最大位置D100＝K4000。

计时35s后，①→⑩间T1闭合，回路经①→⑩→⑪→⓪闭合，烟道挡板驱动至最小位置D100＝K800，Y004得电，点火线圈点火，同时，时间继电器T2得电。

计时1s后，①→⑩间T2闭合，回路经①→⑫→⓪闭合，Y005得电，气电磁阀驱动给气，同时，回路经①→⑫→⑬→⓪闭合，时间继电器T3得电。

未检测到火焰信号，计时15s后，①→⑭间T3闭合，回路经①→⑭→⓪闭合，Y010得电，驱动点火失败指示。

当检测到火焰信号时，⑫→⑬间X005断开，时间继电器T3失电，停止计时。

同时，⑮→⑯间X005闭合，回路经①→⑮→⑯→⑰→⓪闭合，Y006得电，烟道挡板打开，开度调整D100＝1500；同时间继电器T4得电，计时1s后，M2得电，⑩→⑪间M2断开，回路①→⑩→⑪→⓪断开，Y004失电，点火线圈失电。

当手动大火时，①→⑭间X006闭合，回路经①→⑲→⑳→㉑→⓪闭合，M3得电，同时，①→⑲间M3闭合自锁。同时，①→㉒间M3闭合，回路经①→㉒→⓪闭合，Y007得电，手动大火。

当需要复位时，①→㉓间X002闭合，回路经①→㉓→⓪闭合，Y001、Y010失电，故障复位。

2. 保护原理

当控制电路发生短路、过流、欠压故障时，断路器QF1自动断开进行保护。当出现漏气或点火失败时，⑤→⑥间Y001断开或⑥→⑦间Y010断开，回路①→③→④→⑤→⑥→⑦→⓪断开，Y000失电，检漏仪停止运行。同时，泄漏指示灯亮或点火失败指示灯亮。

第六节 模拟量控制两台液压油泵与压缩机联锁控制电路

一、设计要求及I/O元件配置分配表

1. PLC程序设计要求

1）按下外部启动按钮SB1液压油泵进行自动运行；

2）在任意时间段按下停止按钮SB2液压油泵停止自动运行；

3）在任意时间段按复位按钮SB3可进行故障复位；

4）根据润滑油压力信号，自动控制两台液压油泵启停，以保证压缩机在足够润滑的条件下正常运行；

5）PLC实际接线图中电机综合保护器FM1、FM2均取常闭接点；停止按钮、复位按钮取常开接点；

6）模拟量输入模块采用FX2N-4AD；

7）设计用PLC比较指令控制使用模拟量，实现模拟量控制两台液压油泵使压缩机自动运行的梯形图程序；

8）根据控制要求绘制PLC控制电路接线图。

2. 输入/输出设备及I/O元件配置分配表

输入/输出设备及I/O元件配置分配表见表10-6。

表 10-6　输入/输出设备及 I/O 元件配置表

输入设备		PLC 输入继电器	输出设备		PLC 输出继电器
代号	功能		代号	功能	
SB1	启动按钮	X000	HR1	报警灯 1	Y000
SB2	停止按钮	X001	HR2	报警灯 2	Y001
SB3	复位按钮	X002	HR3	电机保护器故障报警	Y002
PT	压力传感器	CH1(IN)	HR4	压力不足报警	Y003
FM1	电动机保护器 1	X003	KM1	液压油泵 1	Y004
FM2	电动机保护器 2	X004	KM2	液压油泵 2	Y005
			YSJ	压缩机控制回路	Y006

二、程序及电路设计

1. PLC 梯形图

使用模拟量控制两台液压油泵使压缩机启动停止，控制电路 PLC 梯形图见图 10-11。

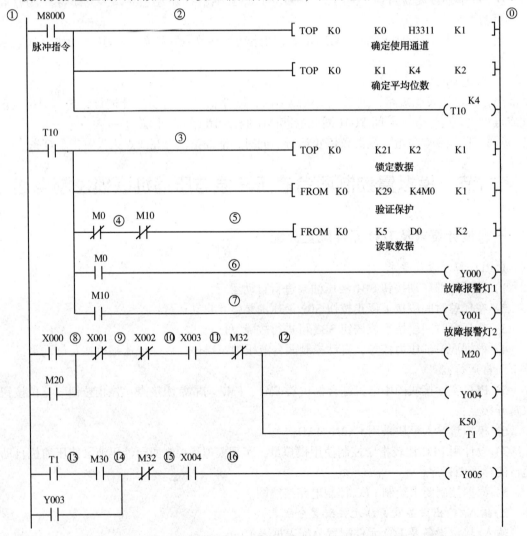

图 10-11　使用模拟量控制两台液压油泵使压缩机启动停止控制电路 PLC 梯形图

```
   M20 ⑰                    ⑱
   ─┤├──── < ── D0 ── K450 ──┤├──────────────────────( M30 )

                                                       ( K300 )
                                                         T2

   M20 ⑲ M30 ⑳ M32 ㉑
   ─┤├──┤/├──┤/├──────────────────────────────────────( Y006 )

   T2 ㉒
   ─┤├──────────────────────────────────────────[ SET  M32 ]

                                               [ SET  Y003 ]

   X002 ㉓
   ─┤├──────────────────────────────────────────[ RST  M32 ]

                                               [ RST  Y003 ]

   X003 ㉔
   ─┤/├─────────────────────────────────────────────( Y002 )
   X004
   ─┤/├

   ──────────────────────────────────────────────────[ END ]
```

图 10-11   使用模拟量控制两台液压油泵使压缩机启动停止控制电路 PLC 梯形图(续)

2. PLC 接线详图

控制电路接线图见图 10-12。

三、梯形图动作详解

1. 控制过程

闭合总电源开关 QS，主电路 1 号泵断路器 QF1、2 号泵断路器 QF2。闭合 PLC 输入端断路器 QF3，PLC 初始化，X003、X004 经保护器与 COM 闭合，X003、X004 信号指示灯亮。10→11、15→16 间 X003、X004 闭合。

M8000 动合触点闭合，回路经①→②→⓪接通，向 0 号模块 0 号位写入(H3331)16 位数一组，向 0 号模块 1 号位写入常数 4 一组，时间继电器 T10 得电延时 0.4s。①→③间的动合触点 T10 闭合，回路经①→③→⓪接通，向 0 号模块 21 位写入常数 2 一组，读取 0 号模块 29 位常数并写进 M0~M15 中，回路经①→③→④→⑤→⓪读取 0 号模块 5 号位数值到 D0 寄存器。

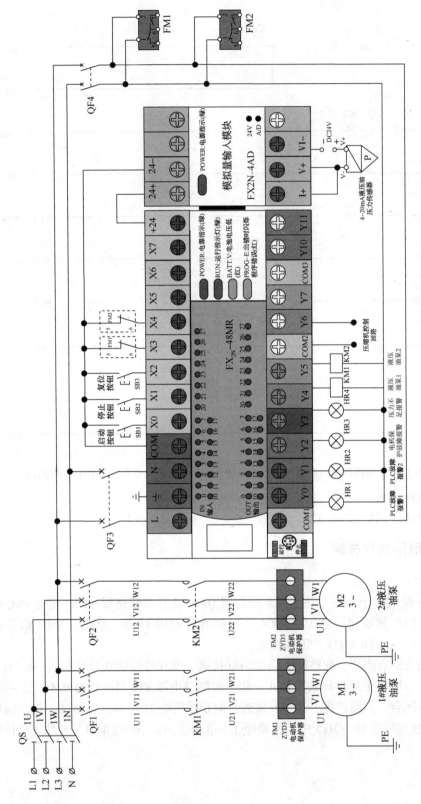

图 10-12 使用模拟量控制两台液压油泵使压缩机启动停止控制电路接线图

①→⑧→⑨→⑩→⑪→⑫→⓪回路中，①→⑧间X000启动按钮、⑧→⑨间X001停止按钮、⑨→⑩间X002复位按钮、⑪→⑫间1号电机保护器闭点满足条件，Y004线圈得电，启动1号液压油泵，时间继电器T1计时5s。

①→⑬→⑭→⑮→⑯→⓪回路中，时间继电器T1闭合，⑬→⑭间继电器M30压缩机条件满足，⑭→⑮间压缩机压力达标继电器M32不动作，⑮→⑯间X004闭合，条件满足，2号液压油泵启动。

①→⑰→⑱→⓪回路，判断压力是否满足D0>K450，M30是否闭合。并计时30s。

①→⑲→⑳→㉑→⓪回路满足条件压缩机动作。

①→㉒→⓪30s内压缩机压力不达标外部显示压力不足且停止油泵运行。

①→㉓→⓪回路间①→㉓复位按钮动作，故障排除后启动复位。

①→㉔→⓪回路中，1号电机保护器X003，2号电机保护器X004故障，驱动Y002故障灯亮。

2. 保护原理

当PLC发生故障时，①→⑥→⓪间M0动作，PLC停止输出，外部故障指示灯亮起，①→⑦→⓪间M10动作PLC停止输出外部指示灯亮起。

当1号电动机在运行中发生电动机断相、过载、堵转、三相不平衡等故障时，电动机保护器常闭触点断开，PLC输入继电器X003，常闭触点断开信号指示灯熄灭，故障报警Y002动作并停止PLC停止响应操作。1号电动机停止运行。

当2号电动机在运行中发生电动机断相、过载、堵转、三相不平衡等故障时，电动机保护器常闭触点断开，PLC输入继电器X004，常闭触点断开信号指示灯熄灭，故障报警Y002动作并停止PLC停止响应操作。2号电动机停止运行。

第七节 压缩机振动、位移、温度、液压联锁保护控制电路

一、设计要求及 I/O 元件配置分配表

1. PLC程序设计要求

1）按下外部启动按钮SB1电动机运行；

2）CH1振动传感器传输信号至PLC进行实时监测；

3）CH2位移传感器传输信号至PLC进行实时监测；

4）CH3位移传感器传输信号至PLC进行实时监测；

5）CH4压力传感器传输信号至PLC进行实时监测；

6）采集的轴振动、轴位移、轴承温度、液压油压力信号与天然气压缩机电机进行安全联锁控制；

7）在任意时间段按下停止按钮SB2压缩机相应动作；

8）轴振动、轴位移、轴承温度、液压油压力模拟量满足相应条件，天然气压缩机方可启动；

9）PLC实际接线图中复位按钮、停止按钮、FM1取常闭接点；

10）模拟量输入模块采用FX2N-4AD；

11）设计用 PLC 比较指令控制使用轴振动、轴位移、轴承温度、液压油压力模拟量，实现天然气压缩机电机启停联锁控制的梯形图程序；

12）根据控制要求绘制 PLC 控制电路接线图。

2. 输入/输出设备及 I/O 元件配置分配表

输入/输出设备及 I/O 元件配置分配表见表 10-7。

表 10-7 输入/输出设备及 I/O 元件配置表

输入设备		PLC 输入继电器	输出设备		PLC 输出继电器
代号	功能		代号	功能	
SB1	启动按钮	X000	HR1	PLC 数据故障报警	Y000
SB2	停止按钮	X001	HR2	振动过大报警	Y001
SB3	复位按钮	X002	HR3	位移过大报警	Y002
FM	电机保护器	X003	HR4	温度过高报警	Y003
ST	振动传感器	CH1(IN)	RH5	液压油压力过低报警	Y004
DT	位移传感器	CH2(IN)	KM	液压油泵	Y005
TT	温度传感器	CH3(IN)	YSJ	压缩机控制回路	Y006
PT	液压油压力	CH4(IN)			

二、程序及电路设计

1. PLC 梯形图

带有轴振动、轴位移、轴承温度、液压压力检测功能的天然气压缩机电机启停联锁控制电路 PLC 梯形图见图 10-13。

2. PLC 接线详图

控制电路接线图见图 10-14。

三、梯形图动作详解

1. 控制过程

闭合总电源开关 QS、主电路泵断路器 QF1。闭合 PLC 输入端断路器 QF2、QF3，PLC 初始化，X001、X002、X003 经保护器、按钮常闭触点与 COM 闭合，X001、X002、X003 信号指示灯亮，梯形图中⑦→⑧、⑧→⑨间的动合触点闭合，①→⑳间的 X002 动断触点断开。

M8000 动合触点闭合，回路经①→②→⓪接通，向 0 号模块 0 号位写入（H1111）16 位数一组，向 0 号模块 1 号位写入常数 4 一组，时间继电器 T10 得电延时 0.4s。①→③间的动合触点 T10 闭合，回路经①→③→⓪接通，向 0 号模块 21 位写入常数 2 一组，读取 0 号模块 29 位常数并写进 M0~M15 中，回路经①→③→④→⑤→⓪读取 0 号模块 5、6、7、8 号位数值到 D0、D1、D2、D3 寄存器。

当①→⑦间启动按钮 X000 闭合，回路经①→⑦→⑧→⑨→⓪闭合，Y005 得电，启动

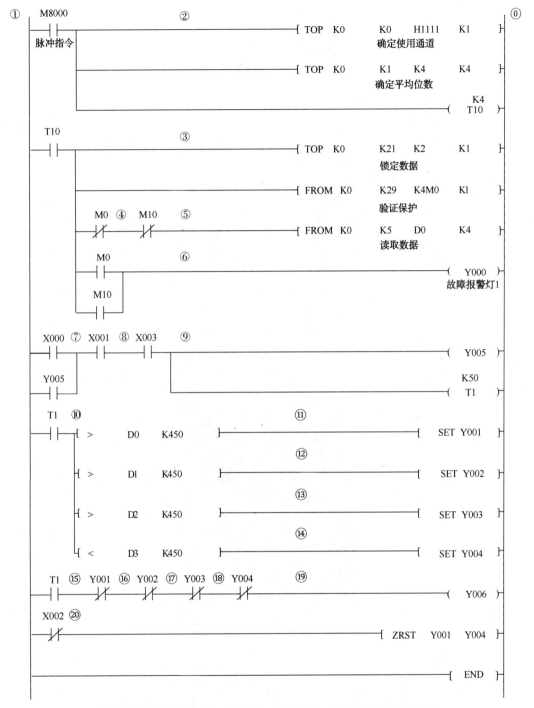

图 10-13　带有轴振动、轴位移、轴承温度、液压压力检测功能的
天然气压缩机电机启停联锁控制电路 PLC 梯形图

液压油泵，同时，时间继电器 T1 得电。

计时 5s 后，①→⑮间 T1 闭合，回路经①→⑮→⑯→⑰→⑱→⑲→⓪闭合，Y006 得电，启动压缩机。

同时①→⑩间 T1 闭合。

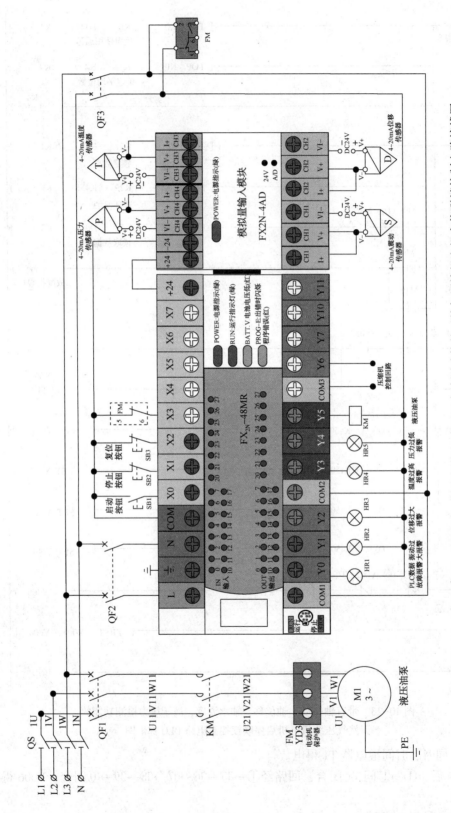

图 10-14 带有轴振动、轴位移、轴承温度、液压压力检测功能的天然气压缩机电机启停联锁控制电路接线图

当检测振动值大于设定值 D0>K450 时，回路经①→⑩→⑪→⓪闭合，Y001 得电，外部振动指示灯报警，同时，⑮→⑯间 Y001 断开，回路①→⑮→⑯→⑰→⑱→⑲→⓪断开，Y006 失电，断开压缩机。

当检测位移值大于设定值 D0>K450 时，回路经①→⑩→⑫→⓪闭合，Y002 得电，外部位移指示灯报警，同时，⑯→⑰间 Y002 断开，回路①→⑮→⑯→⑰→⑱→⑲→⓪断开，Y006 失电，断开压缩机。

当检测温度值大于设定值 D0>K450 时，回路经①→⑩→⑬→⓪闭合，Y003 得电，外部温度指示灯报警，同时，⑰→⑱间 Y003 断开，回路①→⑮→⑯→⑰→⑱→⑲→⓪断开，Y006 失电，断开压缩机。

当检测液压油压力值大于设定值 D0>K450 时，回路经①→⑩→⑭→⓪闭合，Y004 得电，外部指示灯报警，同时，⑲→⑳间 Y004 断开，回路①→⑮→⑯→⑰→⑱→⑲→⓪断开，Y006 失电，断开压缩机。

复位时，①→⑳间 X002 闭合，回路经①→⑳→⓪闭合，Y001 至 Y004 失电，复位压力、温度、振动、位移故障报警。

2. 保护原理

当 PLC 发生故障时，①→⑥→⓪间 M0 动作，PLC 停止输出，外部故障指示灯亮起，①→⑥→⓪间 M10 动作 PLC 停止输出外部指示灯亮起。

当控制电路发生短路、过流、欠压故障时，断路器 QF2 自动断开进行保护。

当电动机在运行中发生电动机断相、过载、堵转、三相不平衡等故障时，电动机保护器常闭触点断开，PLC 输入继电器 X003，常闭触点断开，回路①→⑦→⑧→⑨→⓪断开，Y005 失电，液压油泵停止运行。

第八节　模拟量控制固态继电器烘干箱恒温控制电路

一、设计要求及 I/O 元件配置分配表

1. PLC 程序设计要求

1）按下外部启动按钮 SB1 烘干箱进行自动加热；

2）在任意时间段按下停止按钮 SB2 烘干箱停止加热；

3）在任意时间段按复位按钮 SB3 可进行故障复位；

4）根据设定温度实现电热炉自动恒温控制；

5）PLC 实际接线图中停止、复位取常开接点；

6）模拟量输入模块采用 FX2N-4AD，模拟量输出模块采用 FX2N-2DA；

7）设计用 PLC 区间比较与乘除法指令控制使加热炉加热，温度传感器监测、控制的梯形图程序；

8）根据控制要求绘制 PLC 控制电路接线图。

2. 输入/输出设备及 I/O 元件配置分配表

输入/输出设备及 I/O 元件配置分配表见表 10-8。

表 10-8 输入/输出设备及 I/O 元件配置表

输入设备		PLC 输入继电器	输出设备		PLC 输出继电器
代号	功能		代号	功能	
SB1	启动按钮	X000	HR1	PLC 数据故障报警	Y000
SB2	停止按钮	X001	HR2	模块温度过高报警	Y001
SB3	复位按钮	X002	FS	模块散热风扇	Y004
TT1	加热温度传感器	CH1(IN)	TV	模拟量电压输出	CH1(OUT)
TT2	模块温度监测	CH2(IN)			

二、程序及电路设计

1. PLC 梯形图

电加热炉控制电路 PLC 梯形图见图 10-15。

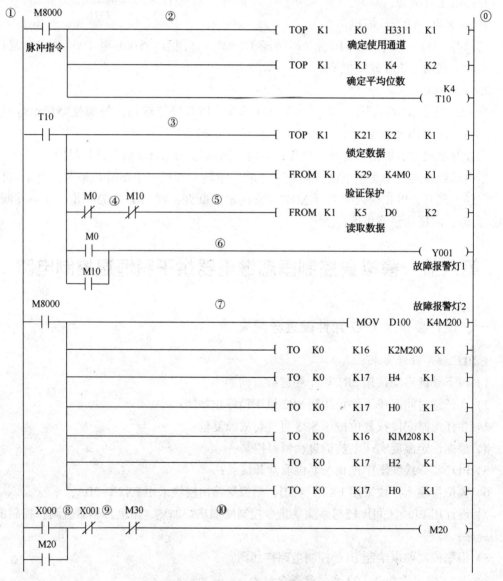

图 10-15 电加热炉控制电路 PLC 梯形图

```
        M20 ⑪
        ─┤├──────────────────────────────────[ ZCP  K200  K600  D1    M24 ]─

        M20 ⑫
        ─┤├──────────────────────────────────[ MUL  K4    D0    D2   ]─

                                              [ SUB  K4000 D2    D100 ]─

               M25 ⑬
               ─┤├─────────────────────────────────────────────( Y004 )─

        M26                    ⑭
        ─┤├──────────────────────────────────[ MOVP K0    D100 ]─

                                              [ SET  M30  ]─

                                              [ SET  Y001 ]─

        X002                   ⑮
        ─┤├──────────────────────────────────[ RST  M30  ]─

                                              [ RST  M26  ]─

                                              [ RST  Y001 ]─

                                              [ ZRST D1    D2   ]─

        X001                   ⑯
        ─┤├──────────────────────────────────[ MOVP K0    D100 ]─

        ─────────────────────────────────────[ END结束 ]─
```

图 10-15　电加热炉控制电路 PLC 梯形图(续)

2. PLC 接线详图

控制电路接线图见图 10-16。

三、梯形图动作详解

1. 控制过程

闭合 PLC 输入端断路器 QF1、电动阀电源 QF2，PLC 初始化，M8000 动和触点闭合，回路经①→②→⓪接通，向 1 号模块 0 号位写入(H3311)16 位数一组，向 1 号模块 1 号位写入常数 4 一组，时间继电器 T10 得电延时 0.4s。动和触点 T10 闭合，回路经①→③→⓪接通向 1 号模块 21 位写入常数 2 一组，读取 1 号模块 29 位常数并写进 M0～M15 中，动断触点 M0、M10 回路经①→③→④→⑤→⓪读取 0 号模块 5 号位数值到 D0 寄存器。

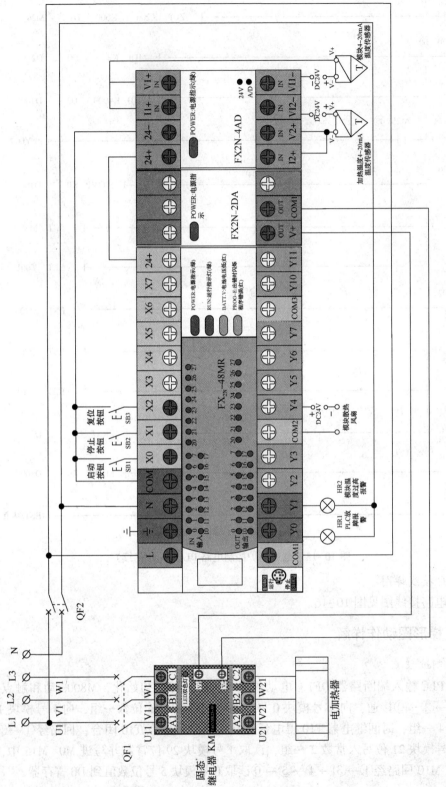

图 10-16 电加热炉控制电路接线图

M8000 动和触点闭合，回路经①→7→⑩将数字寄存器 D100 扩展到辅助继电器 M200～M215，下端八位数据被写入，保持下端八位数据，写入高四位数据，执行通道 1 的 D/A 转换。

当①→⑧间 X000 启动按钮闭合，回路经①→⑧→⑨→⑩→⑩闭合，M20 得电。

①→⑪间 M20 闭合，回路经①→⑪→⑩闭合，当比较模块温度模拟量数据 D<K200 时，辅助继电器 M24 动作；比较模块温度模拟量数据 600>D>K200 辅助继电器 M25 动作；比较模块温度模拟量数据 D>K600 辅助继电器 M26 动作。

①→⑪→⑩，比较模块温度模拟量数据 D<K200 辅助继电器 M24 动作，比较模块温度模拟量数据 600>D>K200 辅助继电器 M25 动作，比较模块温度模拟量数据 D>K600 辅助继电器 M26 动作。

①→⑫→⑩计算转换，根据输入检测温度模拟量，进行模拟量输出控制固态继电器。

①→⑫→⑬→⑩模块温度过高启动模块风扇 Y004。

①→⑭→⑩检测温度超过正常加热温度停止一切输出并显示故障灯 Y1。

①→⑮→⑩复位故障。

①→⑯→⑩停止按钮。

2. 保护原理

当 PLC 发生故障时，①→⑥→⑩间 M0 动作，PLC 停止输出，外部故障指示灯亮起，①→⑥→⑩间 M10 动作 PLC 停止输出外部指示灯亮起。

当加热器在运行中发生断相、过载、短路、三相不平衡等故障时，固态继电器断开电路停止输出。

控制电路发生短路、过流、欠压自动断开 QF2 进行保护。

第十一章 变频器通信控制故障的维修

第一节 通信控制基础

一、变频器通信控制

1. 变频器的几种控制方法

变频器必须通过控制才能达到一定的工作状态。大家知道，变频器在工作中有三种状态：一是调速，根据工作需要改变变频器的输出频率；二是变频器的运行与停止；三是变频器的工作状态指示。变频器达到上述工作状态有三种方法：

1）操作面板控制。图11-1是西门子 M4 系列变频器的操作面板。通过操作面板，完成上述控制功能。在操作面板上，有运行控制键，控制变频器的运行和停止；有频率设定键，通过功能键、加减键和确认键，设定变频器的工作频率。变频器的工作状态由操作面板上的显示屏进行显示。通过操作面板，可完成变频器的控制工作。操作面板多用于较简单的控制。

2）外端子控制。图11-2是变频器的外端子图。在图中有输入控制端子和输出指示端子。输入控制端子可进行变频器的运行操作、频率调整等；输出指示端子可指示变频器的工作状态。外端子控制比操作面板控制功能多、控制距离远，适应于较复杂的控制。

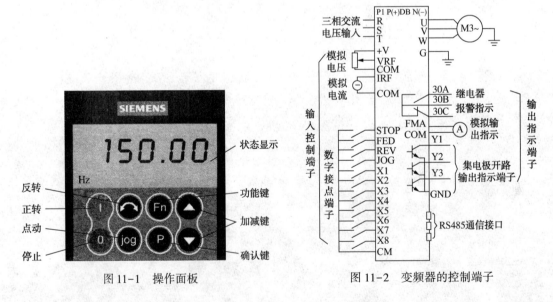

图 11-1 操作面板　　　　　　　　　　　图 11-2 变频器的控制端子

3）通信控制。在图 11-2 中，通过 RS485 通信接口，同样可对变频器进行上述控制。通信控制通过通信线，将控制信号传输到变频器，变频器根据控制信号运行工作。变频器也可以将工作状态以通信的形式上报给上位机。

在变频器的上述三种控制中，形式上虽然有些不同，控制信号也有模拟和数字之分，但对于变频器的 CPU 而言，无论是来自哪个方面的控制信号，最后都是通过外围电路将各种控制信号转化为数字信号，最后由 CPU 进行处理，进行变频器的控制。

2. 通信控制的特点

当多台变频器联动工作或控制台距离变频器又较远时，操作面板或外端子控制就不适用了一是控制线太多，布线不方便；二是变频器之间、变频器和其他智能电器之间的联动控制也不好实现，通信控制可以很好地解决这个问题。通信控制通过一条通信线（两线屏蔽电缆），由上位机控制变频器的运行和工作状态显示，可大大节省变频器的外围布线，并提高工作可靠性，是变频器控制的发展方向。

二、上位机与通信协议

1. 上位机、下位机

在变频器的通信控制中，就是由智能系统（PC 机、PLC 等）对变频器发出控制信号，控制变频器的运行与调速；收集变频器的运行信息，监视变频器的工作状态。这个智能系统相对于变频器而言，就称为上位机。变频器为受控系统，称为下位机。上位机和下位机是一个相对概念，假如通信系统由触摸屏、PLC、变频器组成，触摸屏是上位机，由它发出对变频器的控制要求，这些要求由 PLC 实施，变频器按照 PLC 发出的信号进行工作。PLC 又是变频器的上位机，因为 PLC 控制变频器。

2. 通信协议

所谓通信控制，就是 PLC、上位机和变频器通过信号线传递数字信息。在通信过程中，为了保证通信的正常进行，必须首先建立大家都遵守的"协议"。比如人们之间进行语言交流，首先要约定大家都能听得懂的语言，否则一方讲了半天的地方方言，另一方不知所云。这个"大家都能听得懂"就是协议。在通信中，协议分硬件协议和软件协议，硬件协议是物理层面的协议，包括通信模块、通信接口模式及通信电缆；软件协议就是通信程序。

PLC、上位机、变频器等有多种品牌和生产厂家，在通信控制中，不可能一个控制系统都是一个品牌或同一企业的产品，那么就带来了一个问题，不同厂家的产品，要想进行通信控制，必须要建立同一硬件协议和软件协议。只有这样，才能建立通信，这是我们在组网时首先要考虑的问题。

现在的通信协议分企业协议和国标协议，企业协议应用在自己生产的设备上，国标协议应用在不同企业生产的设备上进行交叉通信。国标协议又有多种，应用不同的通信协议必须软件硬件相匹配。例如，由西门子 S7-226CNPLC 和西门子 M440 变频器进行通信控制，如果采用企业内定的 USS 通信协议，变频器和 PLC 的硬件都支持，不用另外增加专用硬件模块。如果采用 PROFIBUSDP 通信协议，PLC 和变频器就必须增加 PROFIBUSDP 专用硬件模块。

三、通信方式和帧格式

1. 信号通信方式

通信信号采用串行通信方式，就是将通信数据一位一位地发送出去，接收方也是一位一位地接收数据。需要通信的双方有一个协议，协议内容包括什么时候开始发送，什么时候发送完毕，接收方收到的信息是否正确等。串行通信用 2 条数据线就可以完成，占用硬件端口少，结构简单，适合于远距离通信。

在通信中，互相通信采用的是半双工通信方式，见图11-3。

该通信方式是当上位机发送信号时，下位机接收信号；下位机发送信号时，上位机接收信号，上、下位机不能同时接收和发送信号。这样虽然通信速度低一些，但是用两条线就可以完成通信工作。如同单轨列车，不能同时对开，只能一个方向的列车开过去之后，另一个方向的列车才能开动。

2. 串行异步通信

变频器的通信控制一般都是采用串行异步通信。串行异步通信是以帧为单位(见图11-4)，帧格式为：

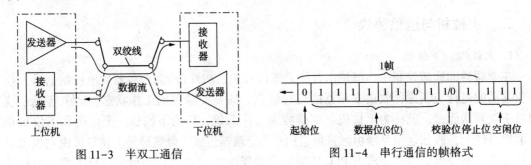

图 11-3　半双工通信　　　　图 11-4　串行通信的帧格式

1) 起始位。在数据发送线上规定无数据时电平为1，当要发送数据时，首先发送一个低电平0，表示数据传送的开始，这就是起始位。

2) 数据位。数据位是由低位开始，高位结束。不同的工作方式，数据位的位数不同。

3) 奇偶校验。数据发送完后，发送奇偶校验位，以检验数据传送的正确性，这种校验方法是有限的，但是容易实现。

4) 停止位。用高电平1表示数据传送的结束。

5) 空闲位。用1来填充空闲位。

四、RS485 通信接口

1. 接口电平

因为 RS485 接口一般采用半双工通信，只需 2 根连线，所以 RS485 接口均采用屏蔽双绞线传输(全双工通信就需 4 根连线)。RS485 接口连接器采用 DB-9 的 9 芯插头，与智能终端 RS485 接口采用 DB-9 的插孔。图 11-5(a)是 RS485 收发器内部电路，图中 R 是接收器，D 是发送器，该电路采用+5V 电源供电，引脚功能为：

1) RO 接收器输出。

2) RE 接收器输出使能(低电平有效)。当"使能"端起作用时，接收器处于高阻状态，称作"第三态"，它是有别于逻辑"1"与"0"的第三种状态。

3) DE 发送器输出使能(高电平有效)。

4) DI 发送器输入。

5) GND 接地端。

6) A 发送器输出/接收器输入。

7) B 发送器输出反相/接收器输入反相。

8) V_{CC} 正电源电压(4.75V<V_{CC}<5.25V)。

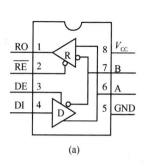
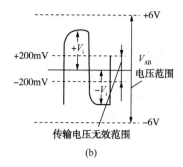

(a)   (b)

图 11-5　RS485 收发器

图 11-5(a)中 A、B 连接通信电缆,信号线 A 为同相接收器输入和同相发送器输出,信号线 B 为反相接收器输入和反相发送器输出。当用于半双工通信,将 RE 和 DE 端子并联后连接到单片机的控制端子,通过单片机控制 R(收)、D(发)的工作状态。图 11-5(a)中的其他端子都是和端口的内电路相连,由内电路提供+5V 电源以及相关的控制信号。图 11-5(b)是接收器电平图,对于接收器,也作出与发送器相对应的规定,收、发端通过平衡双绞线将 A-A 与 B-B 对应相连(见图 11-6)。当在接收端 A-B 之间有大于+200mV 的电平时,输出为正逻辑电平;小于-200mV 时,输出为负逻辑电平。在接收发送器的接收平衡线上,电平范围通常在 200mV~6V 之间。定义逻辑 1(正逻辑电平)为 B>A 的状态,逻辑 0(负逻辑电平)为 A>B 的状态,A、B 之间的压差不小于 200mV,这也就意味着当发送端发出的电平通过通信电缆的衰减传到接收端时,其信号衰减到 A、B 之间的压差小于 200mV,通信就不能进行了。

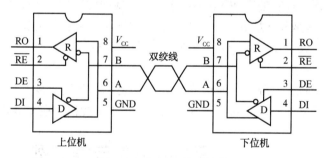

图 11-6　RS485 接口连接

2. 影响正常通信的因素

1)电缆阻抗引起电压衰减。大家知道,通信电缆越长,电缆的阻抗越大,产生的电压衰减越大。当电压衰减到无效范围,通信便不能正常进行。所以通信电缆越短越好。

2)分布电容的积分效应影响通信速度。通信信号在发出时是较理想的矩形波,通过屏蔽电缆传输,因为屏蔽电缆和信号线之间存在着分布电容,该电容和电缆的长度成正比,因为电容的充放电作用,使矩形波出现积分效应。电缆越长,波形畸变越严重,当波形畸变到系统不能识别时,通信便不能进行[见图 11-7(a)],所以随着通信电缆的延长,通信速率要降低。图 11-7(b)是低速率通信的情况,因为速率低,脉冲波形变宽,积分效应的影响减小,实际输出波形较好。通信波特率有 16MHz、4MHz、38.4kHz 和 9.6kHz,根据应用的具体情况进行选择。

3)通信电缆连接不正确(包括接触不良)。电路焊接不良,产生虚焊;电缆接触不良、

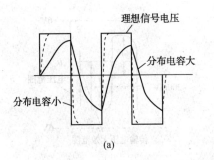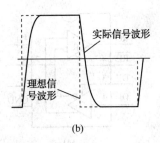

图 11-7　通信波形图

连接不正确。这些虽然是最简单的问题，但也是最容易出现的问题。这些问题如果反映在初期，可以在调机时发现并排除，如果虚焊或接触不良是在日后出现了氧化才表现出来，就会出现设备初期正常，应用了一段时间出现故障的现象。如果在安装或维修时 A、B 线接反了，将导致 0 和 1 的信号是反的，也不能正常通信。

4）驻波影响。当电缆比较长时（大于 50m），工作中会产生驻波，驻波会造成通信中断。消除的方法是在通信线两端并联一个 120Ω 的匹配电阻。

5）接口转换器不匹配。当网络中使用了接口转换器，例如，使用 RS232/RS485 转换器，转换器的接线不对，使用电压不匹配，电源没有给上等，要按照电缆连接图仔细检查或更换转换器测试。

6）编程问题。在确保硬件连接没有问题的情况下，要检查程序是否有问题，包括通信参数的设置、通信功能块的使用、轮询程序等。可以通过功能块的返回信息判断错误原因，例如波特率设置错误，接收的缓冲区溢出，接收数据块设置过小，发送的数据长度为 0 等。

7）干扰问题。这是最麻烦的问题，由于实际的现场环境比较复杂，不可避免地存在这样那样的干扰问题。在工作现场，一些大型设备启动停机时，也会产生很大的瞬间感应信号，造成通信中断。

为了防止电磁干扰，电源线和通信线要分槽安装。屏蔽线要良好接地，在屏蔽层和芯线的连接处，要保证芯线的剥除部分要尽量地少，防止干扰信号在连接处窜入。

第二节　变频器通信故障案例

一、案例 1

有一通信系统，在工作中有时出现通信中断现象，中断时间较短，没有什么规律。

经过检查发现通信距离较短，选择的波特率较低，设备安装完毕就发现有此故障。在设备安装时，就对安装工艺进行了核对，电缆屏蔽接地良好，端子连接牢固，通信端子直流电压正常。因在外观上看不出什么问题，怀疑是否受到电磁干扰。

用示波器测量通信电缆的电压波形，一般情况下波形基本正常，通信也在正常进行。图 11-8(a) 是正常的信号波形。为了捕捉故障现象，用示波器监视通信电缆的信号情况，当示波器显示[见图 11-8(b)]波形，通信中断。由图 11-8(b) 可见，通信信号的波形上叠加上了大量的高次谐波，而且谐波的幅值达到了 3V 以上。当干扰谐波消失，通信又恢复正常。

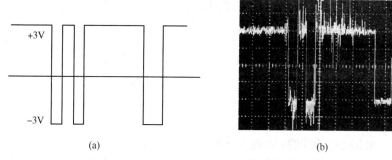

(a)   (b)

图 11-8　通信线出现的干扰信号

　　突然出现的电磁干扰来自何处呢？为什么很短的时间内就又消失了呢？后来通过观察，是电源中有负载切换时，通信信号就出现干扰。该通信设备和电源切换接触器安装在同一控制柜中，检查接触器的控制线圈，两端没有安装泄放电路[见图 11-9(b)]，在线圈释放时，在线圈两端激起 4000V 的自感电压[见图 11-9(a)]，该电压产生的高次谐波形成非常强的辐射干扰。在线圈两端并联上 0.22μF 电容器和可调电阻器的串联消振电路，当线圈释放时自激振荡现象消除。

　　再观察通信情况，中断现象不再发生。

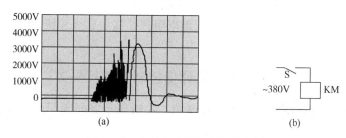

(a)   (b)

图 11-9　接触器线圈断电干扰电压

　　总结：该故障是电磁干扰引起的，电磁干扰有多种原因，大型的电感性负载断电时产生的辐射干扰不可忽视。

二、案例 2

　　在某车间流水线，用一台西门子 S7-200PLC 采用通信方式控制 4 台西门子 M440 变频器。在安装后的两年中，系统工作良好，没有出现过通信故障，后来发现个别变频器通信信号中断现象。检查变频器通信接口的直流电平，没有变化，检查通信电缆，也没有什么异常。因为设备才使用了两年，变频器自身故障的可能性较小。因为故障发生在某台变频器上，PLC 自身故障的可能性也很小。又因为系统已经正常应用了较长时间，原始设计有问题的原因不存在。

　　检查思路转移到设备某些部分老化、工作中出现了硬伤等方面，该车间湿度较大，并存在腐蚀性气体，一些机械设备锈蚀较严重。再一次对通信电缆进行检查，发现通信不良的变频器，其通信电缆的接头有锈蚀现象，拔下通信接口，其接口内部也出现了锈蚀。将锈蚀的接头更换故障排除。

　　总结：通信线因为接口处接触不良，造成屏蔽效果下降，使变频器出现通信故障。

三、案例 3（数控机床触摸屏和变频器通信控制显示蓝屏）

故障现象：数控车床由触摸屏作为上位机和变频器进行通信控制，变频器驱动主轴电动机进行调速控制。数控车床是一个整体设备，运行几年没有出现过故障。现在触摸屏与变频器通信时产生干扰，在车床正常运行时，触摸屏经常花屏或变成蓝屏，看不到变频器返回的运行数据。如果断电后再给系统重新送电，故障现象消除，但运行几分钟后故障又开始出现。

故障分析：根据触摸屏的故障现象，检查变频器配线、外部控制线路、设备都正常。怀疑变频器的通信接口电路有问题，换上一台新的变频器，故障依然存在。怀疑出现了电磁干扰，把控制线换成屏蔽线，降低变频器载波频率，故障还是没有得到解决。最后怀疑问题出在触摸屏上。把触摸屏上的电源线拔掉再重新插上，故障消失，但几分钟后故障又重新出现。把触摸屏上所有信号线插头都拔掉，故障依然存在。看来花屏或蓝屏不是由通信线引入的干扰。难道触摸屏内部电路出现问题，如果内部电路有问题，怎么只要电源通断一次就好几分钟？看来还是和"电"有关系。仔细检查触摸屏外壳的接地线，发现接地线和接地体接触不良，把接地线拆下，对接地体进行了除锈处理，再将接地线重新用螺栓固定。开机实验，触摸屏故障消失，设备正常运行几个小时故障再没有出现。

总结：故障是因为接地不良，造成接地电阻太大产生的干扰。看来"接地良好"的含义一是接地要牢固；二是接地电阻必须小（接地电阻包括接地导线和接地体之间的电阻、接地体和大地之间的电阻）。

四、案例 4（伦茨变频器和上位机通信控制上位机失效）

故障现象：伦茨变频器和主机通信控制中，主机显示屏间断黑屏，通信控制不能正常进行。

故障检查：通过观察分析，问题应出现在通信环节上，检查通信线路，连接良好，测量接口电压，正常。伦茨 CPU 板上的面板通信电路是由 3 个光耦合器和一个通信模块组成的。3 个光耦合器的输入与输出分别采用两组隔离电源供电。后用示波器观察脉冲信号，发现其中一个光耦合器输入有脉冲但输出保持为一高电平，怀疑此光耦合器损坏。将该光耦合器更换后通信恢复正常。

五、案例 5（西门子 MM430 变频器通信故障）

故障现象：一台西门子 MM430 变频器进行通信控制，在应用过程中出现通信中断故障。故障分析：检查变频器的外围电路，没有发现异常，因为该变频器一向工作良好，外围电路没有问题，问题应出在变频器或上位机。试用一台小功率的 MM430 变频器进行了替换，通信正常，问题出在变频器硬件。对变频器的通信接口电路进行检查，通信接口电路中的一个缓冲芯片损坏。更换接口电路，故障排除。

总结：该例和上例都是变频器的通信硬件电路出现了问题造成的通信故障。外电路问题和变频器内部硬件电路问题在表现上有这样一些区别：外电路如果是接触不良、电磁干扰、电缆漏电等引起的通信故障，故障的表现都有一个渐变和反复的过程，即时好时坏和天气有关系，动一动外部电缆或导线故障就有所变化等；硬件损坏，一般有不可逆性，在调整、处理外围电路时，故障没有变化。

这两台变频器都有一个共同的特点就是原来动作一直很好，突然出现了通信故障，检查外围电路又没有问题，这种情况下就要考虑硬件是否出现了问题。如果用示波器进行检查，可以很快地查出故障所在。

六、案例6(变频器独立运行正常，连上上位机不动)

故障现象：一台新安装的变频器，由上位机进行通信控制。在施工的过程中，变频器不和上位机相连接时，能正常运行，但只要与上位机相连变频器就不能运行。

故障分析：测量上位机的通信输出电缆，有输出信号，再测量变频器端的通信电缆，发现有一路信号为零。用万用表测量通信电缆的直流电阻，发现有一路不通。检查通信电缆，电缆因为长度不够中间有一个接头，因接头连接质量不好造成开路。将接头处重新进行了处理，故障排除。

总结：施工的质量关系工程的成败。施工不规范、不细心、一时马虎大意，往往会造成严重的后果。一企业有一大型控制系统，是该企业的核心设备，在工作中突然出现了停机故障，日后检查，原来是信号线上的一个接头螺钉没有拧紧。就这一个小小的接头，给企业造成巨大的经济损失。

七、案例7(系统安装完毕通信不能进行)

故障现象：某企业自己安装变频器通信控制系统，系统安装完毕，通信不能正常进行，变频器不能接收上位机发出的控制信号。

故障分析：将变频器手动调速，没有问题，改为通信控制，变频器不启动。检查控制线路，没有问题，检查设置参数，也没有问题(参数是变频器厂家提供的，没有错误)。因为实在查不出故障所在，只得向厂家寻求技术支持。厂家技术员到现场后，又认真地对控制线路进行了检查，发现通信电缆中的两条通信信号线接反了，即一条控制线与另外一条控制线调换了位置。

将两条信号线恢复为正确连接位置，开机试验，通信正常。

总结：该案例现场工程技术人员对现场接线检查多遍没有查出错接的原因，并非现场工程技术人员工作不认真，是现场工程技术人员对这两条通信线在连接上概念不是很清楚，即一定不能接反，接反了不能工作(见本章图11-6通信连接图)。所以在施工前了解一下通信理论方面的知识对工作会有很大的帮助。

八、案例8(变频器和PLC通信控制，变频器不动作)

故障现象：PLC和变频器通信控制时，经常出现不必要的故障信息，有时PLC发出信号后变频器不接收或者变频器误动作。

故障分析：根据故障的间歇性，又分别检查了通信电缆、PLC的供电电源接线，变频器的通信接口，都没有发现虚接、腐蚀及电压不正常等问题，根据以往经验，初步判断是因为电磁干扰引起通信异常。

总结：先在PLC的开关电源模块输入端接入滤波器，问题没有明显的改善；再把变频器和PLC的电源线与控制线分开走线，并采取一些屏蔽措施后，系统故障排除。

九、案例9(PLC 输入信号电缆中的线间电容引起误动作)

故障现象：某控制系统，PLC 采用一根电缆输入两个不同的传感器信号，工作中发现两个传感器信号受到干扰，PLC 不能正常工作，电缆连接见图 11-10(a)。在 PLC 控制系统调试时，出现了一种怪现象：当传感器 1 动作时，传感器 2 一动作，传感器 1 就变成不动作，传感器之间彼此影响。

故障分析：电缆的各导线间都存在分布电容[见图 11-10(a)]，合格的电缆能把此电容值限制在一定范围之内。就是合格的电缆，当电缆长度超过一定值时，各线间的分布电容值也会超过所要求的值。

电容器在电路中具有隔直取交的作用，当电容器的容量达到一定值时，通信信号脉冲的频率又较高，此时的分布电容就相当于交流放大器中的耦合电容器，将一个传感器的信号耦合到了另一个传感器。电缆的分布电容大小和电缆的制造材料、制造工艺都有关系，如电缆的绝缘层厚薄不均，会使分布电容增大。在工程上，因为分布电容出现的干扰现象很多，如家庭电话座机在打电话时能听到另一家的打电话声音，就是电话电缆质量不好，分布电容大出现的串音。

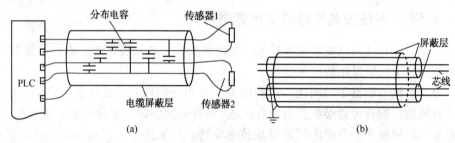

图 11-10　电缆连接示意图

将两个传感器分别用两条独立屏蔽的双绞线电缆连接[见图 11-10(b)]，此故障现象消除。

总结：平行导线中存在分布电容，电容的大小和导线的长度成正比，和导线的材料有关(介电常数)。不论电力电缆还是信号电缆，分布电容都存在。特别是应用在较高频率的信号电缆，分布电容是首先要考虑的因素。

附录　新旧电气图形符号、文字符号对照表

附表 1　隔离器

类别	名称	图形符号 电气简图用电气符号 GB/T 4728	文字符号 国家建筑标准设计图集 09DX001	文字符号制订通则 GB/T 7159—1987	类别	名称	图形符号 电气简图用电气符号 GB/T 4728	文字符号 国家建筑标准设计图集 09DX001	文字符号制订通则 GB/T 7159—1987
隔离器	隔离开关		QB	QS	隔离器	负荷开关		QB	QS
	组合旋转隔离开关		QB	QS		手动操作隔离开关		QB	QS
	熔断器式隔离开关		QB	QS		熔断器式负荷开关		QB	QS
	具有自动释放功能隔离开关		QB	QS		具有自动释放功能负荷开关		QB	QS
断路器	断路器		QA	QF	断路器	具有隔离功能断路器		QA	QF
	具有热效应、电磁效应功能断路器		QA	QF		具有剩余电流(漏电)保护功能断路器		QR	QF
接触器	接触器线圈	A1 A2	QAC	KM	接触器	交流接触器主动合触点		QAC	KM
	交流接触器主动断触点		QAC	KM		静态(半导体)接触器		QAC	KM
	固态接触器	A1 B1 C1 + DC A2 B2 C2 −	SSR			辅助动断/动合触点		QAC	KM

类别	名称	图形符号 电气简图用 电气符号 GB/T 4728	文字符号 国家建筑标 准设计图集 09DX001	文字符号制 订通则 GB/T 7159—1987	类别	名称	图形符号 电气简图用 电气符号 GB/T 4728	文字符号 国家建筑标 准设计图集 09DX001	文字符号制 订通则 GB/T 7159—1987
电机综合保护器	驱动元件		FM		电机综合保护器	辅助动合/ 动断触点		FM	

备注：微型断路器：用于建筑电气终端配电装置 125A 以下的断路器用"FB"表示；旁路断路器用"QD"表示；

国标中没有标准图例及标准代号，固态继电器(Solid State Relay)因此采用"SSR"表示；

国标中没有标准图例及标准代号，电机综合保护器采用"FM"表示，"F"保护器件、"M"电机。

附表 2 按钮、开关

类别	名称	图形符号 电气简图用 电气符号 GB/T 4728	文字符号 国家建筑标 准设计图集 09DX001	文字符号制 订通则 GB/T 7159—1987	类别	名称	图形符号 电气简图用 电气符号 GB/T 4728	文字符号 国家建筑标 准设计图集 09DX001	文字符号制 订通则 GB/T 7159—1987
按钮	启动按钮		SF	SB	按钮	停止按钮		SS	SB
	自锁按钮		SF	SB		急停按钮		SS	SB
	带有防止无意操作的手动控制的具有动合触点的按钮开关		SF	SB		应急制动开关		SS	SB
	具有动合触点钥匙操作的按钮开关		SF	SB		复位按钮 试验按钮		SS ST	SB
控制开关	手动操作开关，一般符号		SF	SB	控制开关	手动拉拔开关		SF	SB
	手动旋转开关		SA	SA		自动复位的手动旋转开关		SA	SA

类别	名称	图形符号 电气简图用 电气符号 GB/T 4728	文字符号 国家建筑标 准设计图集 09DX001	文字符号制 订通则 GB/T 7159—1987	类别	名称	图形符号 电气简图用 电气符号 GB/T 4728	文字符号 国家建筑标 准设计图集 09DX001	文字符号制 订通则 GB/T 7159—1987
多位控制开关	电源转换开关		QCS	SA	多位控制开关	多位开关带位置图		SAC	SA
	自动复归控制器或操作开关(两侧自动复位到中央两个位置,黑箭头表示自动复归的符号)		SAC	SA				操作器件(例如手轮)仅仅能从1~4之间来回转动	
								操作器件仅能顺时针方向转动	
								操作器件仅能顺时针方向转动时不受限制,但按逆时针方向时只能从位置3到1	

触点	位置		
	1	0	2
1–2		×	
3–4			×
5–6	×		×
7–8	×		

备注: 1. 电压表转换开关,文字符号用"SV"表示;
　　　 2. 电压表转换开关,文字符号用"SA"表示。

附表3　非电量开关

类别	名称	图形符号 电气简图用 电气符号 GB/T 4728	文字符号 国家建筑标 准设计图集 09DX001	文字符号制 订通则 GB/T 7159—1987	类别	名称	图形符号 电气简图用 电气符号 GB/T 4728	文字符号 国家建筑标 准设计图集 09DX001	文字符号制 订通则 GB/T 7159—1987
非电量控制开关	位置开关动合触点		BG	SQ	非电量控制开关	位置开关动断触点		BG	SQ
	接近开关动合触点		BG	SQ		接近开关动断触点		BG	SQ
	磁控接近开关动合触点		BG	SQ		磁控接近开关动断触点		BG	SQ

类别	名称	图形符号	文字符号		类别	名称	图形符号	文字符号	
		电气简图用电气符号 GB/T 4728	国家建筑标准设计图集 09DX001	文字符号制订通则 GB/T 7159—1987			电气简图用电气符号 GB/T 4728	国家建筑标准设计图集 09DX001	文字符号制订通则 GB/T 7159—1987
非电量控制开关	铁控接近开关动合触点		BG	SQ	非电量控制开关	铁控接近开关动断触点		BG	SQ
	接触开关动合触点		BG	SQ		接触开关动断触点		BG	SQ
	液位开关动合触点		BL	SL		液位开关动断触点		BL	SL
	压力开关动合触点		BP	SP		压力开关动断触点		BP	SP
	计数器开关		BS			转速控制开关		BS	SR
	速度控制开关		BS			相对湿度控制开关		BM	
	温度控制开关		BT	ST		流体控制开关		BF	

附表 4　继电器

类别	名称	图形符号	文字符号		类别	名称	图形符号	文字符号	
		电气简图用电气符号 GB/T 4728	国家建筑标准设计图集 09DX001	文字符号制订通则 GB/T 7159—1987			电气简图用电气符号 GB/T 4728	国家建筑标准设计图集 09DX001	文字符号制订通则 GB/T 7159—1987
继电器	驱动元件（一般符号）		KF	KA	继电器	辅助触点（一般符号）		KF	KA
剩磁继电器	驱动元件		KF	KA	电子继电器	驱动元件		KF	KA

类别	名称	图形符号 电气简图用 电气符号 GB/T 4728	文字符号 国家建筑标 准设计图集 09DX001	文字符号制 订通则 GB/T 7159—1987	类别	名称	图形符号 电气简图用 电气符号 GB/T 4728	文字符号 国家建筑标 准设计图集 09DX001	文字符号制 订通则 GB/T 7159—1987
机械保持继电器	驱动元件		KF	KL	机械保持继电器	辅助动合\动断触点		KF	KL
时间继电器	缓慢吸合继电器驱动元件		KF	KT	时间继电器	延时闭合瞬时断开动合触点 / 延时断开瞬时闭合动断触点		KF	KT
时间继电器	缓慢释放继电器驱动元件		KF	KT	时间继电器	瞬时闭合延时断开动合触点 / 瞬时断开延时闭合动断触点		KF	KT
时间继电器	机械保持继电器驱动元件		KF	KT	时间继电器	延时闭合延时断开动合触点 / 延时断开延时闭合动断触点		KF	KT
电流继电器	欠电流继电器	I<	KA	KA/LJ	电流继电器	过电流继电器	<I	KA	KA
电压继电器	欠电压继电器	U<	KV	KA/YJ	电压继电器	过电压继电器	<U	KV	KA
热继电器	热继电器驱动元件		BB	FR	热继电器	辅助动断/动合触点		BB	FR
固态继电器	（交流）驱动元件	输入 +AC~ -SSR~ 输出	SSR		固态继电器	（直流）驱动元件	输入 +DC+ -SSR- 输出	SSR	

备注：GB/T 7159—1987 规定继电器单字母符号用"K"表示，交流继电器用"KA"表示，为了区分继电器的功能，有些图旧符号电流、电压、中间继电器，分别采用"LJ""YJ""ZJ"表示。

附表 5　连接器

类别	名称	图形符号 电气简图用电气符号 GB/T 4728	文字符号 国家建筑标准设计图集 09DX001	文字符号制订通则 GB/T 7159—1987	类别	名称	图形符号 电气简图用电气符号 GB/T 4728	文字符号 国家建筑标准设计图集 09DX001	文字符号制订通则 GB/T 7159—1987
连接器	端子	○	XD	X	连接器	可拆卸端子	∅	XD	X
	仪表、装置背板端子	⊖	XD	X		端子板	▯▯▯▯	XD	XT
	连接器插座	⊰	X	XS		连接器插头	▪—	X	XP
	接通联片	●—▬—●	X	XB		断开联片	◯⟋◯	X	XB

附表 6　热保护元件

类别	名称	图形符号 电气简图用电气符号 GB/T 4728	文字符号 国家建筑标准设计图集 09DX001	文字符号制订通则 GB/T 7159—1987	类别	名称	图形符号 电气简图用电气符号 GB/T 4728	文字符号 国家建筑标准设计图集 09DX001	文字符号制订通则 GB/T 7159—1987
热保护元件	热敏开关驱动元件	θ	BB		热保护元件	热敏开关动断触点		BB	
	热敏开关动合触点	θ	BB			热敏开关动断触点	θ	BB	

附表 7　电源器件

类别	名称	图形符号 电气简图用电气符号 GB/T 4728	文字符号 国家建筑标准设计图集 09DX001	文字符号制订通则 GB/T 7159—1987	类别	名称	图形符号 电气简图用电气符号 GB/T 4728	文字符号 国家建筑标准设计图集 09DX001	文字符号制订通则 GB/T 7159—1987
电源	AC/DC变换器一般符号	~ / ---	TB	VC控制电路用电源的整流器	电源	AC/DC变换器	L 220V N +24V	TB	VC控制电路用电源的整流器
	逆变器	--- / ~	TB	U		整流逆变器	~ / ---	TB	U
	控制电路用电源变压器		TC	TC^U		整流器		TB	U
	变频器	f1 / f2	TA	U		电池			B
备注：电源需标注"电压"。									

· 360 ·